CHINA ARCHITECTURAL EDUCATION

2020年　2020（总第25册）

主办单位：中国建筑出版传媒有限公司（中国建筑工业出版社）
　　　　　教育部高等学校建筑学专业教学指导分委员会
　　　　　全国高等学校建筑学专业教育评估委员会
　　　　　中国建筑学会
协办单位：清华大学建筑学院　　　　　同济大学建筑与城规学院
　　　　　东南大学建筑学院　　　　　天津大学建筑学院
　　　　　重庆大学建筑城规学院　　　哈尔滨工业大学建筑学院
　　　　　西安建筑科技大学建筑学院　华南理工大学建筑学院

顾　　　问：（以姓氏笔画为序）
　　　　　齐　康　关肇邺　吴良镛　何镜堂　张祖刚　张锦秋　郑时龄
　　　　　钟训正　彭一刚　鲍家声

主　　编：仲德崑
执行主编：李　东
主编助理：鲍　莉

编　辑　部
主　　任：陈夕涛
编　　辑：徐昌强
特邀编辑：（以姓氏笔画为序）
　　　　　王　蔚　王方戟　邓智勇　史永高　冯　江　冯　路　李旭佳
　　　　　张　斌　顾红男　郭红雨　黄　瓴　黄　勇　萧红颜　谭刚毅
　　　　　魏泽松　魏皓严
责任校对：焦　乐
装帧设计：编辑部
平面设计：边　琨
营销编辑：柳　涛
版式制作：北京雅盈中佳图文设计公司制版

编委会主任：仲德崑　朱文一　赵　琦
编委会委员：（以姓氏笔画为序）
　丁沃沃　马树新　马清运　王　竹　王建国　王洪礼　毛　刚
　孔宇航　吕　舟　吕品晶　朱　玲　朱小地　朱文一　仲德崑
　庄惟敏　刘　甦　刘　塨　刘加平　刘克成　关瑞明　孙　澄
　孙一民　杜春兰　李　早　李子萍　李兴钢　李岳岩　李保峰
　李振宇　李晓峰　时　匡　吴长福　吴庆洲　吴志强　吴英凡
　沈　迪　沈中伟　张　利　张　彤　张　颀　张玉坤　张成龙
　张兴国　张伶伶　张珊珊　陈　薇　陈伯超　邵韦平　范　悦
　周若祁　单　军　孟建民　赵　辰　赵万民　赵红红　饶小军
　桂学文　夏铸九　顾大庆　徐　雷　徐行川　徐洪澎　凌世德
　唐玉恩　黄　耘　黄　薇　梅洪元　曹亮功　龚　恺　常　青
　常志刚　崔　恺　梁　雪　梁应添　韩冬青　覃　力　曾　坚
　魏宏扬　魏春雨
海外编委：张永和　赖德霖（美）黄绯斐（德）王才强（新）何晓昕（英）

编　　　辑：《中国建筑教育》编辑部
地　　　址：北京海淀区三里河路9号　中国建筑出版传媒有限公司　邮编：100037
电　　　话：010-58337110（7432，7092）
投稿邮箱：2822667140@qq.com
出　　　版：中国建筑工业出版社
发　　　行：中国建筑工业出版社
法律顾问：唐　玮

CHINA ARCHITECTURAL EDUCATION
Consultants□
Qi Kang　Guan Zhaoye　Wu Liangyong　He Jingtang　Zhang Zugang
Zhang Jinqiu　Zheng Shiling　Zhong Xunzheng　Peng Yigang　Bao Jiasheng
President
Editor-in-Chief□
Zhong Dekun
Deputy Editor-in-Chief□　　　Editoral Staff□
Li Dong　　　　　　　　　　Xu Changqiang
Director□　　　　　　　　　Sponsor□
Zhong Dekun　Zhu Wenyi　Zhao Qi　China Architecture & Building Press

图书在版编目（CIP）数据

中国建筑教育.2020.总第25册/《中国建筑教育》编辑部编.—北京：中国建筑工业出版社，2021.6
ISBN 978-7-112-26543-5
Ⅰ.①中…　Ⅱ.①中…　Ⅲ.①建筑学—教育研究—中国　Ⅳ.①TU-4
中国版本图书馆CIP数据核字（2021）第187993号

开本：880毫米×1230毫米　1/16　印张：10¼　字数：345千字
2021年6月第一版　2021年6月第一次印刷
定价：48.00元
ISBN 978-7-112-26543-5
（37783）

中国建筑工业出版社出版、发行（北京海淀三里河路9号）
各地新华书店、建筑书店经销
北京建筑工业印刷厂印刷

本社网址：http://www.cabp.com.cn　中国建筑书店：http://www.china-building.com.cn
本社淘宝天猫商城：http://zgjzgycbs.tmall.com　博库书城：http://www.bookuu.com
请关注《中国建筑教育》新浪官方微博：@中国建筑教育_编辑部
请关注微信公众号：《中国建筑教育》
版权所有　翻印必究
如有印装质量问题，可寄本社图书出版中心退换
（邮政编码100037）

目 录

折叠建筑

——空间、形式和组织图解

韩林飞　王卓飞

Folding Architecture——Graphic Illustration of Space, Form and Organization

■ **摘要**：本文介绍了代尔夫特理工大学标准教学设计课 D10：实验室——设计和新理论的测试平台，梳理了其折叠课程的教学思路和教学内容，以及运用折纸提升学生创造力的训练体系，并对该学院的学生实践作品进行了展示。同时结合实际案例分析了其所提出的折叠作为一种生成建筑的手法比建筑师的个人风格更加重要这一理念。

■ **关键词**：折叠建筑　折纸训练　建筑的柔韧性　倾斜平面

Abstract：This paper introduces Delft University of Technology D10：laboratory-a testing platform for design and new theory，and sorts out the teaching ideas and contents of its folding course，as well as the use of origami to enhance the creativity of students training system，and the Institute of student practical works on display. At the same time，the idea that folding as a means of building is more important than the personal style of the architect is analyzed with a practical case.

Keywords：Folding Architecture，Folding Training，Flexibility of Architecture，Inclined Plane

一、引言

　　对建筑进行折叠的操作手法是建筑外形和曲线的生成过程，和传统建筑设计的线性生成过程不同，它允许建筑师围绕对任务书的理解以及他所拥有的设计材料进行探索。建筑师从对事物之间的逻辑联系进行探索出发，得出设计成果和建筑作品。当下的建筑教育中，基本不会有老师教学生折叠这一操作手法，进行建筑的折叠操作是对学生个人能力的挑战。对建筑整体进行折叠创造了空间，它在我们的脑海中形成了建筑的体量。因此，折叠的操作手法建筑设计的每一步精细操作成为可能，令建筑师所进行的每一步操作都深藏潜力。建筑折叠作为一种新的理念融合到建筑师的设计过程中，将建筑设计从观念出发的思考过程中解

本文获得北京交通大学研究生教育专项资金资助和北京交通大学2020年校级教改项目中全英文在线课程建设项目资助

放出来，改变了人们对建筑设计的许多先入为主的印象。折叠技术的局限性从某个方面来说恰恰刺激了大脑的创造力，折叠的手法同样允许意外和未知存在于较长的设计过程中，大量的不确定的数据会促使建筑师做出选择，就像有时候画家作画必须画些乱线才能激发灵感。

折叠模型训练也是一个值得讨论的话题，需要我们从适用范围和重要性这两个角度出发进行观察，折叠的操作手法并不是要创造新的建筑风格，而是要寻找形式之间的联系（图1）。形式关系到建筑尺度问题，因为人们会不自觉地建造出具有纪念意义的建筑，大尺度的建筑设计工作更易使这个问题表现出来。对建筑折叠的方式比手工折纸艺术更加激进，因为它不包含叙述性的元素。折痕就像是极具影响力的空间，建筑的功能和意义也包含于其中。

折叠的手法也改变了传统的认知，切口已不再是关注的焦点，因为这些切口可能会使求知欲强的学生将建筑的美学价值和现实意义混淆，但对于设计新建筑的技术而言，发展折叠的操作手法比发展一种独特的建筑形式更为重要。因此，正如吉尔·德勒兹所说，"这是一种绝对的内在化"。这意味着折叠的手法在操作过程中是模糊的，但最终的结果是确定的。不同人对这些可能性会有不同的解释，并融入他自己的观点当中。也就是说，由于每个人都是不同的，所以各个设计之间的巨大差异是显而易见的。折叠形成了一种建筑语言，它是建筑语汇的能量和质量的表现。就像最初的口语必须被总结为单词，它在未来才会成为一种语言一样，这是一种新的建筑语言，至少对于学生们来说是必须学的。

二、折叠在建筑设计中作为形态生成的过程

作为建筑设计的生成过程，折叠本质上是实验性的：不可知的，非自发的和自下而上的。我们的兴趣在于建筑形态生成的过程，以及影响设计对象的一系列转化。由于这是一个开放而且动态发展的过程，设计在其中随着不平衡的交替周期性地发展，我们可以看到折叠通过阶段转化而

生成的设计功能。通过对实践过程的总结，我们提出了四个不同的转化阶段：材料和功能、算法、空间与结构的组织过程和建筑原型，并通过图文结合的形式进一步对这几种情况进行阐释。

1. 材料和功能

白卡纸被认为是可以用来训练折叠操作的优秀材料，因为这种纸张同时具备重量和结构的优势。它可以在保证纸张的连续性这一要求下，让学生们广泛地探索利用一张平面的纸生成一个立体空间的方式（图2）。这一转换过程来自简单直观的动作，它们都可以由一些简单的动词表达：折叠、按压、褶皱、刻痕、切割、拉起、旋转、包裹、穿孔、铰链、打结、编织、压缩、展开。在早期的折叠手法中，我们将折纸的过程看作是一种德勒兹式的示意图，它就像一台对形式和物质一无所知的抽象机器，仅仅是由材料和功能控制。将折纸作为一种示意图进行解读，不是一种代称，而是构成了一种新的现实，它将建筑研究引入了一个新的实践领域（图3）。

2. 算法

折纸是一种不断变化的动态的艺术品，它沿着纸上的划线、折痕或者切口成型，我们把折纸展开，就会看到它的形成过程。折纸艺术品来自对基本操作的不断重复：三角划分、压成型、折叠为数层、多次折叠等等，或是像线条一样的形式：按照曲线弧、螺旋或曲折状的图案进行切割。将平面的纸张通过折叠来形成立体的空间是一门课程，是按前述步骤进行操作的结果，我们把折纸艺术品的一系列变换看作是一种形式起源的图解。这个阶段的任务是将折纸的过程解释为一种形态的产生机制，生成序列、扩充技术、展开、转换映射、指导性计划和转换清单作为折叠操作的定义（图4）。理解并发展有关形式的纸折叠超越了简单的物体产生一系列相似但变化的人工制品，这就引出了一个新的问题：是否需要将这些操作手法表示为一组包含时间作为变量的指令。因此，折纸可以被看作是一个庞大的系统工程。莱布尼茨将它定义为一个扩展，其中的扩展对象是一个无限的变化序列，既不包含最终结果也不包含限制边界。

图1 折叠训练——刻痕、旋转

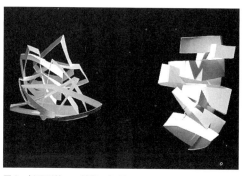

图2 折叠训练——缠绕、切割

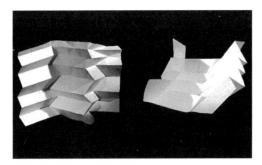

图3 折叠训练——折缝、铰链

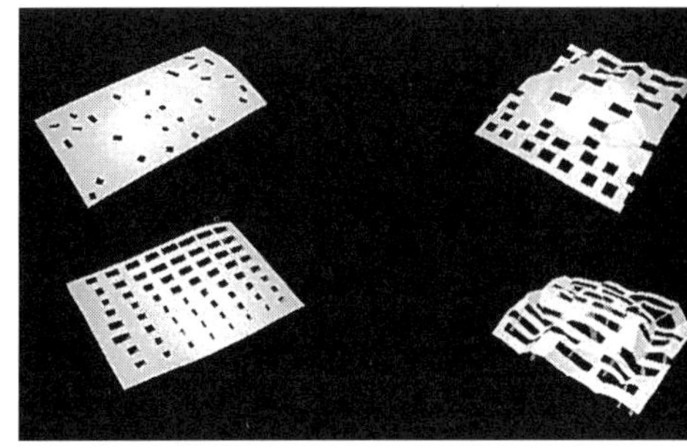

图4 折叠训练——打褶、挤出

3.空间与结构的组织过程

在折纸的过程中，空间也随之产生了，纸张折痕之间的空隙形成了无法被精确定义的空间形式。就像折纸表面的分界线一样，其中的空间也表现出了更多的连续性，尽管它们之间的联系十分脆弱。将折纸作品转化为空间构成的过程需要学生具有抽象的空间想象思维，最开始它们之间的几个特征似乎看起来毫不相关。拓扑学的知识对于描述空间产生来说是非常重要的知识：接近，分开，空间的连贯和封闭。这个过程中需要学生对折叠形成的空间进行观察并且将其转化为真实的空间。尽管它还不是一个能发展为初步设计的虚拟形式，也不是一个抽象的几何空间，而是一个通过将连续空间经过运算填充来训练抽象思维的过程。

通常我们会用一些抽象的词语来描述人的行为动作：可达性是最基本的操作，连通性是必然的表现，循环和交叉体现了空间概念（图5）。白卡纸在折叠、压褶和弯曲等折纸的过程中具有较好的结构特性。在平面纸张的折叠过程中，折痕受到张力和压力并把它们分散出去，折纸技术的发展大大增加了作品的变化性。鱼骨模式是一种起源于折纸领域的主要结构模式，它受规则结构变化的影响比较大。除此之外，折纸衍生出的组织形式有缠绕、交织和分层等结构的连续变化，这一系列变化已被视为一种新的技术，可以演变为一个组织系统。由于表面被弯折，斜面通过水平和垂直的级数来表示，空间之间的模糊边界显示着外表的不断变换。

4.建筑原型

在训练折叠手法的设计过程中，建筑并不是一个主要的目标，教育才是要实现的目的。在这个过程中出现的空间、结构和组织形式都可以发展成建筑设计的原型（图6）。这个过程中将建筑分解为关于材料、过程和环境的参数，因此我们将这种能够发展出建筑的空间、结构和组织图解定义为建筑原型。

这里简要介绍一些研究中使用到的原型，包括弯曲的表面、多层次的内部、立面的洞口、缠绕在一起的带子等，以及城市流浪者的蜗居处、工作的机器、中空的堤坝和城市露营地。与交叉的概念不同，将建筑结构的实质归结于折纸是一项寻求空间属性、程序组织和结构之间相互作用的研究项目，尽管这种相互作用并不确定，有着多种可能的联系。通过对这些原型进行评估，我们可以验证将架构中的折叠结构作为一种通过将不同的元素集成到"异构但连续的系统"中来管理复杂性的策略。

三、折叠建筑的简明实践方法

20世纪末，折叠作为一种建筑语言出现，并成为一种新的建筑设计方法。格雷格·林恩担任客座编辑的《建筑设计简介》介绍了折叠的发展概况。1993年发行的《建筑中的折叠：早期宣言》是一组建筑师（柯布、艾森曼、盖里、基普尼斯、林恩和雪德尔等）的论文集和项目选集，包含了他们寻求替代解构主义的矛盾形式逻辑的替代方法，以及摘自德勒兹当时最新的英文译本《折叠，

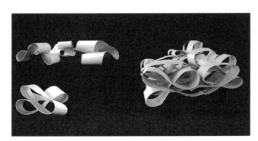

图5 折叠训练——平衡、包裹

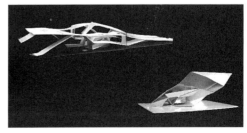

图6 折叠训练——缠绕、压缩

莱布尼茨和巴洛克》，《建筑中的折叠》一书从德勒兹的作品中汲取哲学理解，对莱布尼茨进行了全新的理解，将巴洛克作为分析当代文艺运动的理论工具。

格雷格·林恩在他的《建筑的曲线性——折叠，易弯以及灵活》一书中，将折叠作为建筑应对纷繁复杂的文化和形式背景的第三种方式，既不是解构主义代表的冲突和矛盾，也不是以新古典主义、新现代主义和地区主义为代表的统一和重建。从建筑语汇上将复杂性与柔韧性联系在一起，折叠的结构被认为是在异质而又连续的系统中整合差异的巧妙策略(图7)。除了通过平滑的分层之外，他还提出了一种曲线型的混合技术，类似地质学中的矿物沉积概念。

黏性和柔韧性的形式被认为是一种新的概念，是事物的发展方向，林恩认为曲线是"柔顺建筑"的形式语言。胡塞尔的模糊几何研究以及对于理解建筑的柔韧性至关重要，与严格的几何学相反，它不能被准确地复制，不能被平均点或尺寸定义，只有一个界定范围。作为多重可能几何关系的范式，林恩引入了雷·汤姆突变图的柔性拓扑表面。

在《折叠，莱布尼茨和巴洛克》一书中，德勒兹总结了巴洛克的一系列特点，这些特点超出了其历史意义，有助于当代艺术鉴赏的发展。考虑到它们对于理解折叠语汇演变为折叠建筑实践至关重要，本文总结了以下特征：

(1) 折叠：是一个可以无限进行的过程，它的问题不在于如何总结，而是如何继续，得以无限地进行下去。

(2) 内部和外部：无限的折叠是在事物和精神之间，表面与内部空间之间分离或移动。

(3) 高和低：将折叠分割开来，分别在两个方向扩展，从而联系了高和低。

(4) 展开：不是与折叠相反，而是它的延续。

(5) 纹理：经过折叠，材料由于其自身的反应展现出新的纹理。

(6) 范式：纤维织物的折叠不能掩盖其形式的表达。

德勒兹认为拐点是折线可变曲线的理想通用元素。他引用学生伯纳德·卡什的话，将拐点定义为"内在奇点"，包括三个转化形式：矢量、投影和无限变化（图8）。并且将技术对象重新进行定义，"对象"是连续变化的事物假设存在的位置，工业自动化或机器代替了自由的形式。对象的这种新状态不再是指空间模式，而是指时间调制，它意味着物质连续变化的开始和物质的持续发展形式。在1995年出版的《地球运动：领土的装饰》中，伯纳德·卡什提议将建筑重新定义为内部和外部关系的一种折叠实践，将其定义为"帧缓存"并以家具作为建筑内部与外部空间之间的枢纽，为建筑环境的创新创造条件。

1993年OMA设计的巴黎朱苏大学图书馆（图9）也许是20世纪90年代最有影响力的未完成项目，也是最早在建筑设计中体现德勒兹理念的项目。在这场大学校园公共图书馆的竞赛中，折叠被用作组织图形和空间的装置，库哈斯用"社会魔毯"来比喻建筑的连续楼面，通过楼板的倾斜来连接上下层，产生了一条连续的路径，好似一个弯曲的内部林荫道，展示并且联系着所有的设计元素，从而将图书馆的游览体验转变为城市景观。折叠作为一种空间装置，并没有遵循传统的2.5米的最小室内高度限制，还组成了整个图书馆内部的装饰。该设计以建筑为例，忽略了立面，将注意力集中在每层平面上，将楼面作为连接空间的通道和社会活动的催化剂。在《小、中、大、超大》一书中，折纸已经不仅仅是一种概念模型，而是作为一种新的建筑策略和设计意象引入了实践。

在研究朱苏大学图书馆连续倾斜地面理念的起源时，我们应该承认它受到了维里利奥的斜地和居住循环概念的影响。保罗·维里利奥和克劳德·帕瑞特于1966年出版了《建筑学原理》，这是一系列建筑和城市宣言的合集。维里利奥提出了"倾斜功能"的理论，认为倾斜平面构成了"建筑的第三种空间"，颠覆了传统的水平空间和垂直空间的规范。倾斜平面被认为是建筑与人的触觉

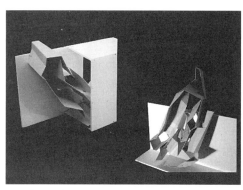

图7 折叠训练——交织、连续

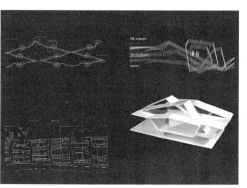

图8 学生作业：斜面——生活分离

之间的桥梁，是由二者之间的不平衡关系引起的。他将倾斜平面理想化为重新获得被静态建筑破坏的空间感知场，使得人们重新获得对地面的感知。建筑将不再以外观和立面为主导，而是作为一个与使用者有联系的整体。倾斜平面改变了空间和重量的关系，重力会影响感知，因为"个体将始终处于抵抗状态"。无论是向下时的加速还是向上时的减速，抑或是当人们在水平面上行走时，体重都为零。

维里利奥说他在童年探索中发现了斜角理论的灵感，诺曼底海岸上倾斜的地堡的内部设计为他提供了第一次"不稳定空间"的体验。倾斜平面作为欧几里得体系中的第三轴，使得居住面积和循环成为一个连续的空间。人类在倾斜平面上的活动，不能被精确地测量，这就需要一个具有多种可能关系的几何体系来囊括活动的可预测区域，如托姆突变曲线中受倾斜度百分比和材料质地约束的区域。

将倾斜平面运用到居住建筑之中被证明是 90 年代创新建筑发展中最丰富的概念之一，在折叠建筑领域，90 年代无疑是一个多产的十年。在朱苏大学图书馆项目中，库哈斯将折叠的语汇应用到建筑实践中，在世界范围内引领了一代建筑师设计单一表面项目的热潮。特别是在荷兰，倾斜平面在许多项目中成为主体结构，成为模拟景观。但是由于这种设计的复杂程度超出了建筑审查部门的能力范围，所以 OMA 在后续的实践中将连续的倾斜平面演变为折叠地板。比如 1993 年在鹿特丹昆斯特豪尔建成的，由一系列路径组成的流通空间涉及不同类型的活动：参观展览的人、行人和车辆。

1997 年在乌得勒支建成的库哈斯教育中心 (图10)，折叠的混凝土地板体现了库哈斯对建筑的掌握，这是该大学各院系共享的中央设施。乌特勒支大学的巴特·罗托斯玛这样描述：该教育中心带来了一种全新的空间体验，人们很难区分外部空间的尽头和内部空间开始的位置。大家在没有注意到变化的情况下穿过了大门，甚至看不到任何楼梯，即使在进入建筑内部后，人们也无法察觉到他们正在各层之间移动。虽然没有经过楼梯间，他们的垂直移动距离也足有一层楼的高度。

如果我们认为流动是连续表面的先决条件，那么车库以及古根海姆现代艺术博物馆将有资格作为循环型居住建筑的原型。车辆的运动特性使得它成为折叠式建筑组织形式的理想选择。除汽车之外，连续倾斜平面作为替代建筑元素的另一范式是自行车停车场。阿姆斯特丹的 VMX 建筑师事务所于 1998 年设计的自行车停车场（图11），该项目于 2001 年完工，被认为是一种连续折叠自行车路径。在基础设施升级的过程中，阿姆斯特丹市政府决定通过设置 2500 辆自行车的临时存放区来解放中央火车站入口广场的自行车空间。

VMX 建筑师建议采用三层独立支撑设计，使用可拆卸的结构，包括一个展开长度为 110 米的连续条带，自行车会停放在轨道上。建筑师指出，这个设计的目的是制造一个功能强大的存储设备：利用车站广场现有的 1.25 米高度差，创建了一个具有 3°坡度的系统来存放自行车。红色的沥青将像地毯一样铺在坡道上，一些有台阶的地方上行确实更快，但显然骑自行车的人会更愿意使用坡道。虽然建筑的表现力通常由设计细节和材料而来，但这座建筑的表现力却来自斜坡。尽管如此，它似乎正在超越自身作为一个自行车停车场的这一基础设施的定位，成为一种新型的公共空间，并且成为当代阿姆斯特丹市的标志性建筑。除了大量的通勤者外，这个自行车停车场还接待了许多其他的访客：从世界各地而来的游客，电影摄制者和小轮车运动爱好者——这些访客成了维里利奥的居住建筑推动循环社会互动理论的重要支撑。

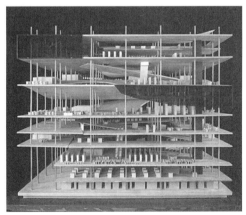

图9　朱苏大学图书馆方案模型，连续的倾斜地面清晰可见

图10　位于乌得勒支的库哈斯教育中心

图11　阿姆斯特丹自行车停车场

通过对折叠式建筑的一个主要特征——连续斜面的阐述，一个新的概念进一步被提出：建筑的材质表现了其形态。这一概念参考了迪安·斯考夫勒的作品。在批评舆论的口中，折叠只是一个过程，就像导致男性衬衫的重新配置，成为对标准化的批判，并颠覆了现代形象的构成方法。2002 年的纽约艺术与技术博物馆 Eyebeam 大楼（图 12）的竞赛获奖作品中，折叠的部分被布置为服务空间和被服务空间。新的 Eyebeam 大楼将包括艺术与技术博物馆、艺术家工作室、教育中心、多媒体教室以及最先进的剧院和数字档案馆。这些设施将为艺术家提供前所未有的制作和展览机会，艺术家们可以随心所欲地探索视频、电影和影像艺术、DVD 制作，进行二维／三维数字成像、网络艺术和声音、表演艺术的研究。双折叠结构的建筑形式十分稳定，为数字媒体提供了空间和配套设施。Eyebeam 大楼的折叠部分有着复杂的技术设施和接口，平滑的各层连接使其成为一栋出色的智能建筑。

本研究选择的最后一个案例考虑到项目规模和影响，选择了由 FOA 建筑事务所于 2002 年完成的横滨港国际码头（图 13），它提供了一个新的折叠架构范式。在 1995 年的横滨港国际码头竞赛中，建筑师亚历杭德罗·波罗和法西德·穆萨维提供了一个由单一表面为原型发展而成的方案，折叠的特征贯穿于设计的各个方面。城市空间渗透到了候船大楼的屋顶上，在码头和城市的交界处形成了一个公共空间。建筑师将其描述为一个围绕着候船大楼的公共空间，而不是让它作为一座大门一样的象征性存在，将旅行的仪式感进行了弱化；同时使其成为一处人人都可以使用的公共空间，而不是一处标志性的景观。横滨港国际码头项目中有一系列分散的、不重复的流线，包括市民、乘客、游客、车辆和行李，通过不同的路线进行分层组织。建筑的外观体现出拓扑表面的概念，在倾斜的曲线空间序列中实现了各部分之间的平滑过渡。通过灵活运用结构和构造的原理，选择折叠钢板作为结构支撑，强化了最重要的空间概念，从而消除了传统的分隔围护结构。

在项目实施的七年间，亚历杭德罗·波罗的目光已转向建筑构造工语用学的研究，他说该项目的构造设计是其实施的主要思想来源，并且逐渐成为使得项目更加出名的决定性因素。而且与日本 SGD 工程师合作，对不同级别的工程流程进行了研究，并在解决梁和折板的组合问题之前，开发了一系列替代结构原型。折纸的原型和鱼骨的图案在候船大厅的屋顶上清晰可见（图 14）。折纸结构被理解为是一种区域性的参照物，支持"将设计语汇作为一种物质组织而不仅仅是借鉴形象"。虽然鱼骨是由一个规则的结构组成的，但是每个折板中的每一个单元都是独一无二的。候船大楼内部遵循着外表的几何轮廓，由于这些轮廓本身是弯曲的，这样图案的几何形状就能与调节复杂曲线梁的圆相切，并且在一个较小的范围内

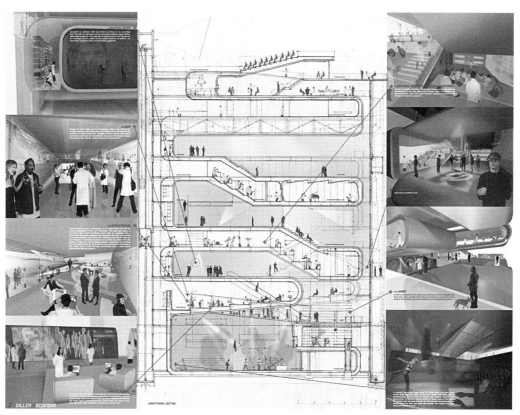

图 12　纽约艺术与技术博物馆 Eyebeam 大楼

图 13　横滨港国际码头　　　　　　　图 14　横滨港国际码头的设计草图与折板屋顶

不断变化，使得结构模式通过一系列的变化延伸开来。

　　总之，《折叠建筑实践简谱》已经记录了折叠的操作手法在建筑实践中的作用，书籍重点关注了少数具有里程碑意义的项目，这些项目在 1993 年后的 10 年中对折叠理论的发展做出了实质性的贡献。这项研究的目的是记录折叠工作室在理论框架和专业建筑设计上的形态发生过程。但是，这一谱系忽略了将德勒兹的话语特征与计算机生成的设计相交叉的工作，将研究的视角缩小到 20 世纪末的技术。如果有机会进行一次范围更广泛的调查，伯纳德·卡什和格雷格·林恩的工作将被包括在其中。

四、结语

　　德勒兹介绍的这些激发了一代建筑师的思考。因此折叠成了一种建筑语汇，具备了明显的构造特性，已经可以作为一种设计知识来传授。建筑师可以在实践中对新建筑对象的属性进行重新定义。以下是一组命题：

　　（1）扩展性：对象作为一个无穷级数，它的序列具有可变性。

　　（2）多样性：对象为一系列元素，具有潜在的互动性。

　　（3）曲率：拐点，斜度，表面翘曲和非欧几里得几何变形。

　　（4）分层：相互矛盾的建筑因素之间的区分和联系。

　　（5）连续性：表皮的拓扑性质和组织原则。

　　（6）流动性：交错的边界，模糊的界限和不同区域的交织。

　　折叠的手法可以将德勒兹对实践的重新定义作为设计宗旨，同时丰富了折叠建筑简明谱系的研究。但是鉴于现有的建筑师教育体系，我们只能期待建筑师们在未来有更加出色的创新表现。

参考文献：

[1]　Sophia Vyzoviti. Folding Architecture-Spatial，Structural and Organizational Diagrams. Amsterdam：BIS Publishers. 2004.

图片来源：

图 1- 图 8：Sophia Vyzoviti.?Folding Architecture-Spatial，Structural and Organizational?Diagrams. Amsterdam：BIS Publishers. 2004

图 9：Zaera Polo，Alejandro and Rem Koolhaas，"Two libraries for Jussieu"，EL Croquis 53+79（1996）

图 10：http：//www.buildingbutler.com/images/gallery/large/building-facades-651-1622.jpg

图 11：https：//img1.doubanio.com/view/note/large/public/p31117337.jpg

图 12：https：//dsrny.com/project/eyebeam

图 13：https：//inspiration.detail.de/_uploads/5/a/d/5ad5b971531a7/DETAIL_2004_11_1312_01.jpg

图 14：https：//inspiration.detail.de/_uploads/5/a/d/5ad5b97b0b054/DETAIL_2004_11_1312_04.jpg

作者：韩林飞，北京交通大学建筑与艺术学院，教授，博导；王卓飞，北京交通大学建筑与艺术学院，硕士研究生

再造形态：一门建筑学专业基础
"艺术造型课程" 实践与探索

于幸泽

Morphologic Reconstruction: Practice and
Exploration of "Plastic Arts Courses" for Ba-
sic Architecture Major

■ 摘要：本文围绕培养学生的创新思维和激发想象力，提高学生的创造能力与审美品位，通过创新的艺术造型课程，介绍从表现对象到表达手段等内容，针对课程结构和讲授方法进行教学探索。实践表明：艺术造型课程应转变传统美术教学的授课模式，改革传统素描再现式教学方法，采用基于建筑学专业基础的艺术造型课程实践教学，能有效促进和充分发挥艺术造型课程对设计专业学习的作用。在新时期，针对有限的课时和整体专业基础教学安排，艺术造型课程中的素描课应从培养造型能力转为培养学生的造型意识，运用造型手段带动创新思维，使课程建设对创造性人才培养发挥重要作用。

■ 关键词：建筑学　素描　版画　造型意识　课程建设

Abstract：The thesis pointed out that based on cultivating students′ innovative thinking, stimulating their imagination, improving their creative ability and enhancing their ability of aesthetic appreciation, innovative artistic modeling course is a teaching exploration from the objects of expression to the means of expression, from the course structure to the teaching methods. The practice shows that the traditional teaching mode of Art Modeling Course is supposed to be changed and the Art Modeling Course should be adopted. The practice teaching of art modeling course based on the foundation of architecture major can effectively promote and give full play to the role of art modeling course in the study of design major. In the new period, in view of the limited class hours and the overall basic teaching arrangement of the major, the sketch class in the art modeling course should change from cultivating modeling ability to cultivating students′ modeling consciousness. Therefore, curriculum construction plays an important role in cultivating creative talents and driving innovative thinking by using modeling methods.

Keywords：Architectural Sketch, Printmaking, Modeling Consciousness, Course Construction

一、引言

传统建筑设计类的艺术造型课程（美术课）是培养学生的艺术"再现"能力，通过素描写生、速写练习、水彩写生和风景画写生四项内容来完成，课程目的是让学生掌握绘画的表现技法和美术常识。我国建筑院校的美术课程经历了几十年的发展和演变，逐步形成了一套适合我国国情的教学模式，并在一定时期内行之有效且成果显著。但是，随着科学和文化的发展，尤其是计算机技术的广泛应用，数字化及多媒体技术的普及，以及受国外先进建筑教育方式的影响，我国高校建筑美术的教学内容与教学方式已显得日益陈旧，不能适应时代发展的需求，传统的建筑美术教学模式正面临着质疑和挑战。

当下是信息共享及图像机械复制的时代，学生对待动手造型的学习兴趣在逐渐下降，其中很多原因来源于教学本身。对待任何一门学问，受教者一旦对其缺乏应有的兴致，就很难再继续深入学习下去。客观环境与形势在变化，这样的变化促使我们的教学模式要改变，加强"创造性审美体验"和培养"形态创造能力"是当代艺术造型的教学重点。要改变不适应新时代和新形势的教学思路，重新构建艺术造型基础教学的结构，用"主动创造性思维训练"代替"被动美术技能训练"，把学生的想象力和创造力的开发放在课程的首位，为此对一门建筑设计专业基础的艺术造型课进行实践与探索，以达到艺术造型与专业基础教学的连贯性和有效性。

二、基于"空间再造"的素描表现实践阶段一

1. 空间想象的素描表现方法

绘画的表现形式多种多样，手法不一，归纳起来主要可分为四种：线条型素描、结构型素描、明暗调子型素描、线面结合型素描。这只是素描的表现手段，而不是素描的目的，素描的原理对于现代大学生来说容易理解和掌握。而素描的表现对象理应是包罗万象，所以不能只是局限在静物写生、人物写生和风景写生等传统素描训练课题上，应选择一些学生未来将会接触到的"空间设计"和"建筑模型"作业来进行素描表现（图1），实践过程中不是深入研究素描表现手段，而是在改变表现对象的前提下，如何使用这些手段来进行空间想象力的开发，通过素描以营造新空间为目的，从而达到创新能力的提升。艺术创新能力是运用艺术基础知识和理论，在造型实践活动中不断提供具有价值的新方法和新思想的能力。创新的意识和能力是现代造型艺术中的决定因素。课程里使用的表现对象，将已经过设计的"空间模型"进行数量的堆积以增强他们本身所不具备的视觉体验量，成为引领学生进入创新表现的素描媒介，也是引发学生创意兴趣的关键所在。兴趣会产生愉快和紧张的心理状态，对表现物象感兴趣就会具有积极的态度。

首先，课程引导学生养成独特的思考角度，是建立"创新自信"的开始。因为设计类的学生不具备较强的素描客观刻画能力，因此树立良好的自信心是非常重要的课程环节。艺术自信心是在造型实践过程中，表现出"自己相信自己"，增强自信心就要克服自卑感，培养学生具有创新者的主见意识，学会坚持自己的想法和表现目标，始终有勇气与激情去表现所思所想。在他们面对这些经设计过的空间模型时，并不是要让学生感知它们所具有的形象和质感，而是让他们将这些"空间设计"进行拆解和重组，最后体现出破坏和重构的效果。其次，借助这些空间模型，让学生注重"非逻辑"的表现手法，把想象力从空间"使用功能"的束缚中释放出来，这期间就需要将全部注意力高度集中在观察角度上，才能得到想象力所要具有的视觉素材。观察是"艺术直觉"的来源，直觉是不经过逻辑推理而对物象有直接的想法。在艺术创作和创新思维实践中，新概念、新设计多数情况下并不是通过理论推导或经验总结而得，而是在长期工作实践过程中直接领悟出来的。因此，独特视角是促成直觉形成的先决条件，在观察中提醒学生经常使用直觉，直觉是对表现对象最初的主观映象，它可以帮助学生摄取、捕捉具有独特价值的物象特征。

艺术造型是动手实践过程表现的结果，动手能力是决定创新能力的因素，在造型实践中起着

图1 空间想象的素描表现方法与实践（课堂场景）

关键的作用。当下艺术造型基础教学中，尤其要强调"自我表现"，才能形成别具一格的造型特征。课程中学生的自我表现，不是孤立地、封闭地强调学生的"自我"，而是自觉地将个性目标同物象选择联系起来，是对个人"主体意识"的超越，是更高水平上的"自觉"。自我表现还可以防止学生进入机械、被动地"反映"和"再现"客观唯美的狭隘认识层面。在造型实践中使用"非秩序"的造型方法，为"自我表现"的解放作准备，使之能够进行自由选择、构图和塑造，从而用无限丰富的线条、黑白灰和交错的空间结构回应自我表现而形成最终个性化的画面特征（图2）。"非秩序"对进行二次创作内容表达尤其重要，因为课程中的空间模型都是经过深思熟虑和精心设计出来的，是符合人体工程学和真实空间等比例关系的呈现，如果缺乏主体意识的自我表现，一定会陷入设计者所设计的空间假象中，将进行被动的描绘和立体结构的平面转化，这将失去造型的意义，更谈不上创新和创意实践。"非秩序"的造型思考方法，也是实现新空间形态再造的理念驱动力，它可以收集、筛选和引用造型实践者想要的内容，然后再用理性提炼，既要依赖秩序，又超越了秩序。非秩序手段在于，它可以将画面中的远景、中景和近景进行颠倒，对客观空间组合进行倒置，这完全来自对物象认识的减损，还可以丰富想象的内容。想法生发，创意更多，造型特征就愈发鲜明。

2. 空间塑造的素描造型意识

设计个性在艺术造型实践中就是在"形体结构"位置经营的个性，是在理性构想进行实施前的手段和操作计划，也是布局形态生成的首要目标任务。造型的空间与结构总是紧密相连，结构是空间里的内在构造，是空间中各部分的穿插组合方式。造型实践的第一步就应该偏重对结构的设计实施，引导学生从多维度空间视角观察和解析空间的构造，而且还可以将多维视角设计进行全方位的覆盖，发挥想象力去剖析空间里的结构，才能进一步将现有的空间进行延展、拆解、重构，而后形成新的空间形态。设计个性是否具有独特

性，取决于空间的外部形状和内部姿态，在课程中加强和提升学生对形态的塑造意识，引导他们把握好以几何体及呈现出的线条作为基本手段，抽离情感表达，注重从理性和个性视角去进行分析、设计。所有由设计而生发出的形态，都源于最初的几何型和几何体的构造组合，在设计实施的过程中养成"物象的几何意识"，这种造型方法也容易树立学生的自信心。第二步就是空间塑造、设计布局和逐个建立，借助光源方向（也可以多个光源），将具体的点、线、面进行搭接，以黑白灰为基础因素对比排列，设计和塑建成具有"正负形态"的空间结构，这些复杂的空间设计组合是基于艺术的非凡想象力。因此，要告诉学生"画面所营造的空间结构不具有任何物理属性和使用的功能性"，让他们心里没有羁绊，一开始就养成设计必须具备个性的习惯与意识（图3）。

艺术造型（Art）是借助独特的艺术手段或媒介，来塑造出现实中没有的物象，营造出别样的氛围，来反映现实和寄托人的情感的活动。因此，艺术造型必须能反映现实且比现实更具有典型的形态与意识，将预想的景象赋予现实的可视手段；艺术与设计、科学有着突出的差异性，在实施的过程中由人的情感表达介入，所以艺术在某种程度上也弥补了语言和文字无法企及的领域。艺术造型应该有它独特的诉求，这种诉求表达的准确与否和表现的独特性是相辅相成的，没有创造性的方式、方法，就无法达到表现的独特，将表现的独特性要求贯穿课程的始终，虽然它是个宏观的概念，但还是要强调通过捕捉与挖掘、感受与分析、整合与运用等方式对客观物象或主观意识进行个人化感知、表达等，通过主观感受形成和展示出来的阶段性结果，基于人的个体性差别，必将呈现出表现的独特魅力。在空间塑造的实践中，还要兼顾形象性（楼宇、阶梯等）必须有生动和具体的细节塑造，所以形象性是艺术造型不可缺少的内容，也是表现独特的基本元素。在塑造表现中，引导学生追寻主体性的塑造规律，毫无疑问，主体的独特性必然牵动整体画面，主体融入了创作者乃至欣赏者的思想情感，体现出十

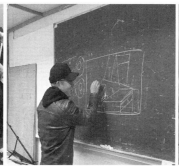

图2 空间想象的素描表现方法与实践（教学场景）

图 3 空间塑造的素描造型意识与实践（课堂场景）

分鲜明的创造性和创新性，因此，主体表现出来的独特性是最能体现出审美实践的价值的。

老子认为："为之于其未有也，治之于其未乱也。……慎终若始，则无败事矣。"这就是说，在问题没有产生的时候就提前介入，在矛盾还没有出现时就预先治理。把"自觉意识"贯穿始终，就会成功。老子还说："自知者，明也。"老子的"自知"就是自觉意识，"明"就是明白和知晓。《大学》中进一步强调："此谓知本，知之致也。"意思为：这种"自觉感知"是因为抓住事物的本质和规律，因此是智慧的极致。所以"自我感知"是发现及解决问题的主要途径，也是确保成功的必备因素。造型阶段就是要塑造建立实体与空间的关系，这对基本关系渗透着诸多的要素，总结起来由两个方面组成，即具象实体和抽象的空间（非逻辑空间和非秩序空间），具象的实体很容易在客观物象（空间模型）中找到参照和依据，这里也包括实体内部空间与实体本身，以及实体与实体之间的空间关系；但抽象的空间需要理性整理和塑造来表

现，抽象空间结合点、线、面、体，借助光源形成再造空间的主观思路，这部分是重点也是最难的部分，引导学生理解"虚与实"的表现方式，"虚实相生"和"知白守黑"的构成形态也是中国传统绘画经营空间恪守的准则。因此只有在反复实践、专研的过程中才能形成自觉感知，才能真正提升空间塑造的素描造型意识（图 4）。

三、基于形态纯化的木刻版画实践阶段二

1. 形态表现及媒介转化方式

课程的第二阶段是进行黑白木刻版画实践。将第一阶段的"空间再造"素描转换为"形态纯化"的版画创作，使第一阶段素描造型成为第二阶段版画创作的图形计划（图 5）。

将第一阶段素描创意内容转变成版画草图的线稿，采用"形状置换"的方法，可以把不同但又彼此关联的空间形状元素巧妙地结合在一起，这种结合不是素描的二次再现，而是各元素之间相互个性的集聚展现，将原先模糊的空间通过具

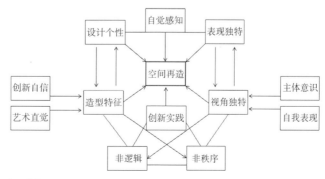

图 4 阶段一课程环节要求及结构关系

图5　形态表现及媒介转化方式（版画实践课堂场景）

像的、个性的形来表现，以形表意，寓意于形，以增强画面的表现力，形成耳目一新的视觉强度。具体操作方式有以下三种方式：（1）整体置换。将一个原画面中有空间特征的形与另一个空间特征的形进行移植、嫁接，或将两种以上不同空间特征的元素进行创造性结合，从而使原图形产生形态上的变异和意念上的转化，进而呈现出新形状和新含义的视觉内容。（2）局部置换。在替换图形时保留原有素描图形的基本构图和形状特征，以原素描为依据，使用其他相似或不相似的形状去替换原素描图形中的某一局部。（3）置换篡改。在原作品的基础上进行形状篡改，不必保持原有素描基本的形状特征，而是在原素描的基础上产生新的形状提示，从而生发出新的空间图形及内涵。在置换操作中，可以采用任何原画面特征鲜明的局部元素，在置换之后的组合中，甚至能表现出荒诞但极富创意的新空间形态。形状置换后的版画线稿，会使原素描作品的空间内涵得到完全延伸或产生相反含义，从而呈现出具有新内容指向的画面构造。

　　"构造转换"本是高层建筑结构设计中经常见到的一个专业名词。在版画制作环节中，是新形状构建出新空间形态的操作方式。在版画空间结构制作时，学生会遇到构造转换问题，经总结有两种转换结构的方法及注意事项：（1）当转换原素描结构时，其中灰色调承托原素描空间建成的主要因素，灰色调是黑与白过渡中间地带，形成了空间框架中的"体"的特征。在版画操作中，将"体"的特征缩小至零，让透视引领画面的空间，用"大与小""长与短""高与低"等透视要领来取代素描中呈现体的"灰色面"，而且要主观加大与强化透视的尺度，在"体"的转换中，减掉原素描的灰色调的视觉成分，由此增强新建立的空间形态的"刚度"。（2）结构创建的目标是构

建新的空间形态，在构造时要恪守"去形象化""去细节化""去质感化"三个基本原则，围绕"相邻"和"连通"的空间关系，将主要精力放在构造转换形态本身特征上，努力创建新构造空间鲜明的属性和样式，切勿追求繁复和多余的细节内容，也不要添加作为空间比例参照时所使用的"人"与"物"，只有这样，最终构造转换成的形态主体才能吸引观众，让观者目光焦距在转换结构后产生的微妙穿插关系、连接关系、并置关系等，从而使新构造的形态具有个性化形态（图6）。

　　黑白（油墨）木刻是具有悠久历史的艺术形式。教学中应该注意一个问题，那就是为什么选择黑白木刻版画进行造型创作媒介转换，而不是其他画种？首先，木刻版画虽然使用的绘画工具与材料与其他艺术形式相比具有特殊性，但在绘画效果上与同样具有"黑白"因素的素描绘画有一定的相似性，二者所内蕴的"黑"与"白"的主要表现意味是共同艺术魅力的不竭源泉。其次，因为黑白木刻版画不同于国画、油画和雕塑，在经过前期构思、计划草图、尺寸放大直至平面刻制到印制成品，是一个有着具体程序且间接呈现的造型手段，这种间接式的呈现方式构成了版画独有的艺术特色。最后，它具有印痕复数的特征，这主要来源于技术与艺术的结合。学生按照第一阶段的创意素描对板材媒介进行规定性处理，包括造型工具的改变（铅笔换成刻刀），经过印制手段，结合人工肌理的创造和自然肌理的发现及印痕特性的综合利用，使板材媒介转化成黑白痕迹的版画语言，在印制过程中还要注意油墨量的使用，提醒学生必须注意油墨的黏稠度，不易过厚，也不宜过薄，如大面积使用一定做到薄厚均匀。

2. 语言纯化及当代审美体验

　　艺术构想是版画从复制实践过渡到创作不可缺的环节，是在原作品的感受上进行再思索的过

图6 形态表现及媒介转化方式（版画实践课堂场景）

程，它可以充分激发学生的想象力，还能更有效地培养学生对版画形式语言的提炼，鼓励学生从反常规的路径中，精选第一阶段的创意素描已有的构成元素。首先，黑白两色在木刻版画中扮演了非常重要的角色，将创意阶段素描中的黑白两极色彩进行排列和归纳，提取最具空间特性说服力的面积和区域，可以强化，可以凝缩，可以抽离和重组出来，基于单纯的空间构造样式下进行概括。其次，由于木刻版画独特的黑白形态，使画面只能容纳少量的空间元素，因此各元素之间的关系要直接和简练。最后，在概括和强化的基础上可以使用最低限度的丰富性（越少越好），以起到"点睛之笔"。课程中还要告诫学生，由于他们的经验不足，尽量避免奇异图形和过于繁杂的细（阳线）线条出现，防止在刻制时产生错误而影响整体视觉效果。主要任务是发掘和深化空间中心的支点和结构，构思过程中的其他元素都围绕它来取舍、变动、延伸和发展，在没有脱离主体的前提下使空间形态提炼达到构思精巧的地步。总之，前期巧妙的构思是最紧张和最艰巨的阶段，会对后面的刻制工作能否顺利进行产生重要影响（图7）。

图7 形态表现及媒介转化方式（版画实践课堂场景）

艺术语言是作品外在的形式结构和内在的审美含义，艺术作品独有的艺术特色和审美价值，要靠纯粹的艺术语言来传递，语言越简练所表现的作品维度越广阔，艺术意图越精准；反之，将失去作品应用的视觉效力，更谈不上语言及观念的形成。黑白木刻的表现语言本身就对颜色形成了制约，将万物归纳成"黑"和"白"两色。无论是点线面、正负形、圆和弧形，都是以松紧、对照、韵律等简明的手法体现。当学生第一次使用刻刀进行造型实践时，要强调用刀痕肌理表现形式的同时，注重对单纯、简洁手法的应用，对所刻制的内容进行耐心细致的雕琢，形成锋利的边界，以彰显空间的坚实感。黑白版画语言的分布及构成规律有以下几种：（1）区域较大的黑色是为突出负形的白色。（2）阳线和阴线交错并能显现出空间中的形态韵律。（3）以阳线（或以阴线）为主，辅助面积较小的白色（或黑色），形成面与线的交叉错落，会呈现出独特的黑白意象。由于刻制的难度，学生主要以阴线和黑色为主。此外，刀痕的印记是组成最终语言的重要部分，因此，刻制时需要尽量达到稳、准和狠的程度，才能获得印制后的理想效果；反之，由于木板无法修改的缘故，作品会留有瑕疵和遗憾。

随着图像技术的发展和新媒体艺术的出现，艺术的表现形式不断受到科技的影响。木刻版画作为视觉艺术的内容，其形式、思维和面貌发生着巨大的变化，这主要体现在审美观念的表达方面。黑白布局和人工刻痕是版画当代审美体验最重要的环节，也是最终艺术品位呈现的佐证。当代艺术对艺术边界和观念的扩展，也带动、拓展了传统黑白木刻版画的制作手段，为黑白木刻的发展提供了多元性的可能，同样使其成为具有当代审美品位的艺术内容。最直接的影响就是观念性取代了唯美和叙事性的传统，艺术家可以动用任何手段（机器）来达到理想的刻制效果，以最终呈现观念性范式作为终极目标。但是，审美体验在课程的实施中主要强调以下两个方面：（1）黑白布局和以简胜繁。经过第一阶段的创意写生实践，再思考和判断出黑白构造所具有的强大视觉强度，这两者执意的组合及所形成的特点本身与当代艺术的观念性诉求相呼应。（2）动用工具和人工刻痕。学生可以使用直尺、圆规等辅助工具，但要人为力量作用于刀和板之间，即使出现误差和错误（误刻和错刻），将采用"将错就错"原理，因为错将诞生新的可能性，要认可它，有效地使用它，反而会有新的突破，从而产生创造性的成果。总之，黑白代表着天地万物，两者具有令人溢于言表的视觉感染力；黑色表达了人类对宇宙的向往和敬畏并具有无穷的精神；白色寓意着纯洁和生命力的象征，与黑色相得益彰。人工刻痕更是体现人的内在精神和生命的温度，"人工"是当下和机械时代的现代人追求"本我"的最真挚的表述。因此，黑白木刻版画即使是非常传统的造型艺术手法，但同样也可以折射出高尚的当代审美品位（图8）。

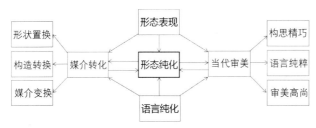

图8　阶段二课程环节要求及结构关系

四、结语

艺术造型素描教学奠定怎样的基础以便更好地与专业设计衔接，是从事教学者应该思考的。教师在教学中要不断掌握艺术和建筑行业各种信息知识，及时更新教学思路，以应对来自教学过程中各方面的挑战，要不断调整自己的教学研究方向并与教学实践相结合。因为建筑设计类的艺术造型基础教学有其特殊性，是通过造型课程的训练培养学生的"创造意识"，将造型基础训练与专业要求有机地统一起来，使得前期课程与后续课程有效接轨，达到学以致用的目的。艺术造型教学应该与艺术学院的基础造型教学在目的和方法上有明确的差异。建筑专业的学生学习绘画技能是通过绘画的手段去学习如何观察分析视觉现象，丰富视觉经验，熟悉视觉表达，建立符合艺术本质规律的思维方式，学习的目的是最终能运用到设计中。建筑学与其他学科一样都是具有创造性思维的专业，这种思维的培养本应在基础造型教学中得以体现。艺术和设计上的灵感不是完全靠写生来获得，在基础教学阶段，写生实习固然可以陶冶情感和提高观察力，但是这种在艺术上获得的感性认识往往是靠学生自己的"悟"性得来，加上有限的课时量，学生如果只靠写生习作"悟"出思维设计的"灵感"，那就只是对造型技能的浅层认识，并不能获得创造形态的构思手段。

设计作品是设计针对性和设计文化性的综合体，其中设计的思维方式所呈现的造型特点以及设计中的艺术观念表达是两个重要的部分。那么在具体的造型艺术教学中，教师不能传授单纯个人的艺术经验，而是要通过课程的设置，来启发学生的自觉感知能力和创意思维能力。艺术造型基础实践课程设置要加大创意思维实践的课时量，让学生在受教的过程中始终处于造型感知状态中。教师要启发学生多向的思考方式，让学生把精力放到创新的思维领域，不要拘泥于形象的客观准确表达，而是要思考主观设计的创新形态，把他们脑海中抽象的概念与日常熟知的物象联系起来，运用已经掌握的造型手段来介入，从而达到创造新形态的目的。在主体造型课程结构中的＂造型创意＂，是影响设计形态最直接的课程，也最贴近建筑专业学生的学习目的，对学生进行造型阐释、观念引导和创意启发，其课程效果最为显著。造型基础教学的执教者还要明确艺术与建筑之间的深层关系，要不断探索新造型教学思路和新教学方法，并且要经常研发创意课程内容。此外，教师自身应该学习新知识和新的艺术理论，以检验新课程的有效性，并积累实践教学经验，才能避免造型课程与设计课程内容脱节的现象，从而发挥艺术造型教学的积极作用。

参考文献：

[1] ［德］玛克斯·德索著，兰金仁译．美学与艺术理论 [M]．北京：中国社会科学出版社，1987．

[2] 鲁道夫·阿恩海姆著，滕守尧译．艺术与视知觉 [M]．成都：四川人民出版，2008．

[3] 吕品晶著．边缘空间 [M]．沈阳：辽宁美术出版社，2001．

[4] 张天星编著．版画艺术 [M]．苏州：苏州大学出版社，2006．

[5] 齐凤阁．论版画的当代性 [J]．文艺研究，1999（6）．

图片来源：

本文所有图片来源于教学实践中学生作业或作者自绘、自摄

附件 1：课程步骤要求、学时分配及成绩依据表

阶段	课程	步骤	要求	学时	评分依据	成绩类型
一	基于空间再造素描表现实践	空间想象素描表现方法	创意实践	3	1. 独特性 2. 准确性 3. 丰富性	优：具备依据 1、2、3 项 良：具备依据任意两项 中：具备依据任意一项 差：不具备依据任何项
			造型特征	3		
			表现独特	3		
		空间塑造素描造型意识	设计个性	3		
			角度独特	3		
			自觉感知	3		
二	基于形态纯化木刻版画实践	形态表现媒介转化方式	形状置换	3	1. 创造性 2. 纯粹性 3. 审美性	优：具备依据 1、2、3 项 良：具备依据任意两项 中：具备依据任意一项 差：不具备依据任何项
			构造转换	3		
			媒介变换	3		
		语言纯化当代审美体验	构思精巧	3		
			语言纯粹	3		
			审美高尚	3		
总成绩	优	良			中	差
阶段分数依据	优＋优	优＋良／优＋中／良＋良			优＋差／良＋中／中＋中	良＋差／中＋差／差＋差

注：每学时 45 分钟／节

作者：于幸泽，博士，同济大学建筑与城市规划学院副教授，艺术造型实践教学负责人

附件 2：基于"空间再造"的素描表现实践 学生作品（本科一年级）

图 9　钟波小雨作品

图 10　张易作品

图 11　程诺作品

图 12　陈一然作品

图 13　王宇梁作品

图 14　杨驭辰作品

"空间再造"素描表现实践，尺寸：530×760mm，材料：铅笔，时间：2020 年

图 15　彭一作品

图 16　吴昕昕作品

图 17　申健坤作品

图 18　张恩铭作品

图 19　唐音奇作品

附件 4 ：素描表现实践和木刻版画实践两个阶段比较展示 学生作品（本科一年级）

图 20　龙芊作品　第一阶段素描表现实践

图 21　龙芊作品　第二阶段木刻版画实践

图 22　吴语婷作品 第一阶段素描表现实践

图 23　吴语婷作品 第二阶段木刻版画实践

图 24　吴语婷作品 第一阶段素描表现实践

图 25　吴语婷作品 第二阶段木刻版画实践

图 26　王逸菲作品　第一阶段素描表现实践

图 27　吴语婷作品　第二阶段木刻版画实践

"形式追随环境"

——响应环境的交互式建筑表皮专题设计教学实践

冯刚　王丹旭

Forms Follow Environment——A Teaching Course Based on interactive Architectural Skin Design Strategy

■ 摘要：交互式建筑表皮设计是建筑学前沿课题。本教学实践的目标是引导学生学习环境响应导向下的交互式建筑表皮的设计原理及策略。通过提取自然界的阳光与声音等元素的参数，建筑表皮形式与自然环境建立关联，并随着环境元素的变化而主动调节自身性状。本文简述了交互式表皮的基本特点与发展趋势，介绍以此为基础的三个专题教学实践成果案例，总结基于环境响应的交互式表皮设计的课程体系、方法和实施策略。

■ 关键词：交互式表皮　环境响应　建筑表皮

Abstract：Interactive architectural skin is a frontier subject in architecture. The goal of this teaching practice is to guide students to learn the principles and strategies of interactive architectural skin design based on environmental response. By extracting the parameters of elements such as sunlight and sound, the skin form of the building is related to the natural environment, and it actively adjusts its own characteristics as the environmental elements change. This article briefly describes the basic characteristics and development trends of interactive skin, introduces three thematic teaching practice cases, and summarizes the curriculum system, methods and strategies of interactive skin design based on environmental response.

Keywords：Interactive skin，Environmental Response，Architectural skin

　　数字技术的飞速发展，拓展了建筑学的边界。探索建筑学前沿课题，对于学生拓宽视野、激发灵感、提高创作能力具有重要的价值。本专题教学题目的设定，目的是引导学生认识与学习以交互式表皮为切入点的环境适应性建筑，了解其发展的前沿动态与设计策略，以智能算法为载体，研究环境动态响应的建筑表皮设计和营造方法，探索特定视角下的可持续建筑的设计及建造。

天津大学自主创新基金
（B类2020XZC-0026）
资助

一、选题思考

（一）交互式表皮及其发展动态

建筑表皮是建筑与其外部空间直接接触的界面，在功能上起到隔断环境不利因素和选择性透过有利因素的作用。它同时也构成了建筑立面，在视觉上具有建筑艺术价值，担负着使用者对舒适度和美学的双重要求。随着建筑设计理念和技术的发展，建筑表皮发生了从二维静态界面向三维可变结构的转化，更加强调其与气候、能量、环境的交互，被赋予了"媒体化""生态化""智能化"的新内涵。建筑表皮已经成为高度自适应的交互系统。当今，我们对建筑品质和室内环境舒适度的要求正在稳步上升。在动态的外部环境条件下，建筑师思考建筑表皮如何在满足空间需求的基础上，达到提升整体品质和节约能源的目标。

"交互式表皮"的定义是指针对特定地区的气候特征与环境条件，在建筑设计中通过对围护结构的材料、构造、形态与组织方式的设计，调控室内外的物理环境，提高舒适度，减少能源消耗的设计策略与技术。建筑领域技术、材料和设计手段的革新，转变了建筑与环境、建筑与人的交互模式。关于"交互式表皮"的研究也从单纯地适应气候向与使用者互动延伸，拓展了其理论与实践价值。交互式表皮经过"感知—运算—反馈—控制"等环节，识别环境因素并进行动态响应，实施一系列空间调节的策略，起到了节约能源和提升舒适度的作用，具有一定的生态价值。交互式表皮的设计及生成将艺术与技术相结合，融合了建筑的功能实用性、平面构成的逻辑性和机械的灵活性，具有动态美学价值。此外，交互式表皮可以根据使用者情况的变化，包括使用时间、人流量、行为方式等，进行动态响应。这使建筑表皮摆脱传统的静态模式，增强了建筑的体验性，实现了人与建筑的实时互动。

交互式建筑表皮是对传统建筑幕墙设计的革新，是建筑学的前沿课题。设计实践方面，世界范围内也诞生了诸多代表性作品，包括让·努维尔设计的阿拉伯世界文化中心、杨经文设计的海口大厦2号楼等。随着参数化软件工具的普及和Arduino等硬件技术的成熟，建筑表皮类设计逐渐走入设计教育。近年来，耶鲁大学、哥伦比亚大学、新加坡国立大学等先后开设动态建筑表皮的相关课程，研究团队的数量稳步增加。COST [1] 也关注到这一前沿课题，成立了 Adaptive Facades Network 项目，该项目曾在2016年和2018年举办主题训练营，为欧洲学者提供了合作和交流观点的平台。国内高校的相关研究和教学仍处于起步阶段。

（二）课题意义

本次教学课题定位为"研究型"设计，强调教学和科研协调互动，旨在带领学生探索建筑表皮设计未来发展的方向。

教学应着眼于未来，关注学科发展动态。教学组希望本次教学实践可以激发学生的兴趣和探索精神，让学生积极主动了解相关领域的资讯。

本课题注重对学生生态与可持续建筑观念的培养。在全球可持续发展的共同目标下，我国在绿色生态、节能降耗的道路上不断探索。建筑师需要具备可持续发展意识，更多地运用适宜的设计方法，来平衡建筑与环境的关系。

交互式建筑设计方法的学习与训练，有助于提升学生思考、分析、解决问题的能力。建筑表皮类设计立足于建筑学，同时需要引入和综合考虑多门学科，与机械、数学、软件编程等都有紧密联系，具有跨学科的性质。教学组引导学生从宏观角度出发，整合多门学科的研究方法，在探索中成长。

本课题指导学生了解设计建造的全过程，强化动手能力。目前国内大多数建筑院校的建筑表皮课程，停留在理论研究和软件模拟的层面。本次教学尝试打破该局限性，鼓励学生提交多样化成果来充分展现设计过程和方案深度。本课题涉及各系统模块设计、材料选择及节点建造，将推动交互式建筑表皮的应用，为今后建筑表皮设计、性能模拟和物理模型建构提供方法指导和技术支撑。

二、教学内容及安排

本课题要求学生以光环境、声环境、热环境、风环境、环境湿度等环境因素为设计出发点，将动态调控作为目标，自主选择基地和建筑类型，通过建筑设计理念与新技术、新材料的结合，探索交互式建筑表皮与建筑本体空间的融合策略，最终提交多样化成果，如技术图纸、动画视频、节点模型、实体构件等。

课程共12教学周，可分为四个部分（表1）：

（一）理论学习及案例研究（时间2周）

在本阶段，教学组要求学生研读相关理论著作、论文资料，分析典型建筑案例及研究机构的设计原型，梳理互动式建筑表皮的发展进程。在此基础上，课题小组总结出互动式建筑表皮的分类和运行机制，建立了完整的理论体系（图1），为后续展开深入研究和设计奠定坚实基础。

交互设计是一门关注交互体验的学科，最早可追溯到20世纪80年代。1984年，IDEO的一位创始人比尔·莫格里奇在一次设计会议上提出"Soft Face"，后更名为"Interaction Design"。交互设计思维的提出给建筑师带来启发，建筑表皮可以对指定的环境条件进行动态响应，进而调节和控制

课程安排表   表1

阶段	周次	内容要求	完成方式
理论学习及案例研究	1-2	整理国内外理论著作、论文资料	团队协作
		收集汇总相关案例，并分析	
		梳理发展历程，了解前沿动态	
确定选题及总结设计策略	3-4	确定选题，制定任务书	自主完成
		总结表皮形态设计策略、表皮运动方式、表皮控制逻辑	团队协作
方案设计及性能模拟	5-10	分析环境因素，提出交互策略	自主完成
		表皮单元结构设计	
		筛选对比材料	
		表皮效果模拟	
节点制作及成果分析	11-12	补充机械、自动控制等专业知识	跨学科合作
		了解建造工艺	
		制作表皮单元	
		展示方案成果	自主完成

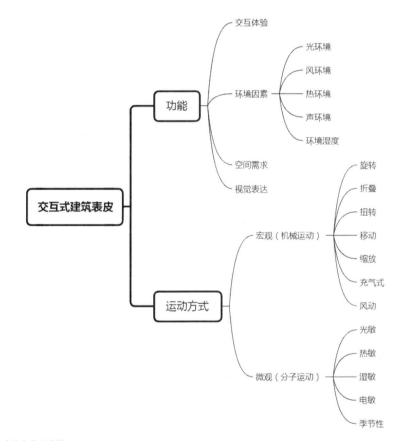

图1 互动式建筑表皮分类体系

室内物理环境。随着当代智能技术的应用，交互式建筑表皮设计开始关注使用者的参与性与体验性。从"建筑与环境"的交互发展到"建筑与人"的交互，大大拓宽了交互式建筑表皮设计的内涵。

关于交互式建筑表皮领域的研究，国外有丰富的理论基础和落成的实际项目，国内学界研究尚处于初级阶段，目前成果并不丰富，分类原则也未能涵盖本领域全貌。因此，教学组安排学生独立进行案例搜集和研读中文文献，并以小组为单位翻译研读外文文献，最后进行阶段性的分享交流，以保证前期研究的深度和广度。其中包括 Jules · Moloney 的 著 作 *Designing Kinetics for Architectural Facades：State Change* 为 理 论 知识进行了相关模拟实验，探讨了建筑表皮的渐变形式和生成方式；Russell Fortmeyer 和 Charles Lin 的 著 作 *Kinetic Architecture：Designs for Active Envelopes*，介绍了分布于北美洲、欧洲、大洋洲和亚洲的共 24 个可变建筑表皮的案例等。

（二）确定选题及总结设计策略（时间 2 周）

教学组引导学生结合互动式建筑表皮理论基础和自身兴趣点，自主选择公共建筑设计题目（建筑面积在 3000 ~ 12000m² 之间为宜）。选题阶段给学生具有自主选择权，最大程度激发学生的兴趣，使学生发挥创新创造力。

本阶段要求学生分析典型案例的运行机制和了解新技术、新材料，总结交互式表皮单元节点的设计方法，包括表皮形态设计、运动方式、控制逻辑等（图2）。在此基础上，学生以建筑本体的设计为根本，明确以某类环境因素为切入点，提出交互式建筑表皮设计策略，思考如何设计出节能、调节范围广、易于维护且具有良好审美特征的交互式建筑表皮体系。

（三）方案设计及性能模拟（时间6周）

此阶段重点考查学生建筑技术与功能协调统一的能力。学生在设计中立足于建筑本体空间的属性和需求，以实现响应环境为目标，运用上一阶段总结的互动式建筑表皮设计策略，进行创新的互动式建筑表皮设计和可行的节点构造设计。由于每位学生的选题和任务书都是自行拟定的，教学方式从传统一对一指导模式转变为组内讨论模式，以老师指导为主，组内点评为辅。组内其他同学不仅可以从使用者的角度提出反馈，也可以针对建筑表皮的交互方式提出创新性建议。

接下来，以3个典型的设计作品为例，简要介绍建筑本体设计，重点展示互动式建筑表皮设计的设计过程和成果。

1．设计课题一：基于光环境动态调控的互动式建筑表皮设计

选题采用2020年台达杯国际太阳能建筑设计竞赛题目，竞赛主题为"阳光·稚梦"，选取福建省南平市建阳区景龙幼儿园进行设计。本设计项目为12班全日制幼儿园，为城市区域配套的公共服务设施，以幼儿园为平台，将生态、绿色的理念融入学前教育中，探究建筑表皮对于光环境的动态调控（图3）。方案利用安装于表皮上的光敏传感器，根据不同季节、不同时间外部环境的变化，通过机械传动装置，实现表皮对光环境变化的动态调控，致力于打造一所绿色、健康、低碳、童趣的幼儿园，展现新、奇、趣、美的风格。

（1）建筑与光环境交互

幼儿园互动建筑表皮在功能上首先满足动态遮阳和能源产出，无论光线从哪个方向来，机械单元都可以通过双轴的旋转自由地使光线通过或阻断，或与光线形成某一角度，将光线反射到

序号	名称	年份	功能	运动	图片	序号	名称	年份	功能	运动	图片
1	Arab World Institute	1987	光	缩放		11	RMIT Design Hub	2012	光	旋转	
2	GSW 总部	1999	光	旋转		12	HygroSkin	2013	湿	湿敏材料	
3	拉格及技术人学生物实验室	2004	光	折叠		13	The Air Flow(er)	2013	热	热敏材料	
4	Council House 2	2006	光	旋转		14	Ace Cafe	2013	空间需求	折叠	
5	Kiefer Technic Showroom	2007	光	折叠		15	SDU Campus Kolding	2014	光	旋转	
6	Tessellate ™	2008	光	平移		16	Water-Reacting	2015	湿	湿敏材料	
7	Q1	2010	光	旋转		17	Dancing Pavilion	2016	交互体验	旋转	
8	Media-ICT	2011	光	充气式		18	复星艺术中心	2017	视觉传达	平移	
9	Al Bahr Towers	2012	光	伞状		19	Apple Dubai Mall	2017	光	旋转	
10	Thematic Pavilion	2012	光、风	扭转		20	The Shed	2019	空间需求	平移	

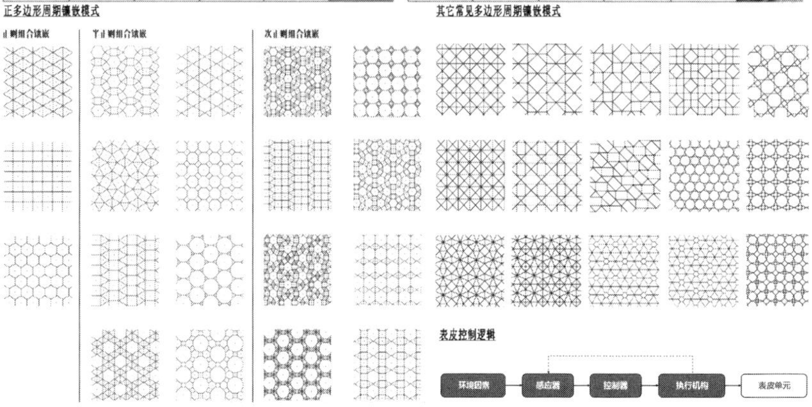

正多边形周期镶嵌模式　　　其它常见多边形周期镶嵌模式

表皮控制逻辑

环境因素 → 感应器 → 控制器 → 执行机构 → 表皮单元

图2　交互式表皮单元节点的设计方法

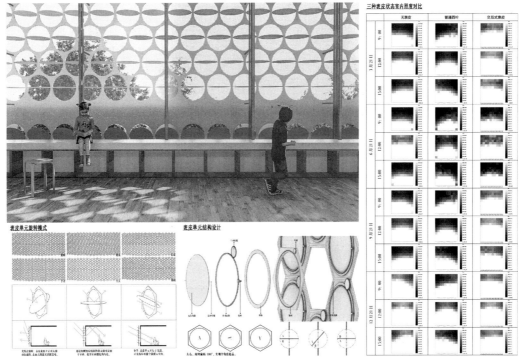

图3 光环境动态调控的幼儿园设计方案

室内的任意一个角落。为实现能源的产出和自利用，该学生制作了根据太阳位置自动调节转向角度的太阳能光伏板，通过四个光敏电阻的数值变化，将信号传送到 Arduino 控制器，再驱动两个伺服电机做出相应的旋转动作，达到动态追光、能源产出的效果。此外，建筑表皮系统也起到了提高室内照度均匀度、有效降低室内眩光等作用。表皮单元表面附着有漫反射反光板，可以将室外的直射光反射进入室内，通过表皮角度的控制反射到室内原本照度不足的位置，提高室内照度均匀度。方案对局部易导致眩光风险的区域进行表皮的动态调控，通过旋转表皮单元的遮阳板至垂直于太阳光的角度或是关闭表皮圆片，有效阻挡刺眼的光线进入室内，降低室内人眼产生眩光的风险。

（2）建筑与人交互

在实现节能生态的前提下，该同学探索建筑表皮如何进行信息传达和与使用者互动。该同学设想在室内布置传感器，传感器感知幼儿在室内的活动并发出信号，表皮对信号的刺激做出回应。表皮单元发生旋转运动，不断地打开和关闭，营造出丰富的视觉效果。交互式建筑表皮利用传感器和互动技术来加强幼儿的空间感知度和感官敏锐度，提升交互体验。

（3）表皮单元结构设计

表皮结构采用六边形框架体系，框架连接于主次龙骨之上与建筑结构相连，表皮的每个六边形框架内为可变表皮单元，单元可变部分为圆形薄板。表皮采用多轴旋转的运动方式，电机通过

带动旋转轴承和主支撑框架上的齿条和导轨，使过圆心的连杆在表皮单元平面内 360° 旋转，连杆自身的旋转又可以带动表皮单元内外 360° 翻转，从而实现表皮全方位的旋转动作，这种运动方式可使表皮单元呈现任意空间朝向。

（4）表皮性能模拟

该同学借助 Grasshopper 平台上的 Ladybug 和 Honeybee 插件模拟太阳运行轨迹，进行建筑室内外光环境分析以及建筑能耗模拟，从表皮动态遮阳、提高照度均匀度、眩光控制等方面对表皮单元原型进行分析。直观的图像和数据，验证了互动式建筑表皮设计方案在应对外部环境变化、降低建筑能耗、提升建筑室内光环境品质等方面有显著效果。性能模拟使交互式建筑表皮设计更有科学性，数据支撑使其更有说服力，节点设计的预分析使设计效率更高。

2. 设计课题二：基于声环境动态调控的互动式建筑表皮设计

选题采用"第十届中国威海国际建筑设计大奖赛"中的建筑设计专题竞赛，其主题为"精致城市·虎头角海洋艺术小镇沙湖音乐厅建筑设计"。本设计项目目标是彰显地域文化特色、建设本土艺术小镇、构建威海区域客厅。方案结合音乐厅空间属性和功能定位，探究建筑表皮对于声环境的动态调控，致力于扩展音乐的感染力，打造海洋艺术产业的核心地标（图4）。

（1）建筑与声环境交互

方案基于音乐厅的本体设计，结合交互式表皮设计理论与声音可视化原理，提取声音信息作

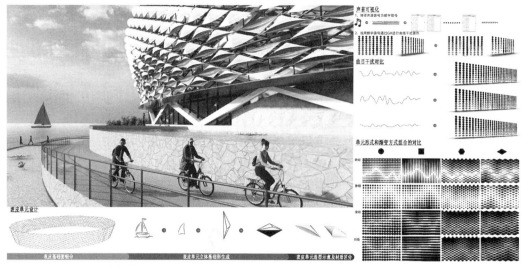

图 4　声环境动态调控的音乐厅设计方案

为吸引子，升级现有音乐厅的基本视听感受。互动式建筑表皮根据音乐频率的实时变化，将音乐厅内演奏的乐曲转译到建筑表皮上。于是，音乐律动便转化成视觉享受，让观众从听觉和视觉两个维度感受音乐之美。观众在音乐厅内外都可以通过观察建筑表皮的动态变化去感受乐曲的律动感。当音乐厅没有演奏时，中庭的互动装置也可以对人声进行收声处理，以同样的原理将其转译到建筑表皮上，实现建筑与人的实时互动。

声音交互式建筑表皮，以声环境动态调控为切入点提出设计策略。首先，该同学提取干扰音乐厅外表皮律动变化的相关吸引子，根据声音的音强、音高、音色，对音乐进行转译。然后，通过软件模拟将声源信号转译为数字信号，对多种曲目干扰结果进行对比分析，进而设计干扰规则。最后，声音实施对表皮单元的干扰，表皮进行转动、拉伸、位移等动态响应。实时变化的声音促使生成的数字、坐标、向量实时更新，进而使分组的表皮单元随声音的变化而相应地变动。

（2）表皮单元结构设计

表皮单元结构设计秉持表现地域特色的理念。表皮形态设计提取海洋元素，选择菱形细分的方式。为呈现鳞次栉比的效果，该同学通过多次尝试调整，确定u方向细分140、v方向细分16。表皮单元样式将风帆作为原型，其三角形元素和菱形基面的组合可以加强表皮单元的立体感，也有利于表皮系统的整体延续性。材料选择重点考虑材料重量和呈现效果。经过多轮对比，该同学最终选定薄膜材料，不仅自重小、可塑性强，还可以满足波光粼粼的预想效果。

（3）表皮效果模拟

该同学利用Rhino等三维建模工具来实现表皮单体形态的直观体现，配合参数化建模工具Grasshopper，模拟建筑表皮的变化过程和变化效果。

软件模拟不仅可以更直观地展现交互式建筑表皮对声环境动态响应的真实效果，也能够便捷调节尺寸，进行对照比较，找到最合适的造型。

3．设计课题三：基于环境湿度动态调控的互动式建筑表皮设计

该同学在材料探索阶段，对湿敏材料十分感兴趣，便希望运用湿敏材料进行建筑表皮设计。从材料特性出发，选题是花房主题校园活动中心，将建筑的功能定位为"温室花房＋咖啡书吧"，不仅迎合了场地周边固有的功能属性，也增添了校园文化活动的多样性。方案致力于探测环境湿度变化进行动态调控，打造创新型校园公共活动空间（图5）。

（1）材料的筛选与比对研究

教学组大力支持学生探索材料特性，并提供多种研究方向。该同学首先接触热敏材料，发现并掌握了其原理，即双金属片原理，但该材料价格较贵，不便大量实验，于是转换目标展开对湿敏材料的探索。借鉴热敏材料的双金属片原理，该同学选择吸水膨胀率差异较大的材料进行组合测试，利用材料吸热膨胀率的差异，达到组合材料的弯曲与复原。实验受到条件限制，材料随温度湿度的变化程度，未能取得详细数据，但明显能总结出随湿度增加卷曲增大的结论。通过材料测试，该同学直观了解到材料的限制、弯曲复原等特性。经对比，该同学最终选择将玻璃纤维铝箔贴纸与椴木板进行搭配的组合，并在椴木板上涂抹防水胶作为间层。除了材料种类、防水间层这两个因素，复合材料本身的几何形状、厚度、长度、纤维方向等都是决定弯曲形态的因素，该同学逐一进行测试并得出结论。

（2）建筑与环境湿度交互

方案综合考虑建筑本体需求和室内湿度的调节。将建筑2/3壳体设计成可开式，目的是在阳

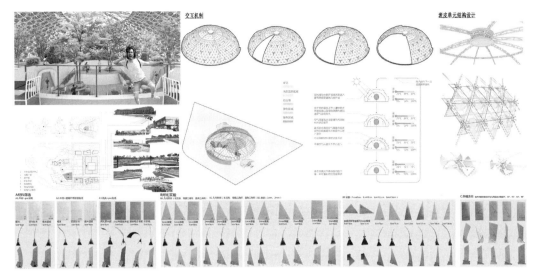

图 5　环境湿度动态调控的花房主题校园活动中心方案

光充足的时候打开引入自然光，同时也可以吸引更多的人到建筑中来；在晚上打开表皮让光线投射出来，提升建筑活力。此外，方案设计双层表皮，外表皮采用玻璃材料，内表皮采用湿敏材料。当室内空气湿度过大时内表皮湿敏材料张开，潮湿空气透过外表皮开口排到室外，干燥空气通过建筑下开口进入室内，室内环境湿度得以调节，促使内表皮重新闭合恢复原状。

（3）表皮单元结构设计

方案采用网架结构构建半球形体量，利用双层建筑表皮实现环境湿度动态调控的目标，建筑内外表皮分别由三角形湿敏组件和玻璃拼接而成，配合完成室内湿度的循环调节。

（四）节点制作及成果分析（时间2周）

本课题强调从研究型设计到实际建构的学习过程，引导学生学习数字化设计理念指导下的设计方法，并进行节点和操控构件的实体模型设计与制作。教学组邀请机械、自动控制等相关专业的老师，开展主题学术座谈会，帮助学生掌握表皮单元的加工制作工艺；同时指导学生利用

pro-E、Solidworks等机械专业三维建模工具，建立建筑表皮实体模型，用于实验验证表皮的实际效果。最终，学生们利用数控加工技术、3D打印技术等建造工艺，制作了表皮单元（图6）。

三、教学总结及未来展望

本次"形式追随环境"主题教学实践，是互动式建筑表皮教学的一次创新性探索。教学组进行了以下总结：

第一，可持续建筑观念的培养。我国在建筑可持续发展的实践上已进行了诸多尝试并取得了一定的成果，但在对建筑环境的调控上较为依赖主动式技术，而对建筑设计范畴的被动式技术重视不足。可持续建筑观念的培养贯穿整个教学过程，教学组引导学生坚持以本专业的建筑设计手段为核心，让建筑师与建筑设计重新回到绿色建筑的主导地位。

第二，交互式建筑设计基础训练。本次教学实践帮助学生开辟研究性设计思维，扩充专业知识以及建立完整的理论体系。对学生而言，尝试

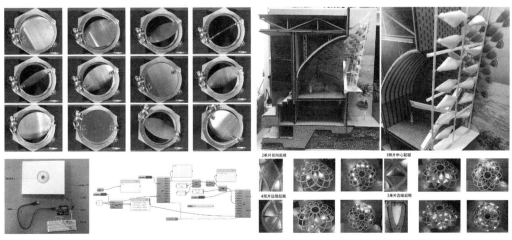

图 6　表皮单元节点制作成果

了以新的视角理解建筑，完成了从"做立面"到"形式追随环境"的设计思维转变。对教学组而言，也积累了研究与教学相结合的宝贵经验。

第三，本体与个性化设计。本次教学实践秉持开放性原则，鼓励学生根据自身兴趣，自行选择建筑基地和类型。学生可以从建筑本体出发探索互动式建筑表皮的可能性，也可以立足于特定的互动式建筑表皮形式选择建筑类型。从教学成果来看，本次教学实践不仅留给学生充分的想象空间和创造空间，也锻炼了学生平衡建筑本体空间设计和个性化表达的能力。

第四，交叉学科教学。本课题涉及诸多跨学科问题，未来建筑表皮的设计必然会伴随更加广泛和深层次的学科融合。学生获得了了解多学科知识的机会，从周边学科领域汲取营养，包括机械、自动化、仿生学、计算机科学等，进而拓宽建筑表皮设计方式，丰富了设计语汇。

第五，设计与建造。国内高校对于建筑表皮类设计的研究和教学大多停留在软件模拟的阶段，缺少实际建造的检验。本次教学实践尝试弥补这一不足，将设计落实到实际建造中，通过对新技术、新材料的探索，增强学生对建筑设计完整性的理解。

本次教学实践也表现出一些问题，如学生软件基础能力欠缺、对于材料基本性能不够熟悉等。这些经验与反思可以对今后同类型的教学活动起到很好的借鉴作用。在全球可持续发展的共同目标下，提升建筑与人、建筑与自然之间的关系，并通过高效的方式实现并提升建筑的功能需求，是当今建筑发展的主要课题。建筑表皮设计近年来受到了越来越多的关注，互动式建筑表皮也从"建筑与环境"的交互发展到"建筑与人"的交互。伴随着参数化设计、5G技术、人工智能等新技术、新材料乃至新建造方式的出现，建筑表皮设计也必将发生新变革。我们希望本次教学实践能开启学生们的探索之门！

注释：

① COST，全称是 The European Cooperation in Science and Technology，是致力于欧洲科技合作的组织机构，为欧洲科研人员提供交流平台，推动研究的进步与创新。

参考文献：

[1] 苗展堂，冯刚，郭娟利. 响应外部环境变化的可变建筑表皮设计研究 [J]. 动感（生态城市与绿色建筑），2016（04）：48-55.
[2] 吴浩然，张彤，孙柏，马驰. 建筑围护性能机理与交互式表皮设计关键技术 [J]. 建筑师，2019（06）：25-34.
[3] 冯刚，肖正天. 基于光环境动态响应的可变建筑表皮设计探究 [A]. 高等学校建筑学专业教学指导分委员会建筑数字技术教学工作委员会. 数智营造：2020年全国建筑院系建筑数字技术教学与研究学术研讨会论文集 [C]. 高等学校建筑学专业教学指导分委员会建筑数字技术教学工作委员会：全国高校建筑学学科专业指导委员会建筑数字技术教学工作委员会，2020：6.

图片来源：

图1、图2、图6：课题小组共同绘制
图3：学生肖正天提供
图4：学生何慷提供
图5：学生张露等提供

作者：冯刚，天津大学建筑学院副教授；王丹旭（通讯作者），天津大学建筑学院硕士研究生

基于单元预制装配的建构训练

——浙江大学"基本建筑"系列设计课程之"木构亭"

王嘉琪　王卡

Tectonic Training Based on Prefabricated Unit Assembly——The "Wooden Pavilion" in the "Basic Architecture" Series Studio in Zhejiang University

■ 摘要：基于浙江大学建筑学系"3+1+1"教学体系,本科二年级专业课程设立了"基本建筑"系列设计课程,其培养目标强调解决建筑学基本问题的"切片式"的教学。以2019年二年级基于单元预制装配的建构设计课程"木构亭"为例,介绍了其课程设定、教学组织、训练内容,旨在通过对教案的分析对"单元组合"这个基本设计方法的逻辑模式进行探索,也是对"建构"这个基本建筑问题的"切片化"教学模式的探讨。

■ 关键词：建筑教育　木材　建构　单元组合　预制装配

Abstract：Based on the "3 + 1 + 1" pedagogy system of Department of Architecture in Zhejiang University, the "Basic Architecture" series has been set up for the second-year undergraduate students, with its emphasis on the "slicing" teaching mode to solve basic problems of architecture. Taking the second-year design studio "Wooden Pavilion" in 2019, which is based on the idea of unit prefabrication, as an example, this paper introduces its curriculum design, teaching organization and practice process, aiming at exploring the logical mode of the basic design method of "unit organization", and also discussing the "slicing" teaching mode of "tectonic" as a basic architectural topic.

Keywords：Architecture Education，Timber，Tectonic，Vnit Organization，Prefabrication

一、前言

　　浙江大学建筑学专业自2014年获批成为国家级"本科教学工程"专业综合改革试点项目以来,浙大建筑学系通过对建筑学专业本科五个年级培养目标的细分,分阶段强调"宽平台、厚基础",创立了"3+1+1"特色教学体系（图1）。该体系旨在充分发挥浙江大学的优势,凸显跨学科、研究型教学特色,对传统布扎教学体系的从低年级到高年级全类型覆盖的设计课教学模式进行了改革,以问题为导向,针对空间、材料、结构、功能、复杂城市问题、

浙江省教育科学规划课题资助（编号：2019SCG193）
浙江省教育厅科研项目资助（编号：Y202045568）

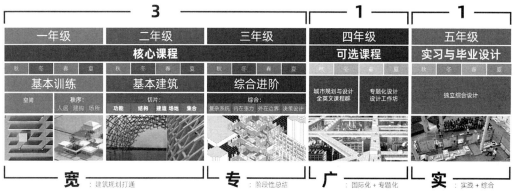

图1 "3+1+1"教学体系

二年级设计课——基本建筑						
	秋-7周（1周国庆放假）	冬-8周		春-4周	春夏-12周	
题目	小住宅	试验厅		木构亭	运河站	
切片	功能	结构		建构	场地（码头）	集合（旅舍）
场地	村屋	月牙楼	考试周	紫金港校区	运河码头	运河边
设计辅助手段	分析	图示分析	模型分析		木工操作	认知地图	图表分析
设计辅助手段	表现	剖透视（铅笔手绘）	场景透视（电脑拼贴）		动态图示	场景拼贴	电脑渲染
调研	暑期"大师小宅"分析：生活空间调研	旧（厂）房改造调研	寒假	木作案例	场地认知	集合空间调研
				建筑力学与结构III		
同步课程	一年级课程：建筑制图 美术I、II 建筑力学与结构I 公共建筑设计原理 建筑史I	建筑力学与结构II				
同步课程		计算机辅助建筑设计I 美术III			建筑史II 美术IV	

图2 二年级"基本建筑"系列课程

各类型技术等挑战，设置专题型的课程内容，向启发研究型教学体系转型。本文是对该体系下二年级"基本建筑"系列设计课程教学改革成果的阶段性总结。基于"3+1+1"体系对第二学年的培养计划，二年级设立了"基本建筑"系列课程，课程不拘泥于建筑类型的选择，而是更强调"小题大做"，即在每个课题中突出解决一个或几个建筑设计的基本问题，我们将此模式称为"切片式"的教学（图2），并提出了功能、结构、建构、场所四大切片。对于建构切片，主要以基于单元预制装配的"木构亭"为设计课题进行教学实验。预制装配式建筑作为未来建筑产业化的主要发展方向之一，符合行业对建构问题的基本要求；同时，以单元预制装配的方法进行建构，可将复杂构造问题适度简化，利于低年级学生对相关问题的吸收理解。本文旨在抛砖引玉，以"木构亭"为例，探索"单元组合"这个基本设计方法的逻辑模式，探讨"建构"这个基本建筑问题的教学模式。

二、"木构亭"设计课

1. 课程目标

"木构亭"任务书设定了下述三个核心目标，这三个目标隐性地强调了木构亭的中性、无功能、无既有印象，同时又对设计的建造可行性提出明确要求，以突出设计中空间性、物质性、建造性三个主题，驱动学生理解"建筑建构"的基本问

题和"单元组合"的设计方法：

● 在建筑学系馆的内庭中设计并建造一座木构亭，体积范围各向均不宜超过2.5m。

● 亭子应独立稳定、可进入、可搬迁、可排水。

● 亭子的主要材料应为木杆件或木板片，其互相搭接方式应强调单元组合。单元建构逻辑应强调模块化，采用的构件规格尽量少，并应以制作一系列实物模型的方式推进设计。

2. 教学组织

"木构亭"的课程任务书设置了清晰、紧密的教学环节（表1），其目的是期望学生在多个简单、明确的设计步骤驱动下，能自然而然地体验并掌握一套基本的"单元组合"设计方法。诚然，绝对清晰化、系统化的设计步骤与解决真实建筑问题的思维模式不一定完全契合，自由化、因人而异的设计步骤也很可能最终形成相似的甚至更具创新性的设计结果。但是，对于本科二年级学生而言，他们缺乏一定的设计经验，且尚未形成清晰的设计思维。基于此，教学组在经过多次严谨的论证后，提出了这套由"练习—设计—实现"三大环节组成的教学计划。在练习环节强调结果的必然性，即学生只需要跟随练习便一定能引出基于"单元组合"方法的设计结果。同时，学生在练习环节中习得的设计方法可作为其进行发散性探索的起点。在设计环节突出思维的自由性，即学生在做完练习后可自行决定是沿用练习成果

并使其 "进化"，还是发展一个 "突变" 式的设计概念。在实现环节重视设计的可操作性，通过制作多个足尺节点实物模型和策划建造流程驱动学生以最直接的方式体会建构设计的要点，储备建构设计的技巧。

教学进度安排　　　　　　　　　　　　　　　　　　　　表 1

周次	课时数	内容要求
寒假	-	预备阶段：案例调研
1	4	练习 I：单元提取。开题讲座、寒假作业汇报及讨论；课后解读案例，制作单元模型 U0、U1
	4	练习 II：单元组合。讨论单元模型 U0、U1；制作空间模型 M1 系列。 设计 I：空间秩序。讨论方案构思，课后制作设计草模 M2
2	4	讲座：木构建构 设计 II：构造逻辑。改进设计草模 M2；讨论关键节点构造。课后试做局部构造节点草模 D1
	4	阶段评图
3	4	实现 I：改进局部构造节点模型 D1，制作优化模型（D2-a、D2-b……）
	4	制作正式模型 M3，正式局部构造节点模型 D3，绘制定稿图
4	4	完善正式模型，绘制图纸
5-6	4	终期评图
	16	实现 II：策划建造流程，进行设计优化和施工优化

3. 练习：单元提取 + 单元组合

在练习环节，学生将进行一系列案例调研—单元提取—单元简化—单元组合的训练（图 3、图 4）。在案例调研—单元提取阶段，学生通过对源自真实案例的模型制作，将对搭接位置、接口处理、连接方式等

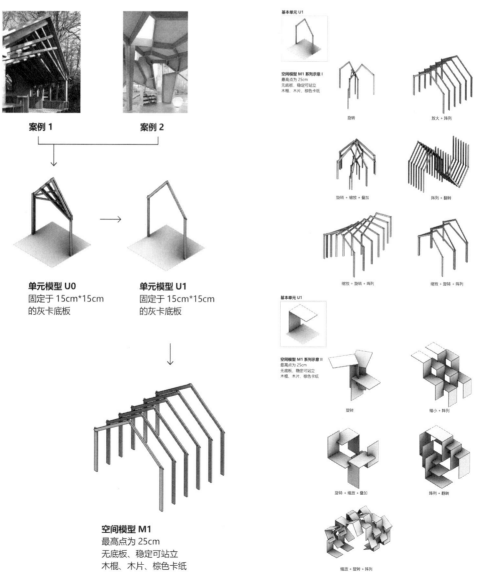

图 3　练习 "单元提取 + 单元组合" 步骤顺序　　　　图 4　使用木板或杆件进行单元组合的可能性示意

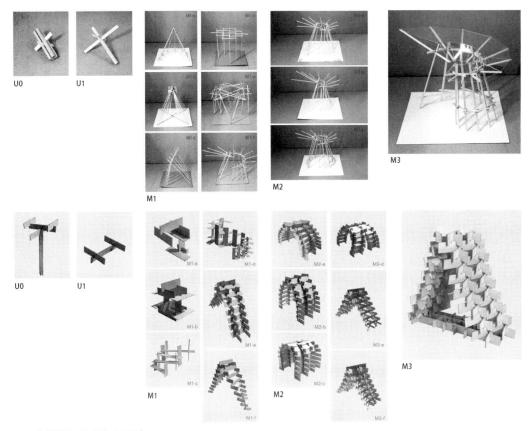

图5　作业模型（U系列、M系列）

具体建构问题有一个直接体验，从而初步理解形式与构造的关系。在单元简化—单元组合阶段，学生将被动地将带有具体形式的建构单元简化为概念化的空间单元，并通过自由的模型操作理解单元组合的基本操作思路。此环节强调的是逻辑化的设计思维，而非教条化的练习方法。因此，在练习的过程中，学生可以从多个视角切入并形成单元组合。例如，可以从结构稳定性切入，既可能探索如何利用额外的连接构件将单元组合或稳固在一起，又可能尝试将单元本身相互连接就能形成稳定状态的可行性。又如，有些学生在这个环节就选择开始考虑任务书中木构亭可进入、可搬迁、可排水的要求，进而组合出合理的形式。

4. 设计：空间秩序＋建构逻辑

结束练习环节后，每个小组将开始自主设计，并形成一系列概念设计草模。如前文所述，学生可以从练习的作业模型中择优进行深化（图5），也可以提出新的设计概念，但不论从哪个方向切入设计，都应强调单元组合。

在概念设计定稿后，课程将通过专题讲座讲授木作设计中的具体构造问题和施工操作问题。对于单元化、模块化的设计，在开料过程中产生的构造误差和在搭建过程中产生的累计误差尤为关键，因此，"误差"是一个被重点提及的内容。该环节将促使学生基于在前述练习中学到的"单

元提取"方法，提取设计草模中的一个重要单元，并通过大比例模型放样的方式推敲其具体构造，形成一系列局部构造节点改进模型（图6）。

5. 实现：木作搭建

最终，全年级26个小组都提出了各具特色的方案（图7）。经过由指导教师、木作建造师、专家评委组成的评选组投票，选择"格物"方案进行真实搭建。该方案的设计主旨在于通过简单的规律创造功能与美观兼备的构筑物。方案以四根杆件相互搭接形成的"井"字作为基础单元，通过向三维坐标三个方向的扩展叠加，构成由二维井字互相编织形成三维方格网的构筑物。评选组选择该方案的理由是，这个方案中性、朴素，并具有很好的形式美感。同时，其简洁的设计形式下暗含着诸多不简单的建造问题，这些都是小尺度木作设计中遇到的常规问题，值得进一步推敲。

图6　足尺节点模型（D系列）

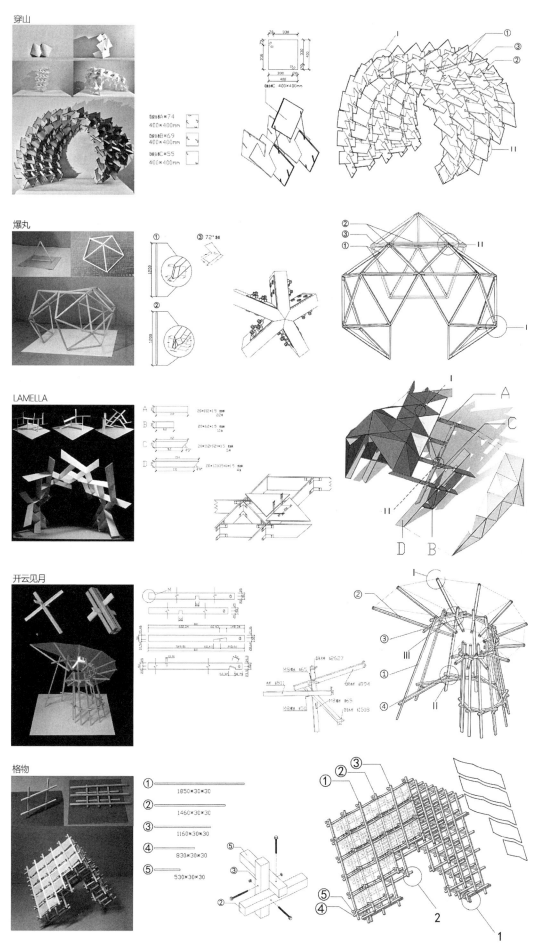

穿山

爆丸

LAMELLA

开云见月

格物

图 7 学生作业（部分）

三、"木构亭"搭建实验

在正式搭建之前，方案经过了新一轮的优化，包括设计优化和施工优化。

1. 设计优化

对设计的优化主要是围绕如何模块化的问题展开的。一方面的优化在于如何减少方案所采用的构件规格种类，在探讨这个问题的过程中，设计小组进行了多次权衡。首先，需要优化"格物"方案所有节点上的杆件搭接位置关系问题。也就是说，对于同样长度的杆件而言，分布在杆件上的金属连接件预制孔位会因错位搭接而有至少一个杆件厚度的级差，从而使杆件规格增多。因此，需在搭接逻辑的规律性和规格种类的模块化之间进行权衡。其次，方案中杆件在边缘有一定出头，外侧的出头长，以消除构筑物的厚重感；内侧的出头短，以提供一个友好的内部空间体验。如果要达到仅有内外两种绝对出头尺寸，很可能又要增加更多种的杆件规格。因此，要同时达到出头尺寸统一、搭接方式规律、构件规格模块化三个要求就有一定难度。设计小组通过多次调整，最终在保证搭接逻辑规律、出头尺寸一致的前提下，将构件规格简化至6大类。由于设计中进行了掏挖的操作，形成了一个不规则的洞口，最终的方案中将出现因掏挖而切短的杆件。因此，在6大类杆件规格的基础上又产生了额外8种由于切短而形成的亚类杆件（图8）。另一方面的设计优化在于如何减少实际搭建的累计误差。对于模块化搭建而言，这种先预制再拼装的方法对每个构件的尺寸误差率和对施工技术的准确度都有较高的要求。"格物"方案杆件数量多且最初设计为螺栓连接，这意味着既要对连接点双侧的杆件进行预先打孔，打孔数达764个，且要求孔位精确对齐，否则累计产生的误差可能导致后续螺栓孔无法对位，最终导致施工失败。虽然考虑到木材弹性较大，可以一定程度上削减由于孔位偏差产生的误差，但是由于木构亭的主要搭建者都是零木作经验的大二学生，难免会有因施工不熟练而产生的螺母沉头不齐、螺孔定位偏离、孔道倾斜等问题，从而造成更多误差。因此，根据再一次节点放样实验的结果，设计小组最终决定将连接方式改为螺钉连接，并只打一侧杆件的孔位，另一侧划线定位，这样就能将打孔数缩减一半。最后的实际搭建证明，此改动在减少误差上起到了很大作用，同时也很大程度地提高了施工的效率。

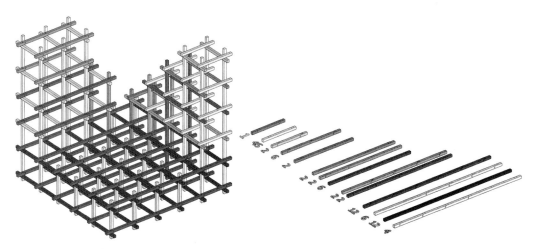

图8 六类预制杆件规格及八种亚类规格

2. 施工优化

对施工的优化主要是对木构亭的尺度适应、加工模式、搭建顺序三方面的优化。首先是尺度适应，设计小组的主要考虑因素是施工的便捷性，其中一个关键问题即方格尺寸是否便手持电钻进行螺钉锚固。因此，设计小组综合考虑后将方格尺寸调整为40cm，为手持电钻伸入方格内工作留出了较大的空间余量。其次是加工模式，由于搭接节点的设计由双侧打孔螺栓连接调整为单侧打孔螺钉连接，这就需要从中筛选打孔的一侧，并应尽量使多个孔打在同一根杆件上以提高施工效率。此时，设计小组又一次需要进行权衡，以达到在杆件规格种类尽量少的同时使需打孔的杆件尽量集中的要求。最后是搭建顺序，由于该构筑物仅有三个端点落地，因此需要在搭建时将木构亭翻倒，在最终成型时翻转成三脚落地的形态。认识到该问题后，设计小组对实际的搭建顺序进行了详细的计划，决定以"梯子—面子—亭子"的顺序施工。即先搭建"梯子"状的构件，再将这些构件分别组成两片"面子"，继而在组装好的半成品上继续组装第三片"面子"，最终将成品翻转，并安装覆盖物（图9）。依照计划，在施工准备阶段，学生对预制构件进行了批量化制作。加上大家已对施工顺序有过深入理解，最终仅用四小时，就已自主将木构亭组装完毕。

图9 "梯子—面子—亭子"搭建过程

四、结语

在信息爆炸、科技高速发展时代，设计行业往往趋于追求创新。然而，操之过急的标新立异必将使思想停留于概念阶段而忽略现实细节。在基础建筑设计教学中引入有关木作建构的教学以及建造实验，对于增强学生动手能力、认识绘图与构造的关联，以及深化对建构的认知等方面有很好的作用，也能让学生在掌握基础技能的同时对朴素设计背后的建构魅力有更深刻的理解。

浙大建筑学系基于自身"宽平台、厚基础"的教育价值观，在低年级教学阶段以"基本建筑"为导向的"切片式"教学改革如今已有初步成效，对于基本问题如何合理"切片"、如何精准教学的问题，尚值得在今后的教学中不断探索。

参考文献：

[1] 吴越，吴璟，陈帆，陈翔. 浙江大学建筑学系本科设计教育的基本架构 [J]. 城市建筑，2015 (16)：90-95.

[2] 韩如意，顾大庆. 美院与工学院·差异与趋同——从东南大学与华南理工大学的比较研究看中国建筑教育沿革 [J]. 建筑学报，2019 (5)：111-122.

图表来源：

图1~图4：作者自绘

图5~图8：作者根据学生作业图纸整理

图9："格物"作品组学生摄

表1：作者自制

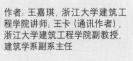
作者：王嘉琪，浙江大学建筑工程学院讲师；王卡（通讯作者），浙江大学建筑工程学院副教授，建筑学系副系主任

基于操作"与"观察的结构训练

——"过街廊"课程设计

罗晓予　王卡

Structure Training Mode Based on Operation "and" Observation—The "Corridor" in the "Basic Architecture" Series Studio in Zhejiang University

■ 摘要：在建筑设计课程学习中，学生常常会无意识地忽视结构问题，或将其作为限制思维的因素而有意地回避。基于操作"与"观察的结构训练方式，尝试通过多个操作与观察互动节点的设置，优化操作和观察手段，把握适宜的结构训练尺度，激发同学的观察兴趣，引导同学从多种维度体验、思考和理解结构对建筑设计的策动作用。

■ 关键词：建筑教育　建筑设计课程　结构训练　操作　观察

Abstract：In the course of architectural design, the students of architecture department often unconsciously ignore the structural problems or deliberately avoid them as the factors restricting their thinking. The structure training mode based on operation "and" observation attempts to optimize the operation and observation means, grasps the appropriate structure training scale, and stimulates the observation interest of students through the setting of multiple operation and observation interaction nodes. Students are guided to experience, think and understand the driving role of structure in architectural design from multiple dimensions.

Keywords：Architecture Education, Architectural Design Course, Structural Training, Operation, Observation

一、背景——"操作"和"观察"

浙江大学建筑学系设计类课程建立了"3+1+1"教学体系，通过3年核心课程、1年可选课程和1年实习与毕设的课程设置方式，实现宽、专、广、实的建筑学人才培养目标[1](图1)。基于"3+1+1"教学体系，一至三年级为核心课程，其中一、二年级设计课是"基本"系列，课程设置旨在通过设计过程中的"操作"和"观察"，使学生建立基本的建筑观，掌握基本建筑要素的设计思维和操作方法。

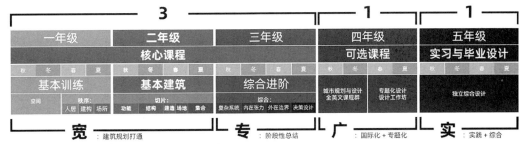

基础操作"后"观察|切片操作"与"观察|……

图1 "3+1+1"教学体系

二年级"基本建筑"系列课程强调基本操作"与"观察，与一年级的基础操作"后"观察（即先做设计然后抽象设计规律）的方式相比，"基本建筑"系列课程将操作与观察并行，通过操作与观察的全过程互动，突出解决一个或几个建筑设计的基本问题，从"切片"的角度，使学生逐步掌握"功能、结构、建构、场所"四大基本建筑要素。"过街廊设计"是"基本建筑"系列课程的第二个课题，旨在基于操作"与"观察的模式，以"小题大做"的方式实现"结构"这一建筑重要基本要素的切片训练目标。

二、缘起——操作"或"观察

在建筑学的教学过程中常常可以发现，学生注重的是建筑形态及表现，结构问题或被无意识地忽视，或被作为限制思维的因素而有意地回避[2]。其实对于建筑师来说，结构是能够促进建筑师更好地去思考、去发展自己的思路的非常重要的工具和途径[3]。

近年来，一些高校逐渐开始思考和尝试将结构训练介入建筑设计课程中。比较普遍的模式是强调"观察"，例如在高年级的大跨建筑设计或高层建筑设计中，结构课教师在设计深化阶段介入，引导学生观察和评价前期的设计成果，这种模式将"观察"后置，学生在前期操作中有时会忽视结构问题，后期"观察"进入以后会对部分同学造成结构限制建筑设计的误导；另一种模式是强

调"操作"，例如低年级的坐具设计，重视实体搭建过程中对材料力学特性和建造特性的体验，但是不涉及结构概念及量化评价，缺少"观察"导致结构对建筑设计的策动作用并未得到很好的体现。这两种模式都反映了建筑设计课程的结构训练中存在着明显的"操作与观察脱节"的情况。

怎样在建筑设计课程的结构训练中，把握适宜的结构训练尺度，通过操作与观察互动的方式，更好地体现结构概念对于建筑设计的良性策动，是我们需要思考的问题。

三、教改——操作"与"观察

"过街廊设计"是二年级建筑设计的第二个课题，历时8周。选址位于杭州上城区中山中路步行街，共提供5对候选建筑（图2），要求学生选择其中一对，设计一条过街廊，将其连成一体并改造沿街立面，观察并操作结构、材料与建筑空间、形态的互动关系。

1. 成果控制——互动节点的设置

以往课程设计只在一个课题结束的时候有相应成果要求，而单个课题的持续时间通常在8周左右，学生在前期操作中有时会忽视或回避设计要点（尤其是结构主题）。本课程考虑将课题分解成多个节点（表1），每个节点都有操作与观察互动的任务，让学生从意识到理解再到设计，一步一步介入结构的训练。

图2 基地选址

互动节点的设置   表1

	内容	操作	观察
节点1	先例分析——寻找观察结构原型	测绘＋查阅	结构原型解读
节点2	概念海报——探讨发展结构原型	概念设计	结构实现可行性
节点3	极限测试——优化确定结构形式	模型优化＋实验加载	结构弱点分析
节点4	墙身模型——建构立面与结构的连接	立面设计＋墙身建构	结构与建筑关系
节点5	整体呈现——反思结构对设计的策动	整体表达与呈现	整体对比与回顾

节点1——先例分析。要求学生进行实地考察和测绘,同时有针对性地搜集案例,寻找合适的结构原型,自己先进行观察、分析和解读。此环节引导学生主动建立结构意识。

节点2——概念海报。要求学生根据结构原型,结合建筑和场地现状,进行快速的概念海报设计(图3)。结构教师会对每张海报进行逐个点评,与学生一起观察分析概念与结构结合的可行性,探讨结构原型的优化发展方向。此环节强调了概念先行、结构实现的课程主旨。

节点3——极限测试。要求学生手工制作过街廊的结构模型,进行极限加载实验(图4)。在结构教师引导下观察破坏过程,寻找结构薄弱点,进行优化设计,同时绘制结构破坏分析图。此环节将主观体验与抽象理论联系起来,使学生能从不同维度深入理解结构,提高形态敏感度。

节点4——墙身模型。基于前期的结构概念,首先进行过街廊的材料选用及立面设计,然后通过墙身模型的制作,分析立面材料与结构的互动节点的设置连接方式(表1),知识点从结构向建构延伸(图5)。

节点5——整体呈现。将最终的过街廊设计的成稿图纸和前期的所有节点成果一起进行整体呈现,通过海报拼贴场景与最终渲染场景表达的对比(图6),以及中间每个节点过程的回顾,反思和总结整个训练过程,加深结构对建筑设计策动作用的理解。

2.过程控制——操作手段的优化

本课程配合各个互动节点,设置了多样化的操作手段,从多个维度帮助学生进行体验和感受,激发他们的兴趣,配合有意识的主动观察和教师的针对性引导,使学生透过表象看到更深层次的结构体系和建构逻辑。

(1)ppt制作。这一阶段着重训练学生对于案例资料的搜集、分析能力和案例解读的逻辑组织能力,引导学生形成具有逻辑性的理性分析习惯。

图3 节点2——概念海报

图4 节点3——极限测试

图5 节点4——墙身模型

图6 节点5——整体呈现(终稿渲染图与概念海报的对比)

（2）海报制作。这一阶段是学生设计前的过渡环节，帮助学生建立空间感和尺度感，以可视化的方式直观地形成对即将进行的设计环境和设计目标的进一步理解。

（3）结构模型制作与试错。这一阶段进入实质性的结构设计环节，要求学生结合设计概念，反复进行手工结构模型制作—实验加载—优化设计这一系列操作，结构教师在实验过程中注意引导学生观察形变和破坏与结构设计之间的关系。

（4）受力分析图绘制。这一阶段帮助学生从理论的角度抽象理解不同结构体系下的受力关系和结构合理性，同时训练对抽象概念的形象表达。

（5）墙身模型制作。在形式和结构体系确定后，要求学生制作10：1墙身细部模型，进一步理解结构和建构之间的差异性和关联性。

（6）计算机渲染。在图纸的最终呈现中，要求渲染虚拟真实场景，通过设计终稿和概念海报的对比，加深结构对建筑设计策动作用的理解。

3.评价控制——观察手段的优化

评价控制会在一定程度上影响学生的观察和思考维度，通过评价控制引导学生认识到结构是建筑的重要要素，这对于拓宽其观察视野是直接而有效的。同时，强调结构对于整个建筑学的重要性，并不等于结构就是建筑学的全部[4]，因此控制结构评价的介入程度非常重要。

结构教师的主观评价和引导主要出现在三个节点。开题讲座中，结构教师从工程设计经验角度直接给出本课题结构设计的两个突破点：减小跨度和加强抗力。在概念海报的一对一评价阶段，结构教师从结构经济性、结构舒适性等角度出发，对学生采用的结构选型进行评价，并对该结构原型在学生方案中的发展可能性提出建议。在结构模型的极限测试阶段，结构教师会在测试前对模型的结构概念做出直观的结构评价，在测试中引导学生观察形变和破坏与结构设计和模型制作之间的关系。整个课程设计中，结构教师通过点式参与的方式，不断引导学生自身的思考和观察。

课程的客观评分置于两个不同的互动节点中，结构评价是在中期的极限测试阶段，建筑评价是在最终的整体呈现阶段。结构评分占总分的30%，其中基本分15分，满足自重小于5g及承重大于1kg这一基本要求即可得分；结构概念分5分，结构教师根据模型结构概念主观给分；极限测试5分，根据"跨度×拉力÷净重"的测试结果给分。建筑评分占总分的70%，主要从形态、空间、构造及其与结构的关系等方面打分。课程考虑通过结构评价的适度介入，更好地把握结构的训练尺度，既能让学生理解结构对建筑的策动作用，又不脱离建筑设计的本质。

四、结语

建筑系学生常常更注重建筑形态及空间，结构问题往往被无意识地忽视，或被有意识地回避。以往建筑设计课程的结构训练中存在着明显的"操作与观察脱节"的情况，导致结构对建筑设计的策动作用并未得到很好的体现。

浙江大学"基本建筑"系列设计课之"过街廊"，以"结构"这一建筑重要基本要素作为切片训练目标，尝试基于操作"与"观察的结构训练模式，通过多个互动节点的设置，把握适宜的结构训练尺度，激发同学的观察兴趣，引导同学从多种维度体验、思考和理解结构对建筑设计的策动作用，建立基本的建筑观。

课程结束的时候，有听到几位同学感慨"我的结构模型虽然极限测试成绩很高，但是还不够美"，我们不禁略感欣慰。设计的提高是一个漫长的过程，但是同学们对结构的意识和理解让我们觉得课程的一部分目标已经实现了。

（致谢：本教案的建设得到了上海交通大学范文兵老师的多次指导，在此表示衷心感谢！）

参考文献：

[1] 吴越，吴璟，陈帆，陈翔.浙江大学建筑学系本科设计教育的基本架构 [J].城市建筑，2015（16）：90-95.

[2] 姚刚，袁亭亭，王蒙.结构—形态—空间——基于结构塑形的建筑设计教学研究 [J].华中建筑，2020，38（03）：149-153.

[3] 吴农，王浩哲.从普利兹克建筑奖看我国高等建筑教育中的问题——以建筑设计课程教学内容为例 [J].高等建筑教育，2015，24（05）：5-8.

[4] 叶静贤，钱晨，坂本一成，奥山信一，柳亦春，郭屹民，张准，王方戟，葛明，汪大绥，李兴钢，王骏阳.理论·实践·教育：结构建筑学十人谈 [J].建筑学报，2017（04）：1-11.

图片来源：

本文图片均为作者自绘、自摄或自制

作者：罗晓予，博士，浙江大学副教授，国家一级注册建筑师，本科二年级建筑设计课程主讲教师；王卡，博士，浙江大学副教授，建筑学系副系主任，基层教学组织本科二年级设计课负责人

现象的自然与建筑的抽象

——空间观察教学探微

任书斌　郑彬

Phenomenological Nature and Architectural Abstraction——Exploration of Space Observation Teaching

■ 摘要：论文基于现代建筑片面追求理性化、客观化的理论背景，强调建筑教育中建立主观体验的现象学方法在增强学生空间设计原创性方面的重要性。主要通过对于树林和坡地两种自然空间形态的现象学观察和体验以及特定案例分析，尝试从空间连续性、包容性、模糊性、公共性等方面分析当代建筑空间张力的形成。力图在建筑学本科低年级教学中融入一种新的建筑空间教学方式，培养对于空间的敏锐知觉和分析能力，同时尽力避免个人体验的主观性和随意性。

■ 关键词：树林　坡地　原型　空间　建筑学教学　观察

Abstract：Based on the theoretical background of one-sided pursuit of rationalization and objectification in modern architecture, this paper emphasizes the importance of establishing the phenomenological method of subjective experience in Architectural Education in enhancing the originality of students' space design. Mainly through the phenomenological observation and experience of the two natural space forms of forest and slope as well as the specific case analysis, this paper attempts to analyze the formation of space tension of contemporary architecture from the aspects of space continuity, inclusiveness, fuzziness, publicity, etc. Try hard to integrate a new teaching method of architectural space into the teaching of the junior of architecture, cultivate the ability of sensitive perception and analysis of space, and try to avoid the subjectivity and randomness of personal experience.

Keywords：Woods, Sloping Field, Archetype, Space, Architecture Teaching, Observation

　　自然作为人类文明起源的重要基础，也深刻影响着人们的栖居行为。远古时代，穴居、巢居、天然的山洞都曾作为古人栖居的选择。古罗马的军事工程师维特鲁威认为房屋是对

图1　美国国家大气研究中心

图2　宁波博物馆

图3　广州歌剧院

图4　远景之丘

自然物的一种模仿。文艺复兴时期，阿尔伯蒂从自然中抽象出建筑可以遵循的比例、和谐的原则。而新艺术运动尝试用自然的曲线抵抗工业化初期的粗糙工艺。机器时代的来临破坏了人类和自然环境的和谐，但依然有赖特和阿尔托秉承有机建筑的观念，开创了地域主义、追求自然与建筑共生的新方向。当下，可持续绿色生态观念使得建筑和自然在一个新的维度上产生了紧密的关联。

以自然原型作为建筑形态和空间设计的触媒体现在当代建筑的很多方面。第一，建筑形体呼应场地的自然文脉。比如贝聿铭的美国大气研究中心（图1）、博塔的圣维塔莱河独家住宅，采用雕塑性的体块呼应自然山体的气势。第二，直接以自然原型作为形体构思的来源。王澍在宁波博物馆（图2）的设计中以山、水、海洋为设计理念，其主体形态倾斜成山体形状。扎哈·哈迪德建筑师事务所广州歌剧院的方案构思为"圆润双砾"（图3），立意来自传说中屹立于珠江中的海珠石——广州的镇城之石。第三，模拟自然形态的空间体验。藤本壮介2016年设计的"远景之丘"（图4），其构思意念来自对登山行为的转译。这座建筑呈现出模糊的山丘形态，脚手架格子构成地貌又作为登山的路径，引导人们自由地漫步并穿越其中，好像经历"登山之旅"。建筑鼓励人们以不同的方式去相遇、停留和探索，形成了充满活力的场所。由纽约Diller Scofidio + Renfro工作室设计的2002年瑞士国家博览会主场馆（图5）则创造了漫步云雾的奇妙感受。从湖中泵出来的

图5　2002年瑞士国家博览会主场馆

水通过紧密排列的高压喷嘴喷出细密水雾，建筑形体被模糊在云里雾里，人们走过水面的实体长桥，就会进入一片迷蒙的水雾之中。

综上，山、石、树、云、雾这些自然原型不仅是建筑必须应对的场地文脉环境的一部分，在当代建筑师的创意中，更是作为一种建筑空间氛围、意境的原型，实现着对自然经验的抽象模拟。

一、坡地和树林空间的现象学意义及空间抽象

1. 从坡道到倾斜平面

作为连接不同功能空间的手段，坡道意味着比楼梯更小的身体阻力，能够较为自然地完成高度上的跨越，同时使垂直的空间之间产生更直接的交流，是现代建筑空间连接的重要手段，体现在柯布西耶、迈耶和西扎等建筑师的一系列作品中。

与坡道相比，坡面则赋予了空间之间更大的连续性。1966年，法国文化理论家、城市规划师

及美学哲学家保罗·维希留（Paul Virilio, 1932—）在《建筑法则》（Architecture Principle）一书中提出"倾斜平面"理论，他认为倾斜平面推翻了水平垂直的空间常规，改变了人们和楼板之间的空间和重力关系，可以增强人们和建筑之间的触感关系，人们处在一个不自觉运动的趋势之中，抵抗或者顺应重力。

库哈斯在朱苏大学图书馆（Two Libraries for Jussieu）方案（图6）中，打破常规的楼层封闭做法，采用倾斜的楼板来组织空间，倾斜平面连接着整个建筑，形成一种新的"漫步"系统。而且建筑中最大限度地取消隔墙，增强了使用的灵活性和可选择性，各种不同的使用方式在空间中相互混杂，激励着新事件的产生，空间成为容纳多义复合城市功能的舞台，可谓维希留"倾斜平面"理论的直观体现。

图6　朱苏大学图书馆方案模型

与此类似的是，2010年建成投入使用的由SANNA设计Rolex Center（图7）则是采用了曲线的倾斜平面。外部造型呼应周边环境，地面和屋顶不断起伏，并被13个不规则庭院所打破。内部除了极少数房间被玻璃围合外，其余空间完全打开，并被不断起伏的地面所限定，学生们在这里的学习活动呈现完全的自由状态，或单人，或群体，或坐或卧，也可以自由地选择行走的路径，或短或长，完全随性而至。这种功能的不确定性、流线的多样性、空间的开放性更类似于人们在起伏的丘陵中获得的体验。[1]

2. 从树林到建筑空间模拟

作为一种景观空间，树林空间具有独特的魅力，其空间特征被很多建筑师借鉴，创造出了独特的建筑空间体验。自然的生长规律使树林中的树木分布密度相对均匀，呈现为匀质化的空间特性，中心比较模糊、暧昧。同时，树林空间的自然属性又可以容纳千差万别的使用方式，人们在树林中自由穿行，流线多样。树林空间这种巨大的包容性、行为方式的丰富性，是与现代建筑空间迥异的空间原型，吸引了众多当代建筑师的关注。

日本建筑师石上纯也（Junya Ishigami）基于对建筑的独特思考，提出了自由建筑的创作理念，功能、形式上追求自由性，结构上追求极致的轻与薄；对于环境，石上纯也反对现代建筑完全内部化的封闭空间模式，希望建立建筑和自然之间更加紧密的联系，创造一种介于自然和人工之间的建筑环境。

在神奈川工科大学KAIT工坊（图8）的设计中，建筑整体呈现出一个46m×46m的简洁方形，由305根不规则分布的柱子所支撑，其中最细的柱子截面只有145mm×15mm。内部没有任何的墙体分隔，而是通过家具和柱子的分布密度界定出模糊的空间边界。当然，这种空间绝非无计划的放任，而是建立在严格的功能活动分析的基础上。设计之前，石上纯也经过三年的时间进行活动可能性的研究，预计了各种活动发生的可能性。学生们可以根据实际需要，自由选择一块大小合适的区域进行手工制作。而这个区域正是由柱子和家具暗示着的空间存在。我们看到，不规则柱网布置形成的空间在张力形成、行为包容性以及空间内部的透明特质上都可以和树林空间取得类比，从而形成建筑所具有的不确定的自由性[2]。现代建筑整体空间秩序的绝对控制和计划性被模糊性、连续性和包容性的空间品质所替代。

3. 坡地、树林空间的抽象化解读

西方后结构主义的代表人物德勒兹（Gilles Louis Rene Deleuze）曾经就当代的空间问题提出了游牧空间（Nomadic Space）的概念[3]，他认为游牧空间是生成的，是希冀摆脱严格的限制，是一种反理性的思想，并

图7　Rolex Center室内

图8　日本KAIT工坊室内

不将自己包裹在一个总体之内，而是像草原、大海、荒漠一样，置身在广袤的空间之内，它是非中心的、动态的、光滑的、连续的、多元的、抽象的、多触觉的、多维度的、异质的、拓扑的空间，游牧空间是一种具有可能性的、没有预定结构和既定目的的空间。

通过对树林和坡地的空间抽象分析，我们可以发现，在当代建筑设计中存在与之类似的新的空间属性，第一，强调建筑的身体性。我们看到，无论是库哈斯的倾斜平面，还是妹岛和世的缓坡平面，其做法无不反映了当代建筑对身体感知新的回应方式，摆脱了视觉中心的桎梏，追求触觉等身体感知对建筑的全方位体验。第二，强调空间的连续性。尽量减少隔墙的数量，将原本隔墙内的单一功能释放到更大的空间中，从而实现空间之间的连续。第三，强调空间的包容性。无限延展的室内空间并不对某些区域进行单一功能的指定，而是通过空间界定的不同程度进行功能的暗示，从而可以包容使用的多样性和可变性，使用者成为主动的空间建构者。第四，强调空间的非中心化。古典建筑强调建筑的中心化秩序，现代建筑虽然追逐空间的去中心化，但却希望空间

绝对的清晰和理性。而当代建筑则强调建筑的模糊性，追求自由的秩序和非中心组织。

二、教学设定

当今的中国建筑教育正使学生们远离生活，远离自我的身体感知。他们大多通过视觉模仿和分析国外经典的建筑案例图片来学习，关注一些抽象的教条和所谓的设计规则，对其背后解决问题的逻辑一无所知，更谈不上对自我身体感知力的培育。他们接触到的专业语言是中性的、技术性的，没有现象，没有生活，空间成为没有现实和文化指向的漂浮物。建筑仅仅作为漂亮的二维图纸而存在，而不是当下人们生活需要的栖息之所，专业和现实严重地脱节了。

《由内而外的建筑》这么写道："纳迪亚·阿哈萨尼在宾夕法尼亚大学讲授楼梯设计时，她让学生们赤脚在各式各样的楼梯上来回走动，注意脚和全身的感觉。""在新泽西理工学院的'身体与物资：性学建筑'的讨论课上，凯伦每次先让学生们在深呼吸中冥想片刻，然后简短地讨论各自的体验。在不同的天气里让学生们走出教室，在校园里捕捉不同的声音、气味、体会其他本能的感知，学生们以体验式的、身临其境的和审视的心态在校园里默默漫步，从中得出对建筑的批评意见。"[4]

借鉴国内外先进的教学理念和方式，基于建筑的本体元素。在建筑学本科低年级教学中，笔者希冀能够做出一些尝试，引导学生形成以身体感知为基础的建筑经验，通过身体对自然原型的触知，逐步融入对专业概念的理解，形成观察、分析、学习、借鉴的新学习思路，从而摆脱对于建筑的单纯形态模仿，逐步建立以自我身体意识和心智图像为基础的建筑教育模式。

本次训练主要包括以下三个过程：

观察：要求调动身体的视觉、触觉、嗅觉、听觉和味觉等，对自然中的原型进行全方位的感知，对感知体验做详细的记录和整理。图9作业首先分析了一个单坡空间的体验过程，描述了从坡底的平淡，到中间过程的期待缓冲，坡顶的视野展开，到下坡的心情平复整个知觉过程。而在多坡地形成的复杂形态中，又加入了坡地单元之间空间关系的分析，从而建立了空间实体和体验之间的关联。图10作业则立足于建筑的几何构成，界定了坡道、倾斜平面和坡地在线、面、体几何属性上的不同。

分析：要求学生从文学、诗歌、音乐、绘画、建筑中寻找关于自然原型的各种描述，提升对于原型的主观感受，尤其注意的是涉及空间属性的表达内容。在此过程中还要着力摆脱个人体验的片面性，追求相对客观的可交流性。尝试从原型

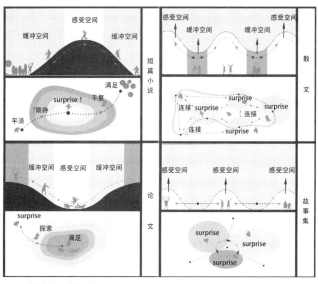

图9 坡地空间感知分析

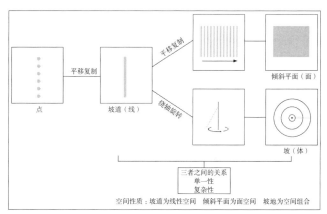

图10 坡地空间几何分析

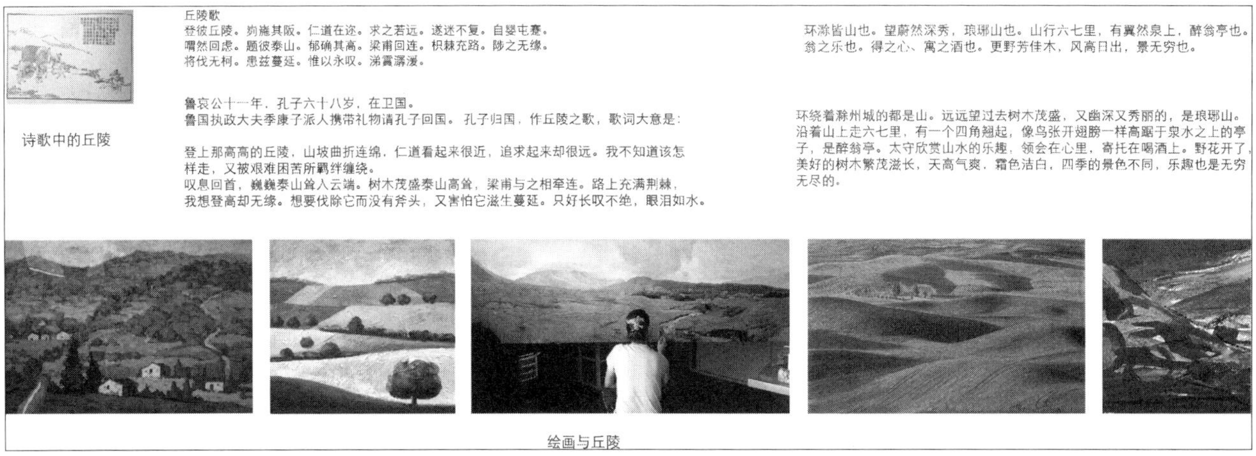

丘陵歌
登彼丘陵。峛崺其阪。仁道在迩。求之若远。遂迷不复。自婴屯蹇。
喟然回虑。题彼泰山。郁确其高。梁甫回连。枳棘充路。陟之无缘。
将伐无柯。患兹蔓延。惟以永叹。涕霣潺湲。
鲁哀公十一年，孔子六十八岁，在卫国。
鲁国执政大夫季康子派人携带礼物请孔子回国。孔子归国，作丘陵之歌，歌词大意是：
登上那高高的丘陵，山坡曲折连绵，仁道看起来很近，追求起来却很远。我不知道该怎样走，又被艰难困苦所羁绊缠绕。
叹息回首，巍巍泰山耸入云端。树木茂盛泰山高耸，梁甫与之相牵连。路上充满荆棘，我想登高却无缘。想要伐除它而没有斧头，又害怕它滋生蔓延。只好长叹不绝，眼泪如水。
诗歌中的丘陵
环滁皆山也。望蔚然深秀，琅琊山也。山行六七里，有翼然泉上，醉翁亭也。翁之乐也。得之心、寓之酒也。更野芳佳木，风高日出，景无穷也。
环绕着滁州城的都是山。远远望过去树木茂盛，又幽深又秀丽的，是琅琊山。沿着山上走六七里，有一个四角翘起，像鸟张开翅膀一样高踞于泉水之上的亭子，是醉翁亭。太守欣赏山水的乐趣，领会在心里，寄托在喝酒上。野花开了，美好的树木繁茂滋长，天高气爽，霜色洁白，四季的景色不同，乐趣也是无穷无尽的。
绘画与丘陵

图 11　文学绘画中的自然空间

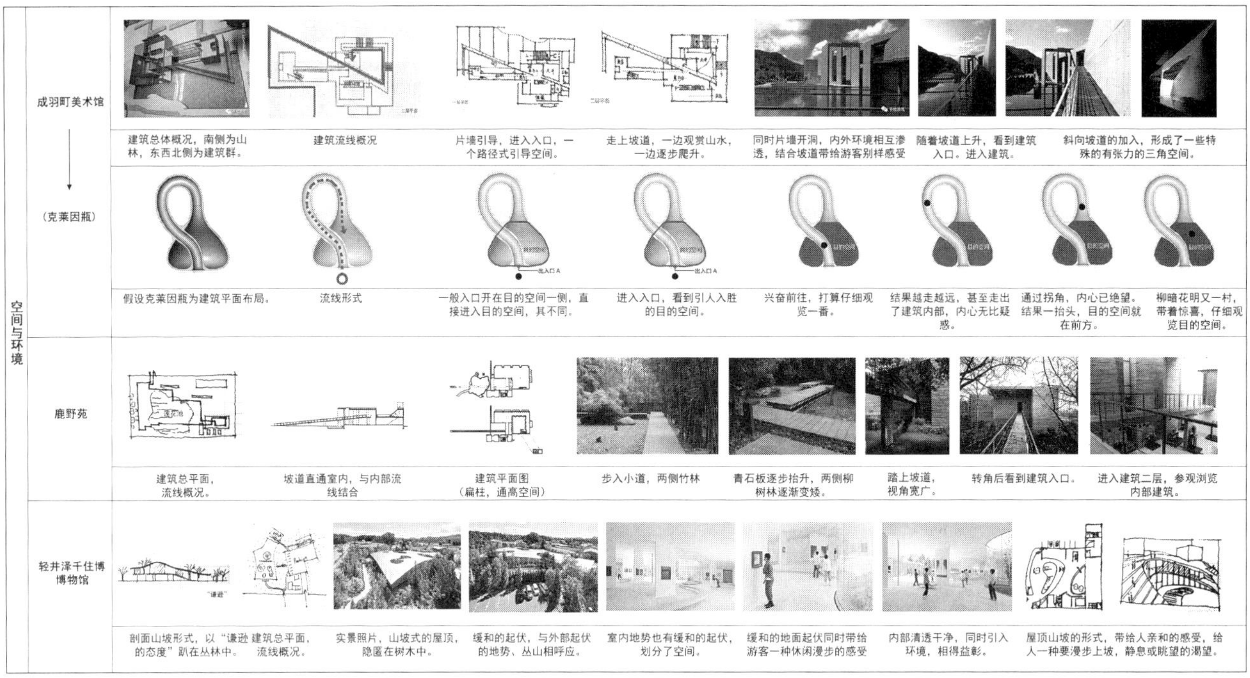

空间与环境
成羽町美术馆
（克莱因瓶）
建筑总体概况，南侧为山林，东西北侧为建筑群。
建筑流线概况
片墙引导，进入入口，一个路径式引导空间。
走上坡道，一边观赏山水，一边逐步爬升。
同时片墙开洞，内外环境相互渗透，结合坡道带给游客别样感受
随着坡道上升，看到建筑入口。进入建筑。
斜向坡道的加入，形成了一些特殊的有张力的三角空间。
假设克莱因瓶为建筑平面布局。
流线形式
一般入口开在目的空间一侧，直接进入目的空间，其不同。
进入入口，看到引人入胜的目的空间。
兴奋前往，打算仔细观览一番。
结果越走越远，甚至走出了建筑内部，内心无比疑惑。
通过拐角，内心已绝望。结果一抬头，目的空间就在前方。
柳暗花明又一村，带着惊喜，仔细观览目的空间。
鹿野苑
建筑总平面，流线概况。
坡道直通室内，与内部流线结合
建筑平面图（扁柱，通高空间）
步入小道，两侧竹林
青石板逐步抬升，两侧柳树林逐渐变矮。
踏上坡道，视角宽广。
转角后看到建筑入口。
进入建筑二层，参观浏览内部建筑。
轻井泽千住博博物馆
“谦逊”
剖面山坡形式，以“谦逊的态度”趴在丛林中。
建筑总平面，流线概况。
实景照片，山坡式的屋顶，隐匿在树木中。
缓和的起伏，与外部起伏的地势、丛山相呼应。
室内地势也有缓和的起伏，划分了空间。
缓和的地面起伏同时带给游客一种休闲漫步的感受
内部清透干净，同时引入环境，相得益彰。
屋顶山坡的形式，带给人亲和的感受，给人一种要漫步上坡，静息或眺望的渴望。

图 12　案例分析

空间的连续性、包容性、非中心化和公共性出发，揭示出隐藏在现象背后的空间本质，并将体验到的空间特性和塑造空间的手段连接起来。在图 11 作业中，从《丘陵歌》《醉翁亭记》的文学描述，到画家对于坡地光影空间的刻画，展现了其他艺术门类对于自然空间的体验特征，丰富了建筑师的空间想象，该学生还从绘画作品中同时观察到了光和影以及色彩对于空间塑造的影响。

案例解读：通过分析比对相关的案例，将自然原型空间感受移入建筑空间的体验，了解当代建筑空间设计的趋势和走向。图 12 作业，通过建筑案例的植入，分析了坡道和缓坡空间在当代建筑中的体现。由于资料来源较少，且低年级学生分析能力较弱，此部分需要在未来的教学中加强。

三、教学总结

空间是西方现代建筑倡导的核心概念，随着 20 世纪 60 年代以来对现代建筑的反思，关于空间研究的广度和深度也不断获得拓展。其中，从自然中获得空间设计的新灵感，成为当代建筑师创作的重要构思来源之一。立足于自然场所空间性的认知，结合学生自身的既往经验，然后逐步过渡到更为抽象的建筑空间设计，是低年级建筑学空间教学的良好起始。本次教学改革正是基于以上思考设定的空间训练作业之一，主要设想如下：

第一，体验性是建筑空间设计的基础和创造性的来源。立足于建筑学一年级同学，在其尚未进入设计、接触到更为抽象的建筑空间设计之前，利用他们以往基础的现象学体验，从身体的上升、下降、围合、封闭、开敞、色彩、光影等概念切入空间的感知训练，培养学生敏锐的空间知觉体验。

第二，通过绘画、文学、电影等其他艺术门类的教学植入，开阔学生的空间视野，弥补个人主观化的偏颇，将空间知觉变得可以交流，这也是建筑空间的本质属性之一。

第三，通过界定树林空间和坡地空间，让教学过程更加可控，同时强调空间的四维特征和身体性，力戒目前图画式二维视觉中心的空间学习和设计模式。

通过这次的教学试验，学生们普遍对空间有了切身的感觉和体验，对于空间和身体的关联、对于当代建筑空间的连续性和包容性等特征有了初步的认识，为建筑设计课奠定了良好的空间认知基础。但从宏观层面来讲，从自然中观察空间现象，涉及景观建筑学、建筑学、自然生态学之间复杂而广泛的关系，涉及不同专业之间空间操作层面的衔接问题，笔者对此理论的深度研究还较欠缺。另外空间训练需要一系列环环相扣的作业来完成，目前笔者还停留在局部的尝试，仍然缺乏足够的系统性。

藤本壮介（Sou Fujimoto）在论述自己关于建筑的未来时说："它首先应该具备一种崭新的单纯性，同时作为场所它还应该具有接纳那些自身无法控制的外来因素的多样性……我对森林是一种感受，感受作为森林所应该具有的那些本质的性格，以及那些森林所独有的特征中所蕴含的潜力。而这样的特质中恰巧具备了某种复杂性和单纯性，同时让人感到其中包含着某种局限性和偶然性。"[5] 我想，藤本所说的单纯性和多样性的矛盾正是当代建筑空间的基本属性，也是建筑教育应该着力培养的空间思维。

参考文献：

[1] 李若星.向景观学习——劳力士学习中心自发性活动空间解析 [J].世界建筑，2013 (03)，118-121.

[2] 神奈川工科大学 KAIT 工坊 [J].世界建筑，2011 (01)，44-48.

[3] 费利克斯·瓜塔里，[法]吉尔·德勒兹.游牧思想 [M].陈永国译编.长春：吉林人民出版社，2003 年 12 月.

[4] [意] R.Bianca Lepori，[美] Karen A .Franck.由内而外的建筑 [M].屈锦红译.北京：电子工业出版社，2013 年 2 月.

[5] [日] 藤本壮介.建筑诞生的时刻 [M].张钰译.桂林：广西师范大学出版社，2013 年 1 月.

图片来源：

图 1：https：//www.sohu.com/a/324701991_759258

图 2：作者自摄

图 3：http：//newsxmwb.xinmin.cn/wenyu/wh/2016/04/01/29768814.html

图 4：https：//www.zhihu.com/question/49007311

图 5：http：//www.archcollege.com/archcollege/2018/11/42508.html

图 6：Zaera Polo，Alejandro and Rem Koolhaas，"Two libraries for Jussieu"，EL Croquis 53+79 (1996)：119

图 7：由北京建筑大学博士生单超同学提供

图 8：http：//www.archiposition.com/items/20180810020307

图 9～图 12：由李倩、陈凯悦、种天琪、马幸等同学提供

作者：任书斌，烟台大学建筑学院副教授，硕士生导师；郑彬（通讯作者），烟台大学建筑学院副教授，主研方向建筑技术及其理论

风景园林专业教学研究

Teaching Research on Landscape

场地生态学方法在风景园林规划设计课程教学中的应用研究

潘剑彬

Research on the Application of Site-based Ecological Method in Landscape Architecture Planning and Design Course Teaching

■ 摘要：作为一级学科的风景园林学，其本科专业培养体系构建与优化近年来备受关注。面对前期培养方案实施中反映的问题，在分析专业培养方案和课程体系的基础上，根据各学期的教学进度及安排，将原课程内容和课时优化重组，并将场地生态学方法引入课程设计过程。在实施中，首先厘清不同尺度和属性风景园林场地的生态因子与条件，进而运用数字化工具定量化分析和描述场地生态过程，最后运用风景园林图式语言进行生态设计表达。该教学方法的实施取得了较理想的效果，希望为培养优秀的风景园林专门人才提供思路与借鉴。

■ 关键词：风景园林教育　教学改革　专业建设　场地尺度　生态学方法

Abstract：Landscape Architecture, the first-level discipline from 2011, has attracted much attention in recent years for its professional training system construction and optimization. On the basis of analysis of the original professional training program and curriculum system, it is proposed to decompose the content and class hours of the original "Principles of Ecology" course, retain its basic part of principle, and integrate the part of ecological method into the practice of site analysis and program generation according to the yardstick of landscape architecture planning and design site, and this process is helpful for students to master the basic principles and practice the basic methods.

Keywords：Education of Landscape Architecture, Teaching Reform, Speciality Construction, Scale of Site, Ecological Method

2011 年，风景园林学已经成为与建筑学、城乡规划学并行的一级学科，共同组成了人居环境学科群。近 10 年来，国内绝大多数工科院校建筑背景的风景园林专业经历了从无到有、"三位一体"的发展策略以及持续的建设过程。但是，在超过半个多世纪的时间里，国内绝大多数风景园林或相关专业仅在农林院校开设，所以其专业建设和发展定位带有显著的农林

基金项目：国家自然科学基金项目（51641801）；北京建筑大学校级教育科学研究项目（Y1609）

院校背景与特色，一旦转换背景，多数建筑院校，甚至农林院校的风景园林专业教育及课程建设均存在定位不清、特色不鲜明等问题。国内外多数学者认为，中国现代风景园林的发展方向与捷径在于设计理念和目标的生态化与设计手法的本土化。而这么做的问题在于，工科院校建筑背景的风景园林专业相对于农林院校生态学知识存在系统性欠缺。在国内某建筑院校风景园林专业课程体系中，作为理论课程的"生态学原理"因为多数是理论阐述，而风景园林专业本身实践性强，而且研究（主要是规划设计）对象尺度多样化、类型多样化，而作为生态学类别的景观生态学、城市生态学、植被生态学、群落生态学、水域生态学和修复生态学等并不能满足风景园林多尺度、复杂的场地类型对象特征应用需求。所以，建筑背景风景园林专业的生态学课程从教学内容、教学方式的设定到与设计类、技术类课程内容及目标的融合方面均面临较大挑战。

一、课程改革背景

课程改革前期，经与数所建筑高校风景园林专业师生交流，其人才培养目标可以简单概括为"厚基础、精技能、宽领域"并具有地域特色的风景园林复合型人才。"厚基础"强调的是在熟练掌握风景园林学科理论基础知识的基础上注重多学科交叉与融合，尤其是与所在高校建筑学、城乡规划学等学科的优势互补与协同发展，同时在培养过程中注重学生实践技能的培养和训练；"精技能"指在学制4（5）年中，均以规划设计课程为主体课程，严控生师比，坚持小班授课，熟练运用专业理论与技能，强化各类基础训练，包括协作与表达能力；"宽领域"是指培养具备风景园林规划、设计、建造、修复、保育、管理的复合人才，无论未来就业、深造或转专业，均具备深厚的思维能力、理论和技能功底。

但是，在北京建筑大学风景园林专业2013版、2014版培养方案（对应2018届和2019届毕业生）实施中期及后期进行的普遍调研收到的学生反馈结果来看，以上人才培养目标遭遇到的较大挑战是：（1）专业理论类、技术类教学内容与主体课程剥离，缺少契合度与良性互动。以"生态学原理""园林植物学""生态技术实习"等课程组成的生态类课程是其中的典型代表；（2）学生对较多课时的专业理论讲授课程兴趣不大，课程内容的实际掌握程度也较差。"课时压缩"是若干次专业培养计划调整的重点内容，作为理论讲授课程、32学时的"生态学原理"也首当其冲成为需要调整的课程。

基于以上挑战，本校风景园林专业2015版培养方案（对应2020届毕业生）调整中如何基于人才培养目标调整理论课内容及课时、技术课程及作为主体的设计课组织运行方式，使理论课和技术课成为设计课的有效支撑进而强化总体教学效果？具体来讲，就是如何让风景园林专业学生既熟知生态学的基本原理，又能够在设计课的同时通过运用这些基本原理并牢固掌握，同时也精通运用这些基本原理的技术手段，增强设计方案的合理性与科学性，达到"三赢"。

二、课程体系改革内容

本轮课程改革是在遵循原"一体两翼"培养体系的基础上进行的（国内多数建筑类高校风景园林专业所应用的体系）。"一体"是指规划设计类主体课程，包括作为基础课程的设计初步（一）、（二）（一年级）、建筑设计基础（一）、（二）（二年级）和作为专业课程的风景园林规划设计（一）、（二）、（三）、（四）（三、四年级）；"两翼"是指理论类基础课程（生态学原理、园林植物学、中外园林史、景观设计原理等）和技术类基础课程（地理信息系统GIS、园林工程与技术、工程测量、数字化设计等）。其中，设计类主体课程的内容（风景园林规划设计一～四）基本上是在低年级（一、二年级）空间和尺度基本认知和训练的基础上以不同尺度和属性的规划设计场地进行区分和渐进的。总体来讲，规划设计场地的尺度越来越大，同时属性和影响因素逐渐趋于复杂，设计重点也逐渐发生变化。例如，低年级（二年级）的建筑庭园设计尺度较小，主要内容是风景园林的空间设计，训练学生在设计中逐渐理解和掌握各类基本景观元素，例如植物、地形、水体的景观特质及应用方式；高年级（三、四年级）的风景名胜区或国家公园尺度较大，影响因素也较多，课题训练目的主要是培养学生在面对风景园林复杂对象时的设计逻辑体系构建以及分析能力，包括综合运用所学知识进行作为实体的风景园林对象的空间结构规划设计，还有对人类需求、产业结构调整及政策管理（人地关系）方面的综合考量与均衡（表1）。

纵向对比第5~8学期课程体系内容发现，不同尺度特征的风景园林实体分属于不同类型场地，在针对其开展的规划设计训练中，其实质首先是识别和厘清场地生态因子与条件，进而运用一定的技术手段去分析和定量化描述场地生态过程与系统，最后运用风景园林图式语言进行生态设计表达三个过程及阶段。

在教学改革中，风景园林主体设计课程与生态类课程进行了联动协同改革，将原培养计划中32学时的"生态学原理"课程分成3个部分，即"生态学基础"课程（16学时）、"生态学基础实习"课程（20学时）和与设计课程合并设置的"生态学方法"板块（4学期合计20学时）。其中，前置课程为"生态学基础"

风景园林专业设计主体课程体系 表1

开设年级	课程名称	课程内容	尺度类型	尺度	综合学时	备注
一年级春季学期	设计初步（一）（二）	设计基础训练 尺度与空间认知	—	—	280	
二年级秋季学期	建筑设计（一）	建筑设计			152	
二年级春季学期	建筑设计（二）	建筑及庭园设计	庭园尺度	< 0.5hm²	152	建筑为主庭园为辅
三年级秋季学期	风景园林规划设计（一）	庭园设计 居住小区景观设计	庭园尺度	< 0.5hm²	152	含居住小区规划
三年级春季学期	风景园林规划设计（二）	城市开放空间设计	街区尺度	> 0.5hm² < 10hm²	152	含城市开放空间系统规划
四年级秋季学期	风景园林规划设计（三）	城市综合公园设计	城区尺度	> 10hm² < 1000hm²	152	含景观规划
四年级春季学期	风景园林规划设计（四）	风景名胜区、国家公园	区域尺度	> 1000hm²	152	含总体规划
五年级秋季学期	风景园林师业务实习	—	—	—	220	—
五年级春季学期	毕业设计	—	—	—	320	—

和"生态学基础实习"课程，前者课程性质仍为理论类专业基础课，后者为实习实践类课程，均在一年级春季学期开设。后置课程为"生态学方法"板块，即基于风景园林规划设计（一～四）课程设计场地性质和尺度，针对可实践生态学知识，图式表达融入最终课程设计成果。（该板块的核心是强调整体性的场地和场地尺度认知）每一种课程设计场地视复杂程度融入"生态学方法"板块4~6学时不等，全部采用"触类旁通"式的案例教学方式。

1. 庭园、街区尺度的风景园林规划设计对象的场地生态学方法

基本学情： 该课程开设于本科三年级的第5、6学期。本学期是学生从二年级的建筑设计基础进入风景园林设计的首个学期，已经完成"生态学基础""园林植物学"以及"数字化设计"等前置／并行的理论／技术基础课程的学习。基于此，由基本的空间尺度的认知与训练进入风景园林设计对象的引导，以及对风景园林场地要素（生态因子、植物等）的认知与分析是本学期教学的重中之重。

该尺度风景园林对象的场地生态学方法导入：

（1）厘清场地生态因子及特征。强调建筑立于庭园中、建筑群体位于城市街区中，因而在不同方位产生了同一生态因子差异，例如太阳辐射特征，进而引发建筑／街区尺度的温度、水分和土壤等生态因子基于原场地同一化的再分布，这一再分布对土壤、水分自然过程也势必产生一定影响；地形条件是上述基础上对单一或组合生态因子的重组；建筑（群）和铺装场地是庭园及城市开放空间的主体，所以在该尺度下，并非将植物视为生态因子，而将其视为满足作为个体的人构建风景园林小气候、文化需求的一个景观要素（表2）。（2）定量化描述场地生态因子时空变化特征。认知场地内生态因子的时空差异并非出于主观臆断或经验，而是强调定量化分析与评价，在此过程中逐渐认识并熟练运用数字化分析工具，例如计算流体力学软件（Computational Fluid Dynamics, CFD）以及ENVI-met系列软件等（图1）。（3）基于尺度场地的生态因子及其特征进行风景园林的图式语言表达。确定铺装与绿化分布、比例，

庭园尺度的风景园林设计场地的生态学方法 表2

课程内容	生态因子	生态因子条件	生态过程（含生态系统）	生态设计表达（图式语言）
建筑庭园设计	太阳辐射	直射光、散射光； 局部区域的日照时长变化	植物生长节律；光周期变化	季节性、永久性阴影区
	温度变化	散射光区域温度较低； 长时间照射区域、建筑南侧及大面积铺装区域温度高	最高温度、最低温度、积温变化	低温区、小气候区
	水分条件	铺装及排水系统导致土壤含水量不足； 灌溉系统影响水分的时间、空间分布	雨水、地表水的自然过程、自然降水量相对不足（不透水铺装因素导致）	雨水花园及雨水景观／街区级"海绵城市"体系
	土壤条件	土壤有机质含量过低及污染； 土壤物质循环过程及微生物体系被破坏	土壤自然过程（容重、有机质及含水量）	
	地形条件	强化或弱化某个或多个生态因子（含组合）的影响	（对某一生态因子）正向或负向的影响	场地竖向（含景观微地形）
	人的需求（植物条件）	文化需求；狭义的景观性需求； 微气候改善需求	影响生态系统的外貌、时空上植物群落的存在及稳定性	对各类空间的使用需求

注：表中所列生态因子，系本专业教师共同研究确定，以下同。

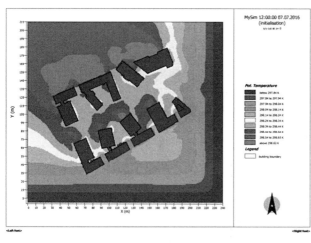
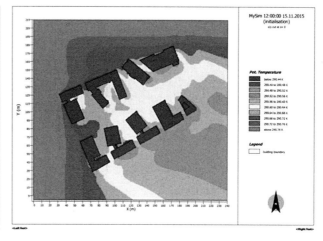

图1 学生使用 ENVI-met 系列软件进行的场地生态因子模拟分析（温度）

水体位置,绿化植物选择与景观特征。(4)系统性认知。建筑单体及群体、庭园及街区位于城市或自然地域中,建筑之于庭园、庭园之于城市街区或自然地域之间均存在相互的影响。

2. 城区尺度的风景园林规划设计对象的场地生态学方法

基本学情: 该课程开设于本科四年级的第 7 学期,本阶段已经完成了本专业重要的理论及技术基础课程学习。另外,经过三年级两学期 3~4 个设计题目的学习,学生已经熟悉了场地生态学方法的一般程序和思路。基于此,本阶段的风景园林规划设计对象的特征偏向于系统化、复杂化,规划设计过程更多地侧重于设计逻辑的构建和锤炼。

该尺度风景园林对象的场地生态学方法导入:

系统全面的场地生态因子认知:(1)城区尺度风景园林规划设计的主要目的是以自然生态系统为蓝本,基于(群体及社会的)人的需求(有别于前一阶段作为个体的人的需求),在城市基底上及环境中,通过保护、修复或创造基本完整的生态系统,该生态系统的社会服务、教育示范意义等社会意义显著大于其自然保护意义(生物条件及作为重要生态因子的引入)(图2)。(2)在此尺度上开展的规划设计,除回应人的社会需求外要建立完整或基本完整的简化的生态系统。(3)该尺度的场地生态学方法主要聚焦于在分析和研究城市周边的自然生态系统的基础上,模拟构建近自然生态系统(图3)。熟练运用参数化设计工具(主要是地理信息系统 GIS)定量化描述场地生态因子时空变化特征及进行风景园林的图示语言表达,强化对风景园林设计对象及生态因子的系统认知(图4)。

3. 区域及以上尺度的风景园林规划设计对象的场地生态学方法

基本学情: 该课程开设于本科四年级的第 8 学期,在此之前已经完成本专业重要的理论及技术基础课程学习,以及有一定深度、具有复杂特性的风景园林规划设计基本训练。另外,本学期后,学生即将进入校外规划设计机构进行实习实践(风景园林师业务实习)以及毕业设计。

该尺度风景园林对象的场地生态学方法导入:

系统全面的场地生态因子认知:(1)针对区域及以上尺度风景园林对象,规划设计的主要目的是保护、保育和修复完整的、原真的生态系统,而人是生态系统的组成部分。与此同时,作为研究对象的生态系统也是更大区域生态系统的组成部分。(2)在此尺度上开展的规划设计,包括回应人的需求都要基于以上自

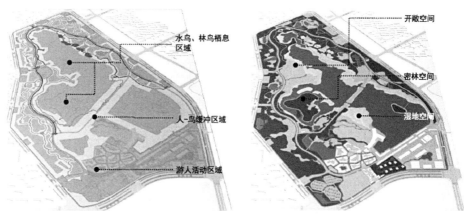

图2 学生基于场地现状进行的生物生境专项规划

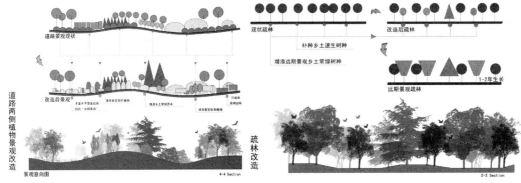

图3 学生基于场地现状进行的近自然植物景观改造

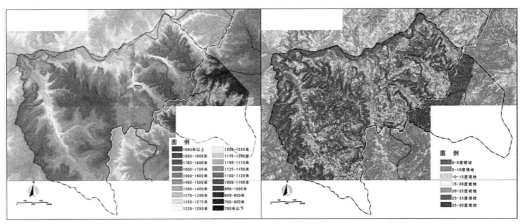

图4 学生使用 GIS 软件进行的地形（高程、坡度）模拟分析

城区尺度的风景园林设计场地的生态学方法　　　　　　　　　　表3

课程内容	生态因子	生态因子条件	生态过程（含生态系统）	生态设计表达（图式语言）
城市综合公园规划设计	太阳辐射	—	—	—
	温度变化	大面积铺装及水体区域温度较高	最高温度、最低温度、积温变化	小气候区
	水分条件	铺装及排水系统导致土壤含水量不足	雨水、地表水的自然过程	城区级"海绵城市"体系
	土壤条件	土壤有机质含量过低及污染；土壤物质循环过程及微生物体系被破坏	土壤自然过程	
	地形条件	坡度坡向；太阳辐射、温度及土壤条件的重组	降水、流水与土壤系统等	—
	生物条件	乡土植物／动物种类；地域植物群落及潜生植被	食物链／网；生境系统	生物多样性规划
	人的需求	景观性、社会性需求	近自然生态系统	自然教育系统、城市绿地系统、城市绿色基础设施

然及社会生态系统的视角认识进而思考。（3）该尺度对象的场地生态学方法主要分析和量化评价区域范围内外、甚至全球尺度的生态因子特征与变化以及与此相关的地区及国家级法律法规，主要目的是通过法律体系构建以及具体的保护、保育与修补措施，构建完整的自然生态系统（表4）。

三、课程体系改革取得的成效和最终目标

1．课程体系改革取得的成效

基于以上课程体系改革的本校风景园林专业2015 版培养方案自实施以来就受到了较多关注，就业率和就业质量均获得较大提升。实施本方案的 2020 届风景园林专业毕业生（24 人），其中 16

人结成 4 组参加了教育部风景园林专业教学指导委员会主办的以"北京天坛三南外坛旧城更新景观规划设计"为题的全国风景园林专业 10 校联合毕业设计，方案水平受到了评图专家的肯定，其中 1 组获评"优秀作品"。该班就业率居于较高水平，其中 4 人考取国内高校研究生，6~7 人被录取为国外高校研究生（包括美国哈佛大学、荷兰代尔夫特理工大学、英国谢菲尔德大学等）；部分学生在五年级的实习实践环节即受到了用人单位的一致好评。

2．课程体系改革最终目标

中国目前所处的时代和建设阶段赋予了风景园林学科关注对象更加丰富的多元性、内涵及外

课程内容	生态因子	生态因子条件	生态过程（含生态系统）	生态设计表达（图式语言）	
				单要素	复合要素
风景名胜区／国家公园规划设计	太阳辐射	纬度；海拔高度	—	—	生态环境现状与功能区划（人、动植物及资源型生态要素空间分布规律及相互关系）；生态系统的非生物环境综合评价；生物生境单元、生态系统及其格局与过程；斑块—廊道—基质—网络框架
	温度变化	地理位置与地形；纬度；海拔高度；大型水体影响	—	—	
	水分条件	海陆位置及大气环流	降水、蒸发及径流	水源涵养区、景观水文与流域保护	
	土壤条件	基岩性质；地质、气候变迁	地带性植被；土壤物质、能量循环	地质地貌；土地适宜性评价	
	地形条件	坡度坡向；太阳辐射、温度及土壤条件的重组	降水、径流与岩石、土壤系统	水土保持与地质安全区	
	生物条件	动植物种类及种间关系	动植物区系与地域性潜生植被	动植物物种保护，动植物多样性规划	
	人的作用	保护法规、政策、组织机构与保护规划	生态示范、自然系统保护；景观再生	生态适宜性、风险评价；生态安全格局	

延，广泛而深刻的学科交叉与融合进一步为风景园林专业人才的培养开辟了更为广阔的空间和机遇。尤其是目前，"新工科"建设更是将专业人才培养提高到服务国家战略、满足产业需求和面向未来发展的高度，本次课程改革的最基本目标是修正当前课程体系中的问题，将生态学理论及方法体系"授人以渔"式地融入风景园林规划设计课程体系，进一步优化专业人才培养体系。

本次课程改革的另一目标是，在不断的课程体系调整、优化中，明确本培养单位的专业人才培养定位，并凝练专业人才培养特色；同时这也是最近几年或更长的一段时间内，国内建筑与农林院校的风景园林专业都将面临的基础性工作，以课程为代表的人才培养体系也会依此进行进一步的调整和规范，而且这必将是一个在顺应时代发展和学科发展基础上的动态过程。

本文写作目的在于抛砖引玉，引发关注并讨论。文章所述的生态学课程为代表的理论课程、实习实践课程与设计课程的联动式改革最终目标是使学生在专业学习过程中，培养和牢固树立生态伦理道德观，以及熟知生态学系统论（掌握和运用生态智慧），成为具有"一专多能"特征的风景园林规划、设计、建造、修复、保育、管理复合型人才。

参考文献：

[1] 孟亚凡. 美国景观设计学的学科教育 [J]. 中国园林，2003（7）：53-56.

[2] 于东飞，王琼，乔木，乔征. 建筑类院校环境景观设计基础课教学优化研究 [J]. 西安建筑科技大学学报（社会科学版），2012，31（6）：92-96.

[3] 刘滨谊. 中国风景园林规划设计学科专业的重大转变与对策 [J]. 中国园林，2001（01）：7-10.

[4] 林广思. 论我国农林院校风景园林学科的提升和转型 [J]. 北京林业大学学报（社会科学版），2005，4（3）：73-78.

[5] 王云才. 图式语言——景观地方性表达与空间逻辑的新范式 [M]. 中国建筑工业出版社，2018.

[6] 何君洁，王伟. 美国风景园林专业教学的借鉴与启示——以美国得克萨斯州立大学阿灵顿分校为例 [J]. 河北农业大学学报（农林教育版），2018.4：27-30.

[7] 曾颖，郑晓笛. 生态为基础的教学模式研究——以美国宾夕法尼亚大学风景园林专业教育为例 [J]. 建筑学报，2017（6）：105-110.

[8] 刘滨谊. 学科质性分析与发展体系建构——新时期风景园林学科建设与教育发展思考 [J]. 中国园林，2017（1）：7-12.

[9] 周春光，李雄. 风景园林专业学位教育的回顾与前瞻 [J]. 中国园林，2017（1）：17-20.

[10] 李燕，李胜. 高考改革背景下风景园林专业教育面临的机遇与挑战——以浙江农林大学为例 [J]. 中国林业教育，2016（7）：15-19.

[11] 丁奇，杨珊珊，孙明. 以空间设计为核心，以生态、社会、美学三元价值观为导向——北京建筑工程学院风景园林本科教学体系探索 [J]. 建筑知识，2013（4）：135.

[12] 唐军. 以设计为核心以问题为导向东南大学风景园林本科教育的思路与计划 [J]. 风景园林，2006，2（5）：10-15.

[13] 潘剑彬，李树华. 2013. 基于风景园林植物景观规划设计的适地适树理论 [J]. 中国园林，29（4）：121-123.

图表来源：

本文表格均为作者自制，图片均来自学生作业

作者：潘剑彬，北京建筑大学、北京节能减排与城乡可持续发展省部共建协同创新中心、北京未来城市设计高精尖创新中心，副教授，硕士生导师，副院长，博士

园林专业工程类实践教学改革的思考与探索

——以昆明理工大学风景园林专业为例

施卫省　张彬

The Thinking and Exploration of Practice Teaching on the Garden Engineering—— Take landscape architecture major of kunming University of Science and Technology

■ 摘要：针对园林专业毕业生工作现状，本文提出树立实践教学理念、实行"三层次、五阶段"实践教学体系、实践课时占总课时的 39.4%，毕业生动手和实际操作能力提升 17.8%，从而形成一定的景观设计能力，为园林学科发展做出贡献。

■ 关键词：风景园林专业　实践教学改革　探索

Abstract：In view of the situation of the work on the garden graduates，In this paper：the idea of establishing practice teaching，and the system of "three levels，five stages" of practice teaching，The class was occupied 64.8% that the Practice teaching than that the theory teaching，It can be increased by 17.8% that of work and actual operation ability on Graduates start，In the end，the ability of landscape design was formed and to the development of garden engineering was Contributed.

Keywords：Garden Engineering，Practice Teaching Reform，Exploration of Teaching

　　园林工程类实践教学作为锻炼学生动手能力和创新能力的环节，是园林专业毕业生不可缺少的，其中园林景观工程技术与设计、园林工程施工与管理、园林工程概预算、建筑构造与材料等课程都有相应的实践教学内容。因此，实践性强、综合性复杂的特点给实践教学的指导和学生的动手操作都带来了一定的困难。同时，随着园林城市建设的推进、园林工程施工的复杂化与技术的快速发展，也给园林工程类实践教学带来了新的挑战[1][2]。

　　从已有的教学研究成果看[3]-[7]：相关人员已经从园林工程类理论教学的定位、教学方法、教学形式等方面进行了讨论，但对园林工程类实践教学的相关讨论较少。

　　本文在"创新"理念引导下，依据园林工程类实践教学的内容和形式，探讨园林工程类实践教学改革的思路，目的在于提高园林工程类实践教学水平和学生的创新能力。

昆明理工大学学科方向团队项目（201328），建筑与城市规划学院创新团队项目（201709）

一、园林专业工程类实践课程的任务和存在的问题

1. 园林工程类实践教学与理论教学的关系

理论教学是实践教学的基础，实践教学作为锻炼学生动手能力和创新能力的环节，它不是孤立的，不是盲目的，而是以理论知识为指导。良好的实践教学效果，就是让学生带着问题，带着探索的精神进行实践操作。如在园林工程设计实践教学中，让学生思考以"近自然植物群落"生态设计理念，在遵循植物配置原理和方法的基础上，归纳现有的植物群落特征，进行设计实操，同时对特殊性地貌问题进行有针对性的处理。

2. 园林工程类实践教学的任务和特点

实践教学的任务是为了检验学生对所学理论与方法的掌握程度，采用亲自动手操作的方式，按照园林工程实际工作的要求进行实际教学的过程，是掌握基本操作技能的必要环节。

实践教学的特点是：首先，实践活动增强学生的感性认识，即在动手和动脑的活动中学习。其次，突出学习的主体地位，学生在实践教学中对地形、地貌特征加以理解和体验，进行具体的园林规划设计，达到一定的解决实际问题的能力。再次，实践是创新的基础，是创新发展的动力，通过实践教学使学生结合实际问题，激发出创新思维能力。

3. 园林工程类实践教学存在的问题

在走访园林施工企业和毕业生时，发现有的毕业生和企业在工作与用人方面都有不同程度的怨言：毕业生说大学时学到的东西用不上，也有人抱怨学校没有教会他们什么知识；部分用人单位抱怨大学生动手能力差。实际上，上述问题的根本原因是实践教学跟不上时代发展的需要。

二、园林专业工程类实践教学的改革

1. 实行"三层次、五阶段"实践教学体系

园林专业工程类实践教学立足点在夯实园林专业基础、提高工程意识、突出园林施工技术的应用、加强园林工程实践能力和创新意识培养，构建全方位、综合式、开放型的"三层次、五阶段"实践教学体系。

基础层：包括园林专业系统认识实习和基本专业技术综合实习两个阶段。使学生对典型园林工程产品设计理念、结构层次、施工程序和管理模式有完整的体验和认识。强调以"工程场地构建"向工程规划转换，加深对园林工程规划与设计的理解。

核心层：包括园林工程规划师、园林工程建造师等能力培养和相应专业技能操作实习两个阶段。实践教学强调专业技能训练的综合性和基本能力培养的基础性，强调以"自然环境因素"向工程构建转换，提升学生应用和设计能力与自然环境因素之间的转换。

扩展层：指创新能力的培养阶段。以自选实践训练模块、大学生创业大赛、专利的申请等形式进行，重点在提高园林设计水平的基础上，鼓励创新性发展，全面提高学生综合素质。强调以"创新材料应用"向工程造景转换，设计出景观及其变化的多样性。

2. 系统性提升园林专业工程类实践比重

从表1可以看出，2017版园林专业工程类部分课程的理论教学为352课时，相应实践教学为228课时，其中实践教学课时占总课时的39.4%，比2009版增加8%，极大地提高了实践教学的比重。

例如"景观工程与技术"开设场地竖向设计实习、道路铺装设计、景墙工程设计、假山设计与模型制作、园林给水设计、小型喷泉设计、景

园林专业工程类实践教学项目设置　　　　　　　　　　　　　　　　　　　　　　表1

课程类别	课程名称	理论学时	实践学时	实践项目设置	备注
基础课	园林建筑材料学	32	16	混凝土的和易性试验、构造设计及材料选用、材料应用案例分析、材料市场调查	
	模型与材料	0	16	模型制作	
	园林测量学	32	60	地形与地貌的测定、地形图的绘制（主要以校园为主）	
	园林规划设计	128	40	著名昆明大观公园的参观实习、新建月牙塘公园实习、云南印象社区的参观实习	
专业课	植物景观课程设计	48	40	植物配置技巧课程设计、植物种类选择和搭配课程设计、特定环境植物配置课程设计	
	景观工程与技术	48	36	场地竖向设计实习、道路铺装设计、景墙工程设计、假山设计与模型制作、园林给水设计、小型喷泉设计、景观照明设计	
	园林工程施工管理	32	12	工程项目立项报告实习、园林种植工程管理、施工组织设计实习	
	园林工程概预算	32	8	园林工程招投标实习、园林工程计量与计价实习、施工图计量实习	

观照明设计，可以覆盖景观工程与技术的全部内容，增加学生的操作能力，同时也提高其创新性意识，为培养"一专多能"奠定基础。另如"园林工程概预算"开设施工图计量实习、专业预算软件的实际应用实习，以满足企业对人才的需要。

三、园林专业工程类部分实践教学过程及其探索

1. 园林建筑小品模型制作实习，提升创新设计能力

园林建筑小品模型制作是把二维的平面图形转化为三维空间的立体图。在二维空间表现三维空间的实物形态有一定的局限性，园林专业通过园林建筑小品模型制作实习，克服二维空间设计表现的不足，建立具有立体的、全方位的展示效果，有利于园林建筑小品设计能力的提升，不断补充和完善设计水平；再通过对外形、结构、尺度、色彩等因素的推敲，提升园林建筑小品的创新性设计（图1）。

2. 园林规划与设计实习，提升场地规划与设计能力

园林专业规划与设计是一门新兴学科，是最具园林生态城市发展形态的艺术之一，其基本功能在于创造性地保存原有的生态环境与扩展的自然环境美，对于提高园林专业学生规划与设计水平、提升工程场地规划能力有很大的作用。

图2是我院园林专业毕业生参与云南省昭通市昭阳区的村镇规划设计图和设计假山的作品。

3. 园林植物景观设计实习，提升造景能力

因地制宜，适地适树，注重开发和应用乡土植物品种。重视植物多样性，重视高、中、低植物的空间利用，重视彩叶植物的有序搭配，重视园林植物的品种配置，形成孤树有风姿，群植有华美。我院园林专业经常对已经建成的社区和公园绿地植物景观进行现状分析，发现其在设计上、植物搭配上的优缺点，并提出具体的建议，为学生毕业后在园林绿地建设中，提升工程造景能力奠定一定的景观设计基础（图3）。

图1　园林专业学生的园林建筑小品模型制作作品

图2　园林专业学生的村镇规划与假山设计作品

图3　学生参观分析植物配置技巧作品

图4 以"岁寒三友"和其他命名的道路铺装设计作品与实物图

图5 学生实作与实物预算图

4．园林道路铺装设计实习，提升景观美感能力

运用多种铺装材料和相应施工工艺美化园林路面，形成多样的景观构形，表现出韵律和动感以及带有象征意义的细部设计，其强烈的视觉效果使人产生独有的激情感受，营造温馨宜人的环境，提升人们对工程景观的美感心理需求。图4是我院园林专业学生的"岁寒三友"和其他命名的道路铺装设计作品与实物图设计作品。

5．园林工程管理与概预算实习，提升"中标"能力

园林工程管理与园林工程概预算实习，对控制园林工程造价都有重要意义，对园林工程的招投标也是极其重要的一环。通过实习提升本专业学生实际动手能力，达到节约资源、降低成本，提升园林工程"中标"能力。图5是园林专业学生进行墙体砌筑和钢筋结构实做实习。

6．园林课程综合实习，提升"综合"管理能力

园林专业进行3周的课程综合实习，主要围绕园林工程立项报告、工程可行性分析、工程规划与设计、工程施工以及竣工验收等环节进行，重点在于提升学生对园林工程的"综合"管理能力，毕业后能尽快进入工作角色，为社会创造财富。

四、实践教学的改革效果

在园林专业毕业生中，2011级左翔同学考取博士生；2015级朱娇娇同学考取云南省公务员，2015级秦英杰同学现在在云南城投公司做环境修复部的技术负责人；我院2005届毕业生罗凌同学已经在广东佛山市交通银行做领导工作，等等。

如图6可以看出，通过对园林专业毕业生在企业工作情况的调查，将其能力简单分为：能力强、能力一般、能力弱三种，其中2015届毕业生动手和实际操作能力上升较快，比2013届提升10%，到2018届毕业生能力强的人数在增加，能力弱的人数在减少。2017年园林专业在"中国大学专业评价"中，获得A级。

五、结语

古人云："见微知著。"加强园林专业工程类实践教学，实行"三层次、五阶段"实践教学体系，有助于提升学生的创新设计能力、提升工程"中标"能力、提升工程造景能力，使学生熟练掌握园林工程各阶段、各部分的技术，并形成园林工程学科独特的景观设计能力，为园林学科的发展做出贡献。

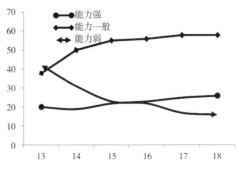

图6 毕业生能力统计情况（%）

参考文献：

[1] 陈捷.园林工程施工管理中存在的问题及探讨[J].中国园艺文摘，2011，27（11）：77-79.

[2] 江燕辉.园林工程施工管理中存在的问题及其对策[J].广东科技，2014，23（3）：8-18.

[3] 石岩.体验式教学模式在"土木工程施工与管理"课程中的应用效果研究[J].科教文汇，2014（19）：67-69.

[4] 马志成.探究性学习的驱动力[J].比较教育研究，2004（7）：23-27.

[5] 廖堂贵.园林施工过程中存在的问题及对策[J].现代园艺 2014（8）：20-21.

[6] 吕小彪，邹贻权，徐俊.结合建筑设计课程的建筑构造教学探讨[J].高等建筑教育，2011（2）：86-88.

[7] 刘超群.土木工程施工仿真游戏型教学软件的设计与开发[J].中国职业技术教育，2013（26）：30-32.

图片来源：

本文所有图片均来源于作者指导的学生实习作业

作者：施卫省，昆明理工大学建筑与城市规划学院教授；张彬，昆明理工大学建筑与城市规划学院硕士研究生

"不可预知"的设计教学

——人工智能思路的数字化设计教学初探

刘小凯　赵冬梅　张帆

"Unpredictable" Design Teaching
——A Preliminary Study on the Digital Design Teaching of AI

■ 摘要：计算机技术的本质是用简单的规则实现复杂的功能，就像图片识别最终阅读的是矩阵像素点一样，最简单的规则往往就是复杂形态的开始。在算法上，元胞自动机与人工智能的学习思路很相似，用简单的规则创造了复杂并且完全无法预知的结果，这个思路启发了本课程的作业设置。

本文通过一次弱化人的主观形态控制的设计教学过程，仅制定一个简单的规则来形成最后的建筑形态，有意识地将人工智能思维运用于建筑设计过程，并尝试在这个过程中加入机器监督学习的方法。在建筑设计的人工智能技术还未成熟的阶段，探讨人工智能思维对于教学的启发。

■ 关键词：人工智能　算法　机器学习　监督学习　元胞自动机

Abstract：The essence of computer technology is to implement complex functions with simple rules. Just as image recognition finally leads to pixels of matrix, the simplest rules are often the beginning of complex forms. In terms of algorithm, the cellular automata is very similar to the way of the artificial intelligence thinking, and the simple rules create complex and completely unpredictable results. This idea inspired this course.

Through a design teaching process that weakens the subjective form control of human beings, this paper only formulates a simple rule to form the final architectural form, consciously applies artificial intelligence thinking to the architectural design process, and attempts to join the machine supervision learning process in this process. In the stage of artificial intelligence technology in architecture, the inspiration of artificial intelligence thinking for teaching is discussed.

Keywords：Artificial Intelligence, Algorithm, Machine Learning, Supervised Learning, Cellular Automata

一、背景

2016 年 3 月 Google 的 AlphaGo 击败韩国围棋世界冠军李世石，开启了人工智能时代新的序幕。与此同时，基于谷歌人工智能技术，图片识别程序"深梦"（Deep Dream）用了模拟人脑工作原理的人工神经网络，实现了辨别图片中的实物。在此之后，GitHub[①]上大量的图片识别和图片学习程序应运而生，在翻译、语音识别、无人驾驶、游戏、医疗等领域人工智能开始了史无前例的进步。一个经典的学习案例就是凡·高的代表作 *The Starry Night* 被作为学习对象，创作了大量相似风格的图片，在这些学习参数中，抽象度、学习率、色彩、轮廓、笔触、边界等参数均可以有相应的权重进行调整，甚至多图混合学习，都可以在训练好的权重文件的支持下轻松完成。

二维艺术领域被人工智能突破之后，关于设计工作能否被计算机替代的讨论就进入了实质性的探讨阶段，一些高效的算法被冠以人工智能，改头换面地出现在设计思维中，比如遗传算法[②]（Genetic Algorithm），以 grasshopper 为例的参数化软件，在解决建筑强排问题的一些思路，是依据日照、间距、高度等参数的变化解决最佳的容积率问题，但本质上与 BIM 技术的参数化调整的思路是一样的，人为制定了复杂的规则和参数来约束出最佳的结果，但这并不是人工智能的本质。

人工智能的技术在建筑设计领域的进展一直比较缓慢，相对于 2D 信息的图片识别而言，3D 领域的学习难度更大，如何让计算机具有方案学习能力是建筑设计人工智能发展所面临的难题。计算机技术的本质是用简单的规则实现复杂的功能，就像图片识别最终阅读的是矩阵像素点一样，最简单的规则往往就是复杂形态的开始。建筑教学中口口相传的"构成感""形态感""比例感"，这些无法用逻辑和理科思维进行解释的内容，也许背后蕴藏着可以量化的规则。

在计算性设计中有一个经典的原型：元胞自动机（Cellular Automata）[③]，与人工智能的学习思路很相似，它的模型原型以一个随机的点分布开始，辅助一个简单 0 和 1 的组合规则，用简单的规则创造了复杂并且完全无法预知的结果，这个容易实现的思路，启发了本课程的作业设置（图 1）。

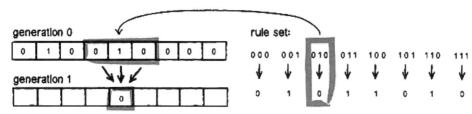

图 1　元胞自动机规则

二、课程设定

本作业为上海交通大学设计学院建筑学系三年级下学期"数字化设计"课程设计作业（选课的学生要求先修"设计与软件技术"课程，掌握了基本的参数化工具 Grasshopper 和 Processing 等软件），作业以"不可预知的教堂"为题，建筑类型选择教堂是因为功能相对简单、形态的自由度比较大、形态起伏较大、可以获得设计出发点相对容易等原因，而将关注点更多聚焦在设计的产生过程中。作业周期为 8 周，每周 1 次 4 课时，学生 4~5 人一组。

作业目的：

①探索设计的自我生长方式；

②研究影响设计的因素对于建筑形态和空间的不可预知性；

③尝试用简单的规则进行设计的逐步推进：定位、逻辑控制等；

④了解参数化与元生设计概念的关联；

⑤思考设计的未来之路。

教堂的基本功能要求为：Nave（中殿，礼拜的主要场所）、Aisle（南北中殿走廊，通道及纪念墙）、Crossing（中心，十字架平面的中心，高塔位置）、North Transept（北翼，纪念空间，可兼做入口）、South Transept（南翼，纪念空间，可兼做入口）、Choir（唱诗班，也可举行小型仪式，端部是耶稣雕塑）、East End（东段，可以是小的 chapel 或者走道）。

任务书要求学生充分研究以下关键词：元生（Emergence）、非线性（non-linear）、混沌（Chaos）、元胞自动机（Cellular Automata）、自下而上（Bottom up），理解并运用这些关键词，从自然中选择一种现象，制定一个简单的规则作为设计的起点，并利用该规则去生成形态，过程中必须弱化主观形态控制。

三、教学过程

本文以曹宇小组的设计为例。设计选择了钟乳石作为参数化设计的原型。当溶有石灰质的地下水滴入洞中时，由于环境中温度、压力的变化，使水中的二氧化碳溢出，于是水对石灰质的溶解力降低，导致原本溶解在水中的部分石灰质因为饱含度太高而沉淀析出，日积月累形成钟乳石。设计从它的形成过程中抽象出一个遗传和变异的过程作为模拟的对象。

第1~2周：设计选择了元胞自动机作为钟乳石生长的模拟模型。水滴滴落在钟乳石顶部的过程简化为一个往峰值点加值并依照差值坡度向四周扩散的过程，设计的初始状态为一个巨大的数阵。但是随机的加值会导致图案发展的均质化，结果并没有形成有特点的图案（图2）。

第3~4周：探索数阵和3D形态如何进行转化。

尝试将灰度图案转化为曲面，按照颜色越深高度越高的原则，形成了等高线形式的图案。同时开始思考不同初始条件的曲面进行扩散运算，研究形态和初始之间的联系。结果显示如对角线对称、中心对称的初始条件演化的结果仍然会保留这些特征，而且中心对称演化的结果出现了类十字架的形式（图3）。

第5周：对单点出发的中心对称形式进行研究，形成了比较优美的雪花图案，但是似乎偏离了"不可预知"的主题，面临着太过于对称和规则化的问题（图4）。

第6周：选择一个有教堂特色的十字架作为学习平面进行运算，发现最终的形态会和参考平面有较大的趋同性，失去了"不可预知"的特征，于是改变策略希望从随机的运算结果中筛选符合教堂特征的曲面形态，但筛选结果仍然有很强的人类主观性。

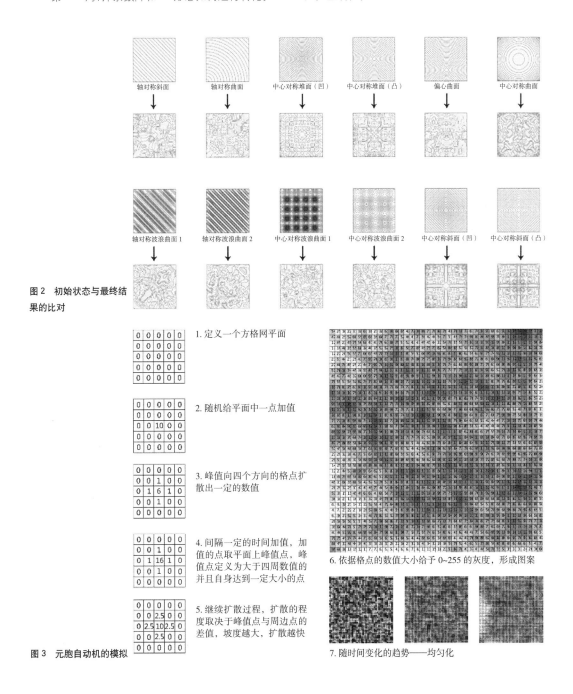

图2　初始状态与最终结果的比对

（从左到右，上排）轴对称斜面　轴对称曲面　中心对称堆面（凹）　中心对称堆面（凸）　偏心曲面　中心对称曲面

（下排）轴对称波浪曲面1　轴对称波浪曲面2　中心对称波浪曲面1　中心对称波浪曲面2　中心对称斜面（凹）　中心对称斜面（凸）

1.定义一个方格网平面

2.随机给平面中一点加值

3.峰值向四个方向的格点扩散出一定的数值

4.间隔一定的时间加值，加值的点取平面上峰值点，峰值点定义为大于四周数值的并且自身达到一定大小的点

5.继续扩散过程，扩散的程度取决于峰值点与周边点的差值，坡度越大，扩散越快

图3　元胞自动机的模拟

6.依据格点的数值大小给予0~255的灰度，形成图案

7.随时间变化的趋势——均匀化

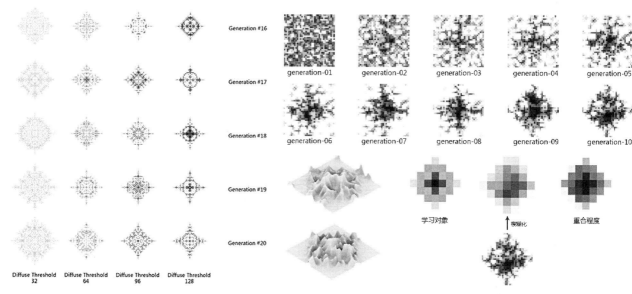

图4 中心对称形式的研究   图5 十字架学习对象的引入

图6 开窗与曲率的关系

第7周：非常关键的一周，引入了学习对象，让机器去学习该对象的特征以改变形态的发展。学习过程的逻辑为：把生成的图像和学习的图像用同样的网格划分，每一代都让所生成的图像各区块亮度（数值）的平均值去靠近所学习的图像对应区块的平均值。这个学习思路与人工智能学习的卷积神经网络⑧（Convolutional Neural Network，简称CNN）概念非常接近，完全是一种电脑的学习思路。方案在学习对象的选择上，筛选了多种十字架图形，最终选择了相对简单的形式，以利于成果的特征性呈现，当面对不同建筑类型的时候，建筑学习的对象可能会有很大区别（图5）。

第8周：建筑结构和开窗，为了避免柱子的出现打破空间的连续性，结构上采用混凝土整体浇筑的做法。混凝土墙体的厚度取决于所处的高度和曲面的曲率，高度越低，曲率越小，厚度越小，同时沿着十字架方向布置圆形投影到建筑曲面上开洞，形成开窗。圆的大小取决于到中轴线的距离和曲面投影点的曲率（图6）。

整个设计过程的推进始终围绕着"不可预知"的要求展开，方案用了两个重要的手段生成：一个是利用元胞自动机的原理将数据和形态进行关联，并使形态产生一定的随机性；另一个是利用2D图形的易学性，监督机器进行目标对象的强迫学习，用于纠正随机带来的偏差，使建筑的特征明显化（图7、图8）。

四、总结启示

整个作业要求学生弱化人的主观形态控制，仅制定一个简单的规则来形成最后的建筑形态，有意识地将人工智能思维运用于建筑设计过程，并尝试在这个过程中加入机器监督学习的方法。在建筑设计方面的人工智能技术还未成熟的阶段，人工智能思维的简单、直接、有逻辑性对于教学推进有很大的启发，特别是针对上海交通大学理工思维较为强势的学生，这样的设计过程变得更加容易掌握和推进，学生对于评价标准和修改方向的认可度提高很多，这个思路同时也是对传统建筑学感性领域的一次冲击，因为教学过程中很少出现感性的判断。

在人工智能的机器学习领域中有两种学习方式值得我们借鉴：一种是卷积神经网络（CNN），让机器学习人类的成果（语言、创作、习惯等），然后使用学习的权重进行创作；另一种是生成对抗网络（GAN），

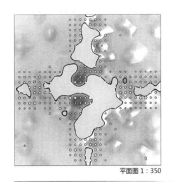 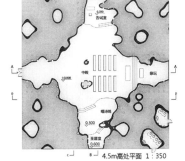 

平面图 1：350   4.5m高处平面 1：350

图 8   3D 打印模型

图 7   最终成果

让机器自己跟自己学习，自己创作，自己评价，不断纠正成果，再循环继续学习。这两种学习和评价方式，对建筑学教学也有很大启发：数字化设计教育也许可以从学习机器思维开始，让机器创建自己的价值判断标准，进而让机器理解建筑，然后去做出不属于人类的创作。

注释：

① https：//github.com/ 一个被程序员广泛使用的代码开源网站。
② 根据维基百科的通俗解释，遗传算法进化从完全随机个体的种群开始，之后一代一代发生。在每一代中评价整个种群的适应度，从当前种群中随机地选择多个个体（基于它们的适应度），通过自然选择和突变产生新的生命种群，该群在算法的下一次迭代中成为当前种群。从这个意义上说，元胞自动机也是一种最简单的遗传算法。
③ 1950 年代初由计算机之父冯·诺依曼（J.von Neumann）为了模拟生命系统所具有的自复制功能而提出来的，并因此写了一个〝康威生命游戏〞。而后，史蒂芬·沃尔夫勒姆（Stephen Wolfram）对元胞机全部 256 种规则所产生的模型进行了深入研究，并将元胞自动机分为平稳型、周期型、混沌型和复杂型 4 种类型。
④ 通俗一点说，卷积是一种数学运算，它可以进行信息的混合，有助于简化复杂的形态阅读，卷积操作的对象经常就是和元胞自动机类似的矩阵数据。

参考文献：

[1] ［日］斋藤康毅 . 深度学习入门 . 陆宇杰译 [T]. 人民邮电出版社，2016 年 .

图片来源：

图 1：摘自 [美]Daniel Shiffman. *The Nature of Code*
图 2~ 图 7：曹宇等绘制
图 8：作者拍摄

作者：刘小凯，同济大学建筑学硕士，上海交通大学设计学院建筑学系，工程师，国家一级注册建筑师；赵冬梅，建筑历史理论博士，上海交通大学设计学院建筑学系副教授；张帆，上海交通大学建筑学硕士，上海交通大学设计学院建筑学系助理工程师，中国建筑学会计算性设计学术委员会委员

理念输出·性能导向

——本科四年级绿色建筑专题设计课程策划

赵娜冬　刘丛红　杨鸿玮

Infusion of Conception & Orientation by Performance——Course Programming on Thematic Design of Green Buildings for the 4th Grade Undergraduate Students

■ 摘要：以绿色建筑理念作为建筑设计课程的专题模块，是全球可持续发展背景下建筑学专业教学的必然趋势，也是培养学生整合设计观的有效途径之一。本文通过天津大学建筑学本科四年级绿色建筑专题教学组自 2018 年以来的教学实践，探讨以提取不同气候分区传统民居的生态策略为媒介，并将整合分析与性能模拟相结合的专题教学思路，从目标、内容、模式以及成果评价方面优化具体教学要求。

■ 关键词：绿色建筑专题设计　整合设计观　性能导向　课程策划

Abstract：To take green building as the thematic module of architectural design is an inevitable trend with global sustainable development，which is also one of the effective ways to cultivate students´ design integration. In this article，through undergraduate course in Grade four at Tianjin university by teaching group of green building projects since 2018，the relative teaching practice navigates to extract different climatic ecological strategies from traditional housing as the cognitive media. Furthermore the idea combines the integrated analysis with performance simulation throughout thematic teaching，and optimizes specific requirement from objectives，content，pattern and evaluation.

Keywords：Thematic Design of Green Buildings，Design Integration，Performance-oriented，Course Programming

　　自从 20 世纪下半叶人类意识到环境问题对地球可持续发展的重要性之后，基于环境友好性的各种思考与举措日益深入人类活动的方方面面。建筑业因其对自然环境的巨大影响更是首当其冲，成为各国节能减排的先锋，绿色建筑则成为当今建筑设计发展的必然选择。对于建筑师而言，如何在设计的过程中揭示自然的价值，如何重拾对太阳辐射、风、自然光的感知，如何用适应环境的设计逻辑寻找独特和创新的设计手法并与公共空间有机融合，都是值得当今建筑师不断探索的重要课题。

随着绿色建筑设计实践的广泛开展，人们对绿色建筑的认识和理解也相应深入，尤其是近几年越来越多的职业建筑师成为推动绿色建筑理念落地的生力军，原来以高技为特征的狭义绿色建筑也逐渐转变为更具普适性的基于适宜性低技术的设计观念，绿色建筑设计正在成为能够惠及每个地球人的可持续解决之道。绿色建筑，不是复杂难懂的技术堆砌，更不是空泛的标签，是应该在方案构思阶段就已经渗透其中的，如同我们对功能、空间的追求一样，是现代建筑设计的必然选择。

高等教育应该"积极地变革人才培养方案及教学模式，保证人才培养的规格、质量适应行业发展对人才需求的变化。"[1] 现在建筑学专业的学生是未来建筑师的主力军，应该将绿色建筑设计理念内化，并理解绿建在建筑实践过程中的作用与意义。长期以来，绿色建筑专题都是天津大学建筑学本科四年级设计课的常设方向。随着 2018 年秋季学期四年级设计课专题工作室模式的设立，基于相对稳定的教学组与更完整的教学周期，绿色建筑专题得以开展更为系统与专门的教学研讨。经过两个完整周期的教学实践，教学组充分挖掘既定课程体系的先导知识储备，结合学生专业能力的发展特点，摸索适应本科高年级起步的绿色建筑专题设计教学策划，以实现绿色设计理念的有效输出与性能导向方法的初步实践的教学目的。

一、教学重点

从本质来看，建筑空间的生成源于对自然环境的回应。自"掘地为穴，构木为巢"起，为适应不同的自然环境与地域气候，传统民居经过长久的考验，累积了丰富的生态智慧，也形成了独树一帜的建筑形态，如西南吊脚楼、西北窑洞、江南水乡、福建土楼等。"尊重环境、继承传统"的理念造就了传统民居顺应气候且善用资源的独特设计策略（表 1）。对传统民居的解读和借鉴不应止于对其符号与元素的简单重复，就本科高年级的绿色建筑设计专题教学而言，着重关注以传统民居为媒介引导学生回归建筑的本身，从单纯以空间营造为导向的设计模式跳出来，从传统民居所反映的气候适应性的角度理解场地条件、功能活动、空间组织与材料建构的意义及相互关系，整合自身已有的专业技能与素养，尽可能采用被动式技术实现适宜的建成空间性能。

传统民居基于气候特征的典型生态策略示例 　　　　　　　表1

湘西吊脚楼	陕北窑洞	徽州民居	福建民居	岭南民居
底层架空	生土材质	水系	天井与檐廊	冷巷
防潮通风	恒温策略	降温防火	通风遮阳	通风遮阳
图片来源：占春编著. 中国民居. 合肥：黄山书社，2012.8：117	图片来源：占春编著. 中国民居. 合肥：黄山书社，2012.8：41	图片来源：王南等. 安徽古建筑地图. 北京：清华大学出版社，2015.10：11	图片来源：刘畅等. 福建古建筑地图. 北京：清华大学出版社，2015.10：243	图片来源：https://www.sohu.com/a/246116898_752527

本专题教学要求学生在充分分析并提取传统民居中通风、采光、营建等生态策略的基础上，综合场地地理、气候条件及功能需求，以被动技术的整合为主要训练内容，适当考虑当地适宜性技术，合理设计建筑室内外空间和景观环境。

（1）绿色理念的整合研究：培养科研思维和逻辑，以传统民居为原型，提取生态策略，逐步熟悉基于科学理性的研究性设计生成过。

（2）性能导向的设计创新：学习以绿色要素为切入点展开方案设计，实现绿色理念指导下的设计美学创新，突破基于功能美学的设计模式。

（3）模拟工具的验证优化：学习绿色建筑设计的方法和工具，深刻领会环境要素对设计概念的影响机制，掌握绿色建筑设计方法流程，学习实用的数字化性能模拟软件，通过性能量化分析选择与优化方案。

功能要求	面积指标	说明
健身空间（标准篮球场）	1200m²	含更衣、淋浴、操房、器械健身、标准篮球场和其他球类运动场地等，具体内容自定，不设游泳馆，需要考虑空间的多功能使用及未来的可变性
展览空间	500m²	含固定展览和临时展览，可以与公共空间结合设计
阅览空间	600m²	推荐采用藏阅一体的格局，可以自定阅览空间的主题，如电子阅览、儿童阅览等
报告厅	400m²	考虑会议、娱乐、观演等多功能使用，不需要起坡
特色空间	500m²	具有特殊创意性的空间，如园艺、手工艺、特色餐饮等，也可以不设具体功能，但需要明确主题
办公会议	400m²	内部管理办公、会议，需要相对独立
其他	900m²	交通、卫生间、贮藏等
景观空间	—	庭院、广场、屋顶花园等，设停车位不少于4个
总建筑面积	4500m²	轴线面积，可有15%的浮动

建筑密度≤40%；绿地率≥35%

二、内容设置

本专题教学以社区活动中心为实践载体，以传统民居蕴含的生态策略为构思媒介，以模拟验证为优化工具，从绿色设计的角度思考空间转译，引导学生探索绿色设计与公共建筑深度结合的设计模式，探索公共建筑气候适应性的设计方法和生成逻辑（图1）。

1.以社区活动中心为实践载体

首先，小尺度且功能限定相对较弱的公共建筑，是本科前三年建筑设计课程训练基本熟练掌握的建筑类型，加入绿建专题的限制，既可以对以前传统功能与空间至上的设计构思进行反思，也有利于分出更多的精力尝试从全新的角度进行方案构思与优化；其次，社区活动中心是公共活动、文化展示及社会交流等重要社会功能的集合体，对城市空间发展具有重要作用，承担了重要的社会职责。作为社区起居室的定位，与传统民居在空间模式上具有更多的互通性，便于实现功能置换与空间转换。

在设计任务书的设置上，尽管社区活动中心的整体建筑规模并不大（仅4500m²），但是依据四年级设计课程大纲的知识点要求，包括功能相对完备的群众健身型篮球馆，多功能报告厅等大跨度空间，还涉及不同层高、不同动静分区以及不同采光要求的综合性功能空间的布局与组织。

2.以民居的生态策略为构思媒介

其一，基于地域性气候特征（生成）与适宜性低技术（建构），与绿色建筑设计理念完美融合；其二，传统民居相对完整的建筑系统，能够在较小尺度上将经过几辈人亲身验证过的被动式绿建技术进行集成，"符合可持续发展的生态民居设计策略体系"；其三，尺度比较小，适宜对绿建设计方法与理念零基础的同学展开研究，原始数据较完备，现存实例易体验，模型搭建与数据模拟易上手。

3.以建筑气候适应性为优化线索

构建气候特征与建筑性能的互动关系，可以将绿色建筑设计理念变得更易于理解和操作。学生首先通过文献调研熟悉并归纳场地所在地区的气候特征，然后借助对传统民居的整体布局、空间配置、材料选择与构造节点的分析，探寻气象数据在建筑设计语言中的映射——空间设计策略，并提取出传统民居的生态策略，进而借助对传统民居模型的软件模拟分析，推敲前述生态策略所对应的空间设计可能，落实从策略到空间的转译，在空间尺度与建筑性能之间进行权衡与博弈。此外，为了激发学生的体验感与主观能动性，同时尽量在有限的课时限制下拓展学生的视野，专题设计教学在给出推荐基地的基础上，鼓励学生根据特定气候和地域性资源重新设定基地所在的地区，或者完全自选基地，展开方案设计。

三、教学组织

研究性设计的教学模式大致可以分为偏重研究的前期与偏重运用的后期，其中前期"关注的是设计的基本态度和方法，超越了传统的师徒制教学方法的经验性和个人偏好；而设计运用研究则关注的是当前建筑设计实践中所面临的热点问题。"[2] 相对于面向研究生的研究性设计训练，本

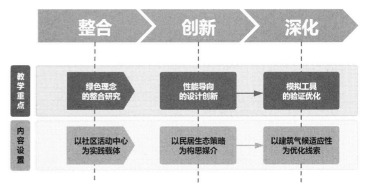

图1　教学重点与内容设置的对应关系

科高年级的设计教学更突出体验性，即在前期研究时就限定出后期运用阶段所关注的实践问题热点——绿色设计，这样学生更容易将前期研究的要点与后期的建筑设计构思进行明确的匹配，并通过分析、综合、评价三类阶段的设置逐步达成教学目的。在面向本科四年级的绿色建筑专题设计教学中，学生还没有接受过系统的学术研究相关训练，因此，更应该因材施教，进一步细化教与学之间的衔接和配合。

基于教学组教师在绿色建筑及相关领域的不同研究特长，重点进行理论与实践、设计构思与性能模拟、方法与技术之间的匹配，搭建较为完备的教研支撑体系。同时，"依据经济社会发展优化专业结构精准对接产业结构的动态需求，应逐步形成以社会需求为导向调整专业设置方向和课程群组配的变更机制。"[3]通过邀请实践经验丰富的绿色建筑设计师或相关领域研究权威开设专题讲座，使得既有教学内容能够紧跟行业实践与科学研究的最新动态，营造更为开放的教学体系（表3）。

讲授部分的模式选择 表3

	绿色建筑设计原理与方法	绿色建筑设计辅助工具	绿色建筑设计专题讲座
时间节点	初期	初期	中期
形式	讲座	讲授 + 实际操作	讲授 + 参观
讲授内容	结合典型案例，为学生讲解绿色设计原理与方法： ·建筑气候学理论； ·传统民居生态策略解读； ·典型绿色建筑设计案例解读。	结合典型案例，为学生讲解绿色建筑设计辅助工具，引导学生运用量化模拟方法，进一步辅助判定设计手法和策略的有效性，为方案提供理性支撑。	设计与实践结合，丰富知识，开拓思路。

针对学习环节，在整个教学过程中，在传统师傅带徒弟式的被动学习模式下，通过绿色建筑专题线索的置入，并借助性能模拟软件推进更有针对性和预测性的优化方案，帮助学生确立一套开放但明确的方案构思与评价逻辑，从而使得学生获得更为自主、自觉的设计内驱力。

基于上述研究性设计的模式设定，将15个教学周进一步细化为四个阶段（表4），每个阶段进一步明确具体教学内容、训练目的与成果要求，并根据不同阶段教学内容的特点，帮助学生将阶段性任务拆解，与每节课的课堂内容紧密联系，以保证专题教学内容的逐步渗入与有序推进。

绿色建筑专题设计教学阶段划分 表4

类型	阶段	教学内容	训练目的	周数	成果要求
分析	策略提取与分析	基地调研 传统民居生态策略提取 案例分析	发现问题 了解学术研究的一般工作模式	3	口头汇报 研究报告
分析	工具学习与应用	风环境与光环境 模拟软件学习	分析问题 增加方案评价、优化的维度	2	软件建模文件
综合	方案构思与设计	传统民居生态策略的转译	解决问题 应用绿色设计理念与方法推进设计	9	阶段性汇报 草图 工作模型
评价	终期评图	由校内外相关专业人士通过现场答辩进行评价	整体研究过程的综合展示	1	不少于4张A1图纸；1：400实体模型

需要注意的是，从教学的角度来看，研究性设计是一种相对更关注过程的教学模式，因此，对其成果的评价不应该仅仅集中在最终成图上，还应该尽可能增加考核的维度，比如方案的生成逻辑、深化推演、模拟工具的利用以及现场展示的整体效果等（图2）。

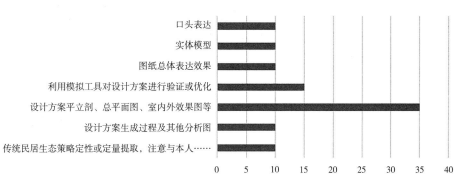

图2 现场答辩考核维度权重示意

四、作业评价

1. 王佳：《捕风捉影》（2019 年秋季学期，指导教师：刘丛红、赵娜冬）

王佳同学的作业围绕广州地区传统民居——竹筒屋进行文献调研与模拟分析，从群体布局与单体建筑等方面提取适应夏热冬暖气候特征的生态策略，进而通过空间原型的建构形成较为深入的理解（图3）。在此基础上，以当地全年风向较为平均的气候特点为切入点，以冷巷作为空间组织要素进行方案构思（图4），探讨基于传统民居生态策略的空间原型的转译，逐步推进建筑整体生成（图5）。在后续方案深化过程中，借助模拟工具的验证，在十字交叉的"冷巷中庭"的基础

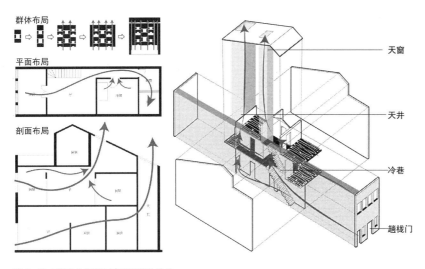

图3 生态策略的提取与空间原型的建构

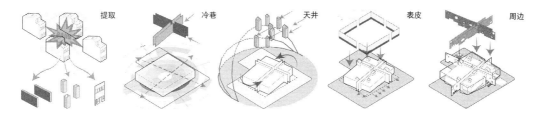

图4 方案构思线路

图5 空间转译与整体生成

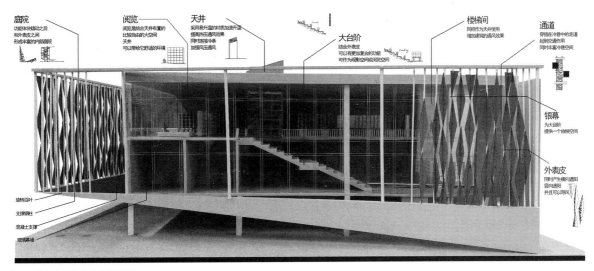

图 6　方案深化与表皮构想

上增设天井与可变表皮（图6），优化建筑内部空间性能，逐步落实兼顾内部交通组织与室内自然通风的设计构思。这份作业从前期民居原型的调研分析，到基于生态策略的设计构思，乃至方案调整与深化对于气候适应性的主题一以贯之，并能够较充分地处理好方案推进与软件模拟的配合关系，整个方案问题指向明确，构思逻辑清晰，成果表达充分。

　　2. 王旭：《海南白查村游客和村民活动中心》（2018 年秋季学期，指导教师：刘丛红、赵娜冬、杨鸿玮）

　　王旭同学的这份作业较准确地抓住了建筑设计中重点关注的气候适应性问题——日常湿热与台风灾害，通过对当地典型民居——船形屋在聚落与单体层面的性能模拟与分析，敏锐地发现船形屋屋顶曲线与聚落整体形态在抵抗台风侵袭与促进自然通风等方面的优势（图7、图8），从而在总体布局与空间组织方面提取出相应的生态策略。因此，在后续方案设计中构想了日常生活与台风避难两种不同的使用场景，并以此作为整合功能配置与空间性能的依据，通过模拟工具的辅助验证，合理选择建设场地、设置可开启屋面，以探讨现代公共建筑中室内环境性能与防灾预案之间的平衡（图9）。更为难得的是，王旭同学的设计将前述的适应性构想深入到建筑构造层面（图10），在总体布局和空间组织以外，探讨了可变构件应对特殊天气状况的可能，是一份将气候适应性从方案前期调研、概念构思，到优化设计逐步生成、深化与整合的优秀本科生作业。

利己和利他：传统的船形屋的曲线是自我保护和对其后方房屋保护之间的妥协

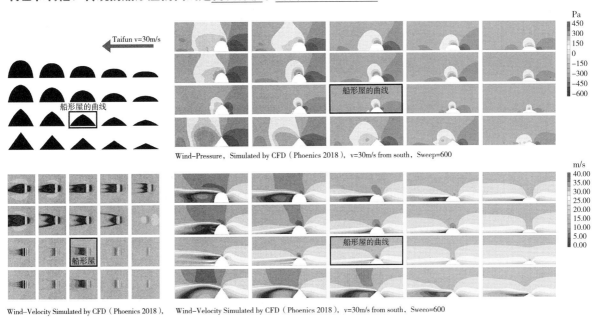

图 7　生态策略的提取与验证之单体

抵御台风和自然通风：聚落形态是在抵御台风和自然通风之间的妥协

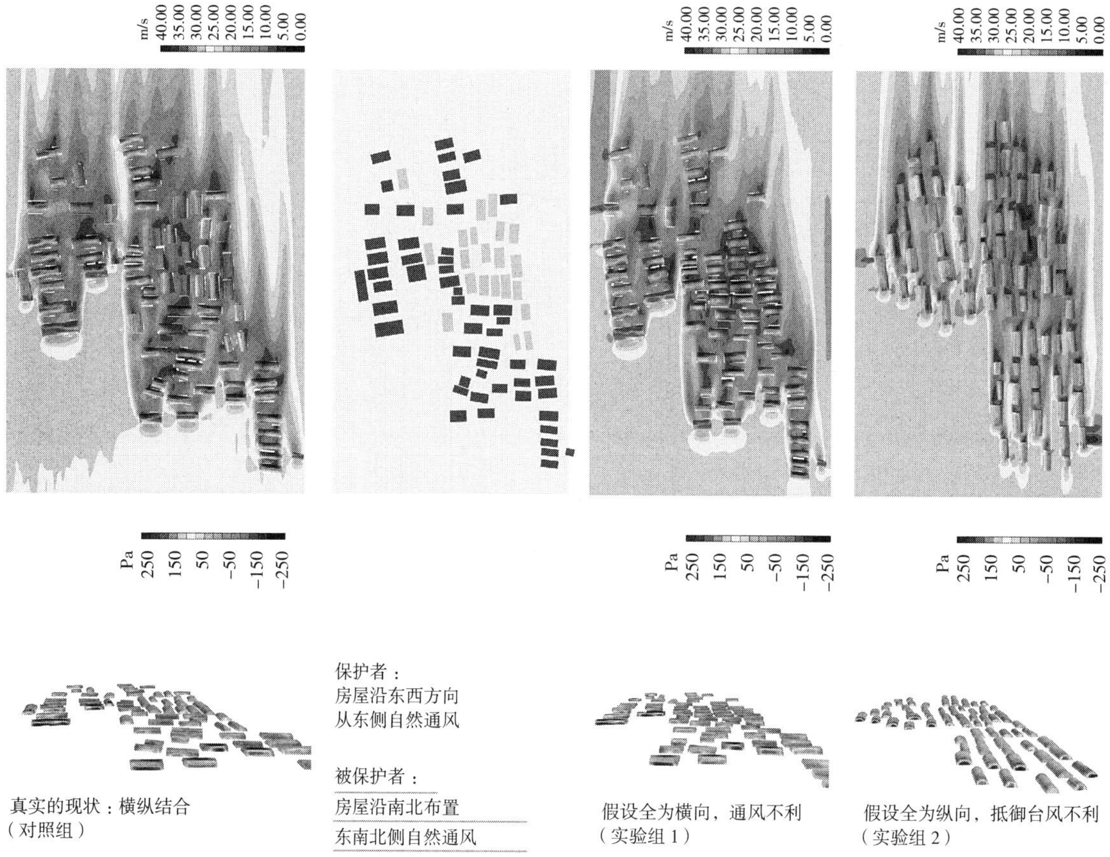

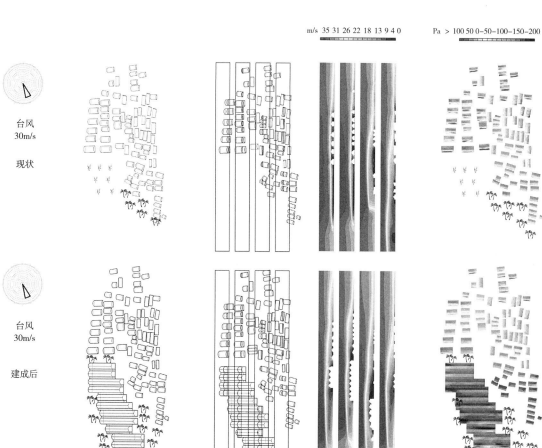

m/s 40.00 35.00 30.00 25.00 20.00 15.00 10.00 5.00 0.00
Pa 250 150 50 −50 −150 −250
保护者：
房屋沿东西方向
从东侧自然通风
被保护者：
房屋沿南北布置
东南北侧自然通风
真实的现状：横纵结合
（对照组）
假设全为横向，通风不利
（实验组 1）
假设全为纵向，抵御台风不利
（实验组 2）

图 8　生态策略的提取与验证之聚落

m/s 35 31 26 22 18 13 9 4 0
Pa > 100 50 0 −50 −100 −150 −200
台风
30m/s
现状
台风
30m/s
建成后

图 9　方案构思与模拟验证

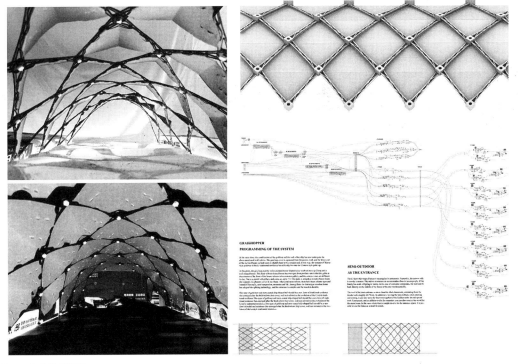

图 10　细部构造设想

五、总结与反思

以模块式的专题设计组织建筑学本科四年级的建筑设计课教学，是对学生专业能力进行整合与提升的有效途径，同时也是实现教学与科研相互融通的良好机制。在可持续发展已经成为大势所趋的今天，在本科高年级设置绿色建筑专题设计，能够为国家和社会输送更多具有绿色建筑设计理念的专业人才，通过教学体系的构建，还可以有针对性地整合校内外相关资源，培养学生更为多元与开放的学术视野。

经过两个完整教学周期的实践与磨合，上述绿色建筑专题设计教学的体系架构基本能够实现既定教学目的，并且知识点的配置与教学阶段的划分都能够较为顺畅地与研究性设计的教学模式进行融合。在此基础上，还存在一些需要改进与调整的方面。首先，在过程控制环节，还需要结合不同阶段的教学内容进行任务拆解与要求细化，这是专题设计与常规设计训练的重要差异，只有做好过程控制，才能保证学生确实是在绿色建筑设计理念的思路上进行方案生成与深化的，否则学生极有可能难以摆脱原有的舒适区，仍然采用常规设计方法，让绿色建筑设计理念仅仅成为方案锦上添花的噱头。其次，还需要在应用绿色建筑设计理念进行构思的训练过程中，关注过分依赖模拟软件分析结果进行方案生成、优化的倾向，避免最终方案成为绿色技术的简单堆砌。最后，随着教学体系的完善，应该积极探讨与其他专业理论课，尤其是建筑技术类课程的协作方式[4]，促进"学以致用"的设计课程建设。

参考文献：

[1] 闫杰,杨涛.适应行业发展的地方高校建筑学专业课程体系改革探索 [J].高教学刊,2020 (10)：109-112.
[2] 陈雄,周仲伟,朱云.建筑教育中研究性设计教学的发展与启示 [J].建筑与文化,2015 (08)：146-147.
[3] 汤洪泉,邰杰.从传统艺术设计教学课堂走向实践创作导向下的"工作室制"教学模式与案例分析 [J].艺术教育,2016 (11)：178-181.
[4] 杨维菊,徐斌,伍昭翰.传承·开拓·交叉·融合——东南大学绿色建筑创新教学体系的研究 [J].新建筑,2015 (05)：113-117.

图表来源：

图 1、图 2：作者自绘
图 3~图 6：王佳
图 7~图 10：王旭
表 1：作者根据相关资料整理
表 2~表 4：作者自制

作者：赵娜冬,天津大学建筑学院副教授,博士,硕士生导师；刘丛红,天津大学建筑学院教授,博士,博士生导师；杨鸿玮（通讯作者）,天津大学建筑学院讲师,博士,硕士生导师

新工科建设视角下的建筑构造教学改革

——以天津大学建筑学院构造教学为例

苗展堂　张晓龙

Reform of Building Construction Teaching from the Perspective of Emerging Engineering Education——Take the Construction Teaching of School of Architecture in Tianjin University as An Example

■ **摘要：**自国家提出新工科建设后，各高校都迅速展开了传统工科的新工科建设尝试。本文基于天津大学提出的新工科建设思想，阐述了天津大学建筑学院中的构造教学对建筑学新工科建设的重要性，并主要介绍了基于新工科建设的构造教学课程体系改革、建造平台建设和相关建造实践，分析了这些措施对建筑学新工科的推进以及在培养具有工程性素养与能力的新工科人才方面的重要作用，并提出了下一步持续推进新工科建设的计划。

■ **关键词：**新工科　建筑构造　课程体系　建造实践

Abstract：Since the country proposed the construction of emerging engineering education, universities have quickly launched emerging engineering experiments in traditional engineering disciplines. Based on the idea of emerging engineering construction proposed by Tianjin University, this article elaborates the importance of construction teaching in the School of Architecture of Tianjin University to the construction of emerging engineering education. It mainly introduces the curriculum system reform, construction platform construction and construction practices in the construction of emerging engineering education in construction teaching, and analyzes the promotion of these measures to the emerging engineering construction of architecture and the cultivation of emerging engineering talents with engineering literacy and ability. It also puts forward the plan to continue to promote the construction of the emerging engineering education in the next step.

Keywords：Emerging Engineering, Building Construction, Curriculum System, Construction Practice

　　世界科技与产业的发展推动着传统高等工程教育不断转型，从注重技术应用的"技术范式"转换为注重科学研究的"科学范式"，又转换为注重实践的"工程范式"。新工科从国家发展战略与新型人才培养角度出发，为工科发展提供了新的指导方向。建筑构造作为建筑学中一门极具工程性的课程，在建筑学的新工科建设中有重要作用，但课程中却始终缺乏相关工程实践教学，建设符合新工科要求的建筑构造课程，已成为建筑教学发展的迫切需要。

一、 新工科建设背景

新工科自 2016 年被提出后，在教育部组织和相关专家讨论下，相继提出了"复旦共识""天大行动"和"北京指南"等指导思想。新工科不是对传统工科教育的简单修补，而是要对它进行从内到外的专业提升。不仅要在课程体系上做出调整，还要从教学思想、学科融合、教学方式、师生关系、校企联合、国际交流等多方面入手，大幅提升工科教育与实际工程的联系，提升工科人才的综合素养，从而更好地与社会对接，更好地服务于社会发展和技术进步。

（一）新工科建设"天大行动"

2017 年 4 月 8 日，教育部在天津大学召开新工科建设研讨会，提出了"天大行动"。"天大行动"中主要提出如下几个行动（图 1）：面向未来技术与产业的发展，建设新工科要逐步实现以社会需求和产业需求为导向，发展学科跨界交叉融合；不仅要推动工科之间的交叉配合发展，也要推动工科与其他学科相融合，促进产生新兴交叉学科；要随着产业和技术的不断发展，及时更新人才培养体系，将科研成果快速转化为教学内容，丰富更新学生知识体系；教学中要以学生为中心，提供多种教学方式，增加互动式教学体验；从学校主体出发，依托各高校办学自主权，依据自身特点主动探索新工科建设方案；充分发挥校内资源的同时，积极引进校外资源，促进产学联合培养，打造协同实践平台；要向国际高水平工程教育借鉴学习，打造国际高水平工程教育。新工科

要在传统工科基础上进行很大的专业升级，要强化专业间的交叉融合，更要加强实践教学的建设。除改进教育方式外，还要增强校企合作，提高学生对接产业的能力。[①]

（二）新工科建设"天大方案"2.0

在新工科建设实践基础上，天津大学在 2020 年 6 月提出了新工科建设"天大方案"2.0，从"天大行动"到"天大方案"2.0，是从理念到措施的落实，将更加细致地从各个方面具体推动新工科建设。对于新工科建设的重点任务与关键举措，"天大方案"2.0 重点阐述了新工科平台体系建设与教育教学设计。平台建设方面最主要的是建立开放性的多学科培养平台，打破专业与专业之间、学院与学院之间的壁垒，为多学科交叉融合发展提供平台。为搭建平台需改革相关教师教学组织与师资聘任资质，实现多元协同育人体系。在教育教学设计中，强调一体化设计人才培养，同时构建以项目为链条的课程体系，开展多样化的项目式教学，制定本研贯通的培养体系。

（三）天津大学建筑学院新工科建设

结合跨学院导师团、相关特色研究方向、高层次行业专家网络、国际化师资建设、相关高水平项目和竞赛实践、校企联合科研合作网络等，建筑学院不断深化构建产教研融合教育模型，深化建筑类特色工程教育模式改革，将工程教育与工程实践紧密结合，构建以实践为核心的模块化课程体系，培养学生设计与建造能力。依托建筑学院重点方向——智能、建造、城市、遗产，建设 Digital Lab、Construction Lab、City Lab 和 Heritage Lab 四个国际产教研协作实践教育平台（图 2），丰富跨学科工程训练内容，培养学生的交叉学科工程能力，完善教学能力培训与知识更新机制等，营造"以学生为中心"，尊重学生，分类培养的氛围。

其中 Construction Lab（建造实验平台）的建设目标是："与材料、建筑工程、机械工程、环境

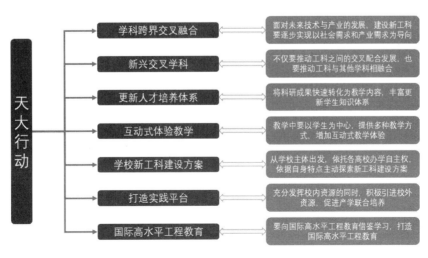

图 1 "天大行动"内容

能源、智能控制等学科技术深度融合，与知名设计企业合作，聚焦可持续建筑材料、绿色建筑构造、新型装配式建造体系、中国传统建构方式的当代转译等，解决课堂教学与应用实践间存在缺口的问题，打通设计与施工间的技术转化瓶颈。"② 建造实验平台建设也需要空间场地、硬件设备、软件操作的支持。

建筑教学的新工科改革需要相关课程体系的配合。建筑构造是一门讲授材料与材料、构件与构件组合连接原理的基础课程，是二维建筑设计图纸与三维建筑实体建造之间的桥梁。为推进建筑学新工科建设，需提高建造在建筑教学中的地位与参与度，通过更多的课程设计与实践操作，提升学生的工程实践素养与能力。

二、构造教学的问题与改革方向

新工科视角下，传统构造教学存在着许多问题，原先的培养体系和教学方式已不能很好地满足社会对建筑学人才的需求，所以需在新工科指导下对传统构造教学进行必要的提升与改革。

（一）传统构造教学的问题

高校人才培养过程相对封闭，仅局限于对学生设计能力的培养，但构造教学是建筑教育中不可或缺的内容，是新工科建设下提升学生全过程建造素养及工程实践能力的重要内容。

目前的教学和评价体系中，学生普遍存在动手能力不足、设计和建造的衔接能力缺失、缺少建造实践项目等问题，建造教学的内容条块分割、协同度不高，无法让学生建立二维图纸和三维建筑之间的联系，停留在图纸上的传统构造教学致使学生知识面较窄、解决实际问题的能力不高，造成了学校教育与社会发展需求的脱节。另外，学生缺少可进行建造体验学习的实验平台，实践教学的设施还相对不足，也阻碍了学生实践能力的提升。

（二）构造教学新工科改革方向

推动构造教学新工科建设，需将相关的工程性建造教学有效整合串联起来。"建造"可以使学生不再局限于纸面上和模型中的建筑设计，还将涉及结构选择、材料利用、水暖电设计、工程管理、造价估算等其他专业方面的问题，学生在建造过程中将会运用多种学科知识来解决实际工程中可能出现的各种困难。在新工科建设目标下，学生的培养不应只局限于建筑空间设计，应给予建造和构造能力更多的重视，培养具有综合设计能力、解决实际问题能力和满足社会需求能力的学生。

天大新工科建设目标下，建筑构造教学从建造知识、建造能力和建造思维三个方面来培养学生的全过程建造思维。一是构建讲授建造知识的"课程串"教学体系。在目前的建筑学教学体系下，通过设计课程来培养学生的空间设计能力是建筑学培养的核心目标，可将建筑构造等相关课程串与设计课相结合来提升学生对建筑构造的认知，培养学生的设计思维（技术探索）和建造意识（工程概念）。

二是搭建提升建造能力的"体验式"建造平台。随着建造技术的不断发展，教育应与时俱进地培养学生运用数字技术等先进科学技术解决实际复杂工程问题的能力。学院目前正在搭建设备齐全、技术先进的开放性多学科融合建造平台——数字建造实验平台，实验室可为学生提供建造实验条件，学生可动手操作相关建造设备，运用建造实验检验建造中遇到的问题及解决方法。

三是引入培养建造思维的"项目制"建造实践。天大致力于通过太阳能竞赛、国际建造节等真实建筑建造实践培养学生工程实践能力，使学生在工程实践中深入学习建造相关技术，提升对工程的认知以及工程管理和专业沟通能力（图3）。

图2 实践教育平台

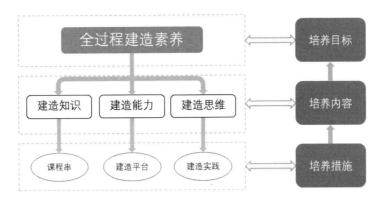

图3 构造教学改革方向

三、建筑构造教学的改革实践

近些年来，天大建筑构造教学已做了一些新工科改革的尝试并起到了很好的作用，包括构建讲授建造知识的"课程串"教学体系，搭建提高建造能力的"体验式"建造平台，引入培养建造思维的"项目制"建造实践。

（一）构建讲授建造知识的"课程串"教学体系

为推进新工科课程改革，需为学生提供多样的工程实践体验，让学生参与建筑生成的全过程，而进行实践必须掌握扎实的建筑设计和建造的理论知识。为此，需要将学院目前的相关建造课程串联起来，组成构造教学课程串。

将关于构造的相关课程梳理出来后，从建造理论、材料与构造、结构与力学、可持续设计四个模块出发，按照对构造掌握的递进关系，对每个年级所应掌握的构造知识进行统筹安排，并创造机会最终用真实建造工程来检验学生的构造素养。

学生从一年级就开始了解建造相关原理并进行建造安全教育；二年级对材料和构造设计进行细致学习，并在设计作业中加以运用；三年级对建筑结构设计进行选修学习，进一步增强学生的建造知识，并与设计结合形成专题；四年级对建筑设备布置进行了解，并在相关设计专题中设计建筑设备布置；在五年级尽量结合相关建造项目，运用本科期间所学构造知识，全过程设计并建造真实建筑或部分建筑构件，从建造中体会实际工程与设计之间的关系。研究生阶段对建筑可持续设计进行学习，了解建筑实际运行中各因素影响与作用，部分研究生将深入展开建筑构造与绿色建筑设计相关科学研究。通过合理的课程安排和相关实践，形成本研贯通的构造课程体系，学生逐步对材料与构造设计、结构设计、设备布置和能耗设计进行学习，并在设计课中加以运用，最终形成可进行全过程设计建造的知识体系（图4）。

（二）搭建提升建造能力的"体验式"建造平台

为增强学院构造方面的科研与实践能力，在借鉴国外高校高水平建造平台基础上，建筑学院整合现有建造资源构建多学科共享的建造平台。建造平台除了整合学院现有的模型制作模块、数字建造模块外，还将建立材料测试模块、数字建构模块和木材加工模块等建造实验室。并将创立工具房、喷漆房、建筑材料展示和建筑材料售卖模型室等功能性房间，让建造实验平台成为一个综合性强、操作性好、便利性高的开放的高校建造实验平台。

经过多轮方案设计与修改，目前建造实验平台已在天津大学建筑学院水利馆一号馆西厅开始建设，目前已完成地面和墙面的装修，水电基本铺设完毕，相关设备也已陆续搬入实验平台，平台已具备初步加工建筑构件的能力（图5）。后期学院还将进一步完善建造设施，为学生"体验式"的实践学习提供条件。

（三）引入培养建造思维的"项目制"建造实践

新工科强调要增强学生对工程实践的认知，让知识能够落地。以往的建筑教学将各部分知识分开教授，并未考虑本科目在教学体系中的地位和学生日后的应用情况。在教学组织过程中应注重建造所要求的真实性，训练学生将抽象空间转化为实体结构与界面构造的物化能力，并发展相应的过程培养模式，实现专业培养目标。"项目制"建造实践能让学生运用所学知识设计建造真实建筑，让理论和实践产生关联，培养学生从二维到三维、从理论到实践的物化能力和实践能力，是学习与整合相关知识的最好教学方法（图6）。

1. 工程建造教学尝试

天津大学建筑学院之前已进行过多次建造实践（表1），基本每年暑期都会参加国际高校建造大赛，在2019年本科生毕业设计中还有夏木塘儿童餐厅和轻木体验舱建造实践（图7），两个建造实践都是师生参与设计到建造的全过程，完成从

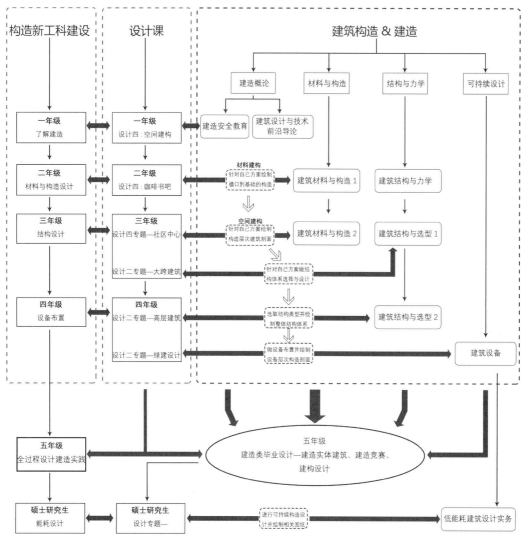

图 4　构造教学与设计课融合课程串

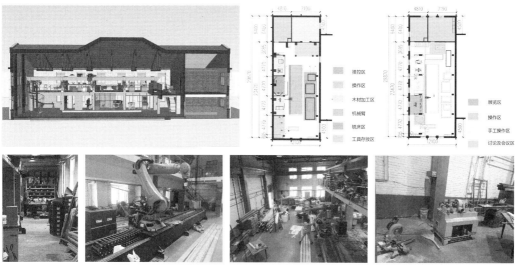

图 5　建造平台建设方案及建设现状

设计图纸到施工图纸，最后实际建造的完整工程流程。目前学院还正在参与 2021 年第三届中国国际太阳能十项全能设计竞赛，师生共同建造一座 150m² 的太阳能建筑，通过跨专业协同合作，使建筑、结构、能源、环境和自动化等专业的本科生和研究生亲身参与和主导一个可持续太阳能住宅建筑策划、设计、优化、实施和设备调试的全过程，并参与推广宣传，既锻炼了学生的专业建筑设计与工程应用能力，也提升了专业技术知识和团队合作技能。

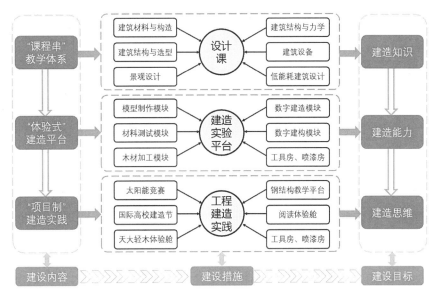

图6 构造教学新工科改革结构图

天大近些年开展的建造实践 表1

年份	建造实践项目	训练内容
2010 年	第一届中国国际太阳能十项全能设计竞赛	复合墙板
2012 年	干挂石材钢结构体系教学平台	钢结构
2015 年	天津大学富力星阅读体验舱	模块化结构
2017 年	德阳高校国际建造大赛	重木结构
2018 年	夏木塘国际高校建造大赛	砌体结构
2019 年	天大轻体验舱建造	轻木结构
	夏木塘儿童餐厅建造	砌体结构
2021 年	第三届中国国际太阳能十项全能设计竞赛	重木结构 + 轻木结构

图7 天大近些年开展的建造实践

2．天大轻木体验舱建造教学

笔者主要参与了天大轻木体验舱的建造，在此主要通过此项目介绍天大建筑学院的建造体验教学。木结构在目前的建筑教学中很少有系统的介绍，所以前期首先进行了现代木结构的知识储备。在学习整理木结构体系和构造节点后，对木结构建筑工地——天津枫丹苑小区进行了实地踏勘学习，实现了从二维图纸到三维实体展示的学习体验转换（图8）。

在设计阶段，师生逐步将方案深化到构造层次，达到可建造的深度，并绘制了施工图（图9）。轻木体验舱初建于天津大学建筑学院西楼东侧，因教学区改变，体验舱经加固设计后吊装至新教学区所在地（图10）。

轻木体验舱建筑面积 33m²，为现代轻木结构，由 spf 规格材组装成地板、墙体、楼板和屋顶，结构外部用 OSB 板封闭，二者共同组成建筑的结构体系。材料和技术由天津泰明加德低碳住宅科技发展有限公司

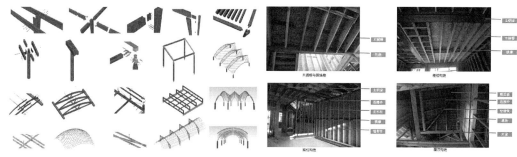

图8　节点分析与实地调研

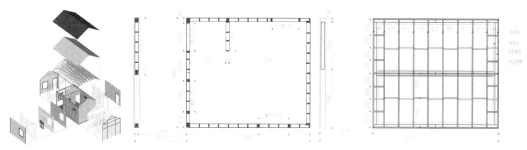

图9　构造分析及部分施工图

图10　体验舱现状

提供支持。基础施工阶段基本由师生自主完成，师生们利用铁锹、铁镐、电镐等工具，利用一周时间挖掘出400mm×400mm的基槽，在现场共同绑扎钢筋，并学习了模板的支设。接下来师生共同完成混凝土浇筑，并体验了人工搅拌混凝土。对基础抹平处理并养护28天后拆除模板，完成基础建造体验教学（图11）。

木结构建造由于专业性较强，主要由工人和学生一起建造，学生全程都在施工现场体验学习。地板和墙体采用38mm×140mm规格材，在基础上铺设防潮垫后放置一层防腐木地梁板，通过预埋螺栓与基础加固连接。将在地面组装好的地板骨架直接搁置在地梁板上，用麻花钉和金属连接件进行加固后钉装面板。将同样在地面组装好的墙体骨架立在地板上，对墙体进行垂直校准后在顶部固定第二层顶梁板，用麻花钉将墙体与地板固定，门窗洞口已在骨架钉装时预留。墙体中受力较大处用规格材拼合成承重柱件，增强结构稳定性。屋顶桁架运用30mm×90mm规格材，按施工图形式在地面拼装好，因材质较轻，

用人力即可放置在屋顶位置，用麻花钉与金属连接件进行固定。结构骨架搭建好后，在外部钉装1200mm×2400mm的OSB板，由此完成建筑承重体系的建造（图12）。在建造过程中还组织其他年级同学进行了实地教学，丰富了构造教学形式（图13）。之后对建筑外围护结构的防水、保温、外饰面、内饰面、门窗等构件进行了安装，最终完成轻木体验舱的建造教学实践（图14）。

本项目提供了沉浸式的学习体验，师生参与了从设计到施工的全过程，在实际体验中学习了建造知识。建筑本身作为极具工程性的行业，其教学应与工程实践紧密结合。亲自建造一座建筑的实践学习对学生的知识体系、能力提升都有着极大的帮助，也让学生更好地与社会需求相对接，更好地服务于技术发展与社会建设。

四、构造教学发展新思路

课程体系改革与平台建设不是短时间能完成的项目，定期进行建造实践也并非易事，所以需设计一种可持续的构造教学形式，让新工科实践

图 11　基础建造体验教学

图 12　木结构建造体验教学

教学融入学生日常学习体系中。

（一）可持续的建造教学

上文所述建造项目工程量大、耗费资金多、时间周期长，很难长期稳定举行。为将建造更深入持久地融入教学中，需设计相对易实现的建造题目。

目前在天大建筑本科一年级开设的建构设计题目缺乏明确的构造主题和实际建构的意义，并未对学生的构造意识产生深刻影响。现计划在大二小学期开设一个有明确主题的建造设计项目。

图13 建筑构造课程沉浸式教学　　图14 轻木体验舱细部构造及建造教学成果

项目为期三周，建造设计内容目前暂定如下几个方向：（1）以小型家具作为设计主题，学生了解学习家具的连接构造，在家具基本构造形式基础上有一定的自主设计，完成一个足尺的家具建造，建成后将应用于校园内；（2）以易建造的建筑结构为主题，学生自主选择或学院每学期指定一种建筑结构，学生学习相关结构的材料、形式、连接构造等内容，并建造足尺的墙体、楼板、节点等构造大样或大比例构造尺度模型，建成后将用于建造教学展示；（3）以实际地块和需求为主题，地块范围和建造体量不宜太大，由学生分别提出改造与提升方案，选取最优方案进行材料和构造设计，最后合作在实际地块内共同完成实际建造。

此设计题目以实际建造技术和工程为导向，以满足一定的社会需求为要求，引导学生学习实际构造知识和建造体验，将极大推动构造教学的新工科建设（图15）。

（二）足尺构造模型展示教学

建筑足尺构造模型是建筑构造直接展示和教学的工具，可清晰完整地表达建筑构造，对学生建造意识及能力的培养具有极其重要的作用，同时对构造教学、学科交叉融合及科研手段提升都有促进作用。

计划建造的十个构造模型分别是中国古建筑模型、轻型木结构模型、重木结构模型、轻钢结构模型、钢结构模型、砌体结构模型、钢筋混凝土框架结构模型、装配式结构模型、空间结构模型，新型结构模型。这十个模型涵盖木结构、钢结构、混凝土结构、砌体结构和装配式结构，将对结构类型、构件连接、材料选择、保温防水、内外饰面构造等进行全方位的建造与展示。构造模型预计二至三层高，可对建筑的基础、地面、墙体、门窗、楼板、屋顶构造进行全面完整的展示，有利于学生充分理解建筑结构和构造。模型的制作和展示，不仅可以丰富建筑教学的硬件条件，还可增强对构造的认知与运用，极大地增强天大构造教学的实力。

本模型还可为多学科交叉融合提供支持，大尺度斗拱构件可为古建研究提供展示模型，各结构模型可为师生制作高精度模型及实际建造提供知识支持，可为景观与环艺专业建造景观小品提供平台，可为各种建筑物理性能测试提供支持，也可为水、电、暖通等专业提供实验模型。

图15 天津大学建造作业尝试

五、总结

构造教学作为建筑教学中极其重要的组成部分，是实现知识落地的重要课程。增强构造教学与实践在建筑教学中的重要性，加强构造教学与设计教学的融合，对推进建筑学新工科建设有着重要作用。为加强建筑学新工科建设，促进多学科交叉融合培养，培养具有工程实践意识与能力的新工科人才，天大建筑学院已在课程体系改革、建造平台建设、建造实践教学等方面进行了一些尝试。后期为持续推进新工科建设，将寻求更持续、更深入的构造教学方式与实践体验，让学生从实际的工程中培养相关的建筑学工程性素养与能力，更好地与社会和产业对接，推动相关技术发展，为社会发展贡献力量。

注释：

① 天津大学 2018 年 9 月 18 日印发的《关于推进天津大学新工科建设的指导意见》中对新工科建设的深化专业改革与内涵建设中的指导意见。

② 天津大学建筑学院在 2020 年 3 月填写的《第二批新工科研究与实践项目推荐表——基于产教研融合的建筑行业国际化设计人才实践平台探索》中新工科建设的改革思路与举措。

参考文献：

[1] 钟登华. 新工科建设的内涵与行动 [J]. 高等工程教育研究，2017（03）：1-6.

[2] 余建星，纪颖，余杨，于泓，段庆昊. 新工科人才培养的关键变革与创新实践——基于天津大学的分析 [J]. 国家教育行政学院学报，2020（03）：71-77.

[3] "新工科"建设行动路线（"天大行动"）[J]. 高等工程教育研究，2017（02）：24-25.

[4] 天津大学. 新工科建设"天大方案"2.0 发布 [N/OL]. (2020-06-16) [2021-04-15]. http：//www.tju.edu.cn/info/1026/3151.htm.

[5] 孔宇航，辛善超，王雪睿. 新综合——设计与构造关系辨析 [J]. 时代建筑，2020（02）：22-25.

图片来源：

图 2：来自《天津大学—附件 2：第二批新工科研究与实践项目推荐表》

图 5：中 1、4、5、6 分别来自 2010 太阳能竞赛团队、2017 国际高校建造大赛（德阳）天津大学团队、2018 国际高校建造大赛（夏木塘）天津大学团队、2019 夏木塘建造团队其余图片均为作者自绘、自摄

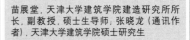

苗展堂，天津大学建筑学院建造研究所所长，副教授，硕士生导师；张晓龙（通讯作者），天津大学建筑学院硕士研究生

新工科人才培养模式下的建筑构造课程研究

虞志淳

Research on the Talents Cultivation Mode of the New Engineering for Architectural Construction Course

■ 摘要：在当前新工科教学背景下，倡导创新、学科交叉、通专结合，建筑学专业培养面临新的挑战。作为专业基础课程，建筑构造具有知识性与技术性的特点，为了适应当前培养模式与行业发展需要，建筑构造课程着重于学生工程实践与复合能力的培养，在教学方法上引入 CDIO 与 OBE 教育模式，强调专业技能培养；在教学内容上贯穿绿色建筑技术知识，紧跟科学前沿。更新传统培养模式与教学内容，引入新科技、新技术，提高实践性教学比重，强化学生动手能力培养，提升职业技能、沟通交流、团队合作等综合能力。同时还激发学生社会责任感、环境意识、绿色设计等优秀设计潜能，辅助建筑设计教学，全方位增长学生知识应用的复合能力，为其未来全方位发展奠定基础，培养具有前沿科研能力的工程实践者。

■ 关键词：新工科 CDIO OBE 绿色建筑技术 建筑构造 教学研究

Abstract：Under the current teaching background of new engineering, the architectural construction course focuses on student engineering practice and compound ability training. As a professional basic course, building construction has the characteristics of intellectual and technical. The course introduces CDIO and OBE mode in teaching methods, and adds green building technology knowledge in teaching content, it's different from traditional courses. The new course which is not only conforms to the current training objectives of architectural professionals, but also conforms to the ability requirements of compound talent training to adapt to the current training model and architectural industry development needs. Increase the proportion of practical teaching; strengthen the cultivation of students' practical ability. Promote the comprehensive ability of vocational skills, communication and teamwork. Inspire students' social responsibility, environmental awareness, professionalism, humanity, green design and other excellent design potential. Through course construction, students' learning interest is increased, and architectural design teaching is assisted to improve students' knowledge compound application ability in an all-round way.

Keywords：New Engineering, CDIO, OBE, Green Building Technology, Architectural Construction, Teaching Research

国家自然科学基金项目"西北地区农村聚居单元绿色建构研究"（编号：51678481）；2019教育部产学合作协同育人项目：基于绿色建筑技术的建筑构造课程体系改革

一、新工科教育理念

2016 年 6 月，我国加入《华盛顿协议》，与国际接轨，在此背景下我国高等工程教育提出新工科建设改革的重要举措，强调工程教育应以回归实践工程为本，培养一批工程高素质复合型人才。2017 年教育部颁发《关于展开"新工科"研究与实践的通知》（高教司函 [2017]6 号），倡导高校新工科建设，对于新时代的工程人才提出更高的要求，以工程实践教育理念出发，重视工程实践能力的培养提升，培养具有科学思维及人文素养、创新意识、国际视野、工匠精神及实践能力的"新工科"人才[1-3]。当前信息技术发展迅猛，强调学科交叉、创新性、共享性、互联网＋，拓展了传统学科的边界，以互联网和工业智能为核心，传统工科向新技术、新科技发展[4-5]。此外，建筑学科的可持续性发展必将是学科重要的发展方向，绿色建筑技术的渗透融合，让技术与设计更紧密地整合也必将是实现新工科在建筑学科发展的必经之路。由此可见建筑学专业培养的专业性、技术性与科学性要求不断提高。

同时，我们也应该看到，当前中国的经济增长方式改变，建筑行业也面临更多的挑战。所以在专业性培养的同时也必须具有基础性、通用性，以适应学生未来职业发展的多种可能性。通专结合也仍是新工科人才培养模式的关注点之一，建筑构造课程作为专业基础课，专业基础知识与专业技能的培养就是课程重要的教学内容，体现通专结合的具体实施。

二、CDIO工程教育模式与OBE成果导向教学模式

CDIO 是工程教育与人才培养的创新模式[6]：C（Conceive）＋D（Design）＋I（Implement）＋O（Operate）＝构思＋设计＋执行＋运作，是美国麻省理工学院于 20 世纪 90 年代推行的教育改革计划，在 21 世纪得到了广泛认同与推广。与传统的以科学为基础的教学模式不同，它以产品从研发到运行的生命周期为载体，为学生提供实践、理论课程之间的有机知识关联的教学情境，鼓励学生以主动的方式学习工程类课程。在 CDIO 四个阶段中，构思和设计阶段强调培养学生创新、创意的能力；执行和运作阶段强调培养学生的执行和执业能力。主张以学生的四大能力和素质，即基础知识、个人素质和职业技能、交流沟通能力和"工程—社会"大系统适应能力为培养目标。

将这种工程人才培养模式引入建筑学的专业教育，既符合建筑学专业人才培养的目标与手段，也贴合专业人才培养的能力要求，达成新工科教学目标。目前 CDIO 在房屋建筑学、建筑设计、BIM、城乡规划等课程中已经开展相关教学

研究[7-11]，多元化、实践性、系统性，取得了一定教学效果。该教学模式与建筑构造课程同样具有很高的契合度，强调工程实践，在做中学，强化学生动手能力培养，为建筑构造课程体系化建设[12]提供新的思路与指导思想。

为了迎接新工业革命对高等工程教育的挑战，同时为了适应由于公共问责制的兴起，人们更加关注教育投入的回报与实际产出的现实需要，成果导向教育 OBE（Outcomes-Based Education）[13-14]在欧美等国家成为教育改革的主流理念。OBE 在 1981 年由 Spady 率先提出，经过此后 10 年左右的发展，形成了比较完整的理论体系，是追求卓越教育有效方法。其核心四大内容是：计划（Plan）、实施（Do）、检查（Check）、行动（Act），以学生中心，以成果为导向，持续改进教育质量。美国工程教育认证协会全面接受了 OBE 的理念，并将其贯穿于工程教育认证标准的始终[15]。2016 年 6 月，我国顺利签署《华盛顿协议》，OBE 成为当前建筑学专业培养的重要目标与手段。

目标导向下的工程教育在教学设计与实施中强调如下四个方面：培养目标要以需求为导向，毕业要求要以培养目标为导向，课程体系和课程教学要以毕业要求为导向，资源配置要以支撑毕业要求与培养目标的达成为导向。毕业要求的达成要能支撑培养目标的达成，课程教学要求的达成要能支撑毕业要求的达成。

OBE 强调以学生为中心，要求整个教学设计与教学实施都要紧紧围绕促进学生达到学习成果（毕业要求）来进行，要求提供适切的教育环境、了解学生学什么（内容）和如何学（方式与策略）、引导学生进行有效学习，并实施适切的教学评价来适时掌握学生的学习成效。

三、绿色建筑技术与建筑构造

当前国内外绿色建筑是最为重要的建筑理论与技术的研究领域，代表着前沿建筑科技发展趋势。绿色建筑是时代的要求，是当今建筑的发展方向，把生态、节能、环保、以人为本的设计理念应用到实践中，为构造课程体系化建设增加新鲜血液。绿色建筑相关新技术、新材料是主要更新内容，尤其以绿色建筑构造为重点。建筑构造课程是一门传统专业基础课，本身就具有技术性、科学性，结合当前时代发展要求也是必然，绿色建筑技术的植入，可以在学生构件基础知识、设计方法与手段等方面进行渗透（表1），帮助学生树立绿色建筑思想，实现绿色建筑设计，这也是西安交通大学建筑学专业培养特色的体现。

建筑构造在建筑各构件基本构成与原理的学习基础上，建筑性能提升也是重要的学习内容。传统建筑构造本身具有节能、保温、隔热等建筑

性能相关的知识，但是知识分布较为分散。在教改中强调绿色建筑技术体系的渗透，通过墙体、门窗、屋顶、楼地层等构件构成的建筑外围护体系，在太阳能利用、围护结构保温、隔热、隔声等方面进行绿色构造设计。

绿色建筑技术植入构造教学内容　　　　　　　　　　　　　表1

建筑构件	传统构造教学内容	绿色建筑构造增加内容
屋顶	类型、坡度、防水保温构造	坡度与气候、种植屋面、屋顶保温设计、太阳能一体化设计
墙体	类型、功能与设计要求、墙体构造	特隆布墙、附加式阳光间设计、新型墙体、墙体保温设计
门窗	类型、固定与安装、门窗构造	新型玻璃、门窗保温、隔声设计
楼地层	类型、楼地层构造	楼地层保温、隔声设计

四、建筑构造课程研究

1. 教学目标确立

OBE 成果导向的工程教育，在建筑构造课程中着重体现在课程目标与建筑学专业毕业要求的对接（表2）。

课程目标与建筑学专业毕业要求　　　　　　　　　　　　表2

课程目标＼毕业要求	建筑设计基本原理	建筑设计过程与方法	建筑设计表达	建筑历史与理论	建筑与行为	城市规划与景观设计	经济与法规	建筑结构	建筑物理环境控制	建筑材料与构造	建筑的安全性	制度与规范	服务职责
（1）	✓	✓						✓		✓			
（2）	✓	✓								✓			
（3）	✓	✓								✓			
（4）	✓	✓						✓		✓			

课程目标体现在以下四点：第一，人文社会和自然科学理论知识，了解工程伦理，熟悉常用建筑的构建体系和组成；第二，专业理论知识，掌握常用的建筑工程作法和节点构造及其原理，了解其施工方法和施工技术；第三，方法与技能，应用所学专业知识，进行构造详图设计或选用建筑构造作法和节点详图；第四，团队协作，通过课程实践与作业环节，小组分工合作实践专业理论知识。

2. 教学内容改革

西安交通大学人居环境与建筑工程学院建筑学系建筑构造课程由构造1和构造2组成，分别在大二（第三、四学期）进行授课。

建筑构造1以建筑八大构件理论学习为主，引入 CDIO 教学方法，让学生以主动的、实践的、课程之间有机联系的方式学习工程。（1）教师在课程开始讲授前期与其他建筑设计课程衔接，让学生在学习的过程中根据自己的设计课题同步构思、设计相关的建筑构件，完成构造详图绘制，最终完成从方案设计到细部节点设计的完整图纸。（2）接触真实建筑材料，研究材料的搭接与建筑实体建构，建立建筑构造营建工坊，让学生直接面对实际建筑材料与构件，观察、研究、建造，实现理论教学与工程实践的衔接。（3）绿色建筑构造内容的添加（表1），在门窗、墙体、屋顶等部分强调外围护构件保温设计、节能设计，同时探讨可再生能源的利用方法，如被动式太阳能利用、风能、雨水等。

建筑构造2，在 OBE 与 CDIO 教学模式基础上，同时注重案例式教学与研讨式教学互动。（1）增加不同建筑类型的构造节点设计与详图绘制，提升学生绘图能力，强调动手能力培养，强化设计深度与准确性。（2）以国内外优秀建筑案例分析为主体，深度剖析建筑，学习研究新技术、新材料、新构造的运用，尤其是绿色建筑、低碳建筑的构造设计与技术方法；并邀请校外建筑师讲解新建筑的细部设计、构造设计，贴合工程实践。（3）建筑构件研究，学生以小组方式共同进行真实建筑调研、建筑构件分析、建筑材料应用研究等，利用构造示教室展示建筑材料与构造做法，在课堂中引导学生团队合作进行构件研究。实例、案例贯穿教学各环节，引发学生探索钻研，认知构造细部，团队合作、讨论互动，激发、活跃学习氛围，增强教学效果。（4）在课程中系统介绍建筑外围护结构、幕墙建筑、变形缝、砌础和隔声构造等内容，在构造1的基础上强调构造体系的建立，从建筑性能、建构方式等不同角度以专题的形式深入讲解，引发学生的学习兴趣。

3. 教学方法改革

强调建筑构造的实践性与动手能力培养，增加实践操作、案例式、研讨式教学环节。建筑构造 1（32 学时）计划改革为：26 学时理论学习 +6 学时实践环节（表 3）。实践环节具体为建筑构件实体认知、建筑材料建构（图 1）。在理论教学环节贯穿 CDIO 工程教育模式与案例式教学方法，强化 OBE 导向、毕业培养目标，强调实践性，与建筑设计衔接，让学生主动性利用网络、书籍等资源进行自主学习研究。

建筑构造 1 新教学计划 表 3

周次	教学环节	内容简介	课内学时
1	理论	讲授《建筑构造 1》§1 概论 1-4 节 建筑构造的目标、手段、体系，建筑师的设计责任。§2 材料与结构 1-3 节 材料与建筑性能、连接与承载、建筑结构的水平、竖直、基础分体系	4
2	理论实践 *	§3 材料与构法 1-7 节 木材、砌块、石材、混凝土、金属、玻璃、高分子材料，建筑材料学习	2+2
3	理论	§4 屋顶 1-7 节 屋顶的概要、功能与设计要求、类型、坡度的形成、屋顶构造、种植屋面、屋顶保温设计	4
4	理论	§5 楼地层 1-6 楼地层的概要，功能与设计要求、类型，楼地层构造，楼层隔声构造，地层保温构造。§6 墙体 1-3 墙体的概要、功能与设计要求、类型	4
5	理论	§6 墙体 4-7 墙体保温设计，新型墙体材料与构造 §7 基础和变形缝 1-9 节 基础的概要、功能与设计要求、地基与土层、基础的埋置深度、类型与构造、变形缝概要、设置、构造	4
6	理论	§8 门窗 1-6 节 门窗的概要、功能与设计要求、类型、门窗的固定与安装、门窗构造、门窗保温构造	4
7	理论	§9 楼梯 1-8 节 楼梯的概要、功能与设计要求、类型、尺度与布局、楼梯构造、台阶坡道、电梯、扶梯	4
8	实践 *	楼梯设计：楼梯平剖面图绘制方法与练习 建筑构件认知：建筑实体与建筑材料认知	4

注：* 新增实践教学环节。

建筑构造 2 以专题讨论为主体，在构造 1 基础理论之上，强化 CDIO 工程教育模式、案例式教学与研讨式教学。建筑构造 2（24 学时）计划改革为：18 学时理论学习 +6 学时实践环节（表 4）。理论学习以系列构件专题讲座为主，将建筑构件体系化，并且拓展构造 1 教学内容，在绿色建筑构造理论与实践方面重点加强；实践环节以学生构件研究为主，并邀请一级注册建筑师进入课堂，讲解实际工程相关经验。整个教学过程结合案例教学、学生自主构件研究与学生形成良性互动。

建筑构造 2 新教学计划 表 4

周次	教学环节	内容简介	课内学时
1	理论	讲授建筑构造 2 综述，建筑围护体系构造：保温与隔热	4
2	理论	讲授建筑围护体系构造：通风与采光、遮阳	4
3	实践 * 理论	邀请校外建筑师讲授：建筑防火规范与设计实践 建筑特种系构造：建筑防水	2+2
4	理论	讲授建筑围护体系构造：建筑隔声、变形缝	4
5	理论	讲授建筑特种构造：饰面装修与幕墙建筑	2
6	理论	讲授建筑特种构造：绿色建筑构造。	2
7	实践 *	构件研究与讨论（翻转课堂、课下学习课上研讨）	2
8	实践 *	建筑构造设计（建筑节点设计、构造详图绘制）	2

注：* 新增实践教学环节。

4. 工程伦理教育与人性化设计

工程伦理教育[16] 开始于 20 世纪六七十年代，发端于美国，后来逐渐扩展到全世界其他发达国家。其教学目标意在激发学生对认识伦理的认知，掌握伦理准则知识，改善学生的伦理判断和道德意志力等。绿色建筑思想与 CDIO 人才培养模式鼓励团队合作、工程实践等内容，为建筑学专业学生提供了工程伦理教育的平台与契机。培养学生社会责任感、环境意识、敬业精神、合作分工、精益求精、诚信等优秀品质，这对未来职业建筑师来说是重要的一课。

建筑构造课程由于对建筑构件深度剖析与细部设计特点，在课程教学中也逐渐建立人性化设计[17] 理念，以激发同学人文关怀、钻研精神、理性思维、科学严谨等人性化设计思想。从细微之处入手，进行建筑深

图1 建筑构造实践教学环节：构件认知

度设计，是专业教育的难点之一，需要学生具有深厚的专业积淀，通过建筑构造课程建设可以弥补这一缺憾。人性化的建筑设计很多是体现在细节上的，即构造设计，推敲尺度、肌理，在建筑空间以及材料的运用等方面进行精细化设计[18]，使设计更好地满足人的身心需求，做有温度的设计，做有温度的设计师，提升学生职业道德，完善人格培养。

五、小结

通过课程建设，探索新工科培养模式下的建筑构造课程体系改革，以OBE成果导向确立教学目标，借鉴CDIO工程教育模式，强调工程实践性与创新性。新的建筑构造课程强调知识运用能力培养，突出工程实践性，强化专业能力培养，增加学生学习兴趣，辅助建筑设计课程教学，全方位提高学生学习效果与知识应用能力。同时贴合时代发展需求，增加绿色建筑构造知识，在节能环保、绿色生态方面对学生进行知识储备，为其未来发展奠定基础，培养具有前沿科研能力的工程实践者。

参考文献：

[1] 曹鹏.新工科背景下《建筑构造》课程学生实践能力培养提升的教学改革与实践 [J].教育现代化，2019，6（87）：103-104.

[2] 向夏楠.面向新工科的土建类专业实践教学改革与实践——以湖南城市学院建环专业为例 [J/OL].中国教育技术装备：1-3[2019-12-27].http：//kns.cnki.net/kcms/detail/11.4754.T.20191220.1615.002.html.

[3] 黄海静，卢峰.交叉融合——重庆大学建筑"新工科"人才培养创新与实践 [C]//2019中国高等学校建筑教育学术研讨会论文集编委会，西南交通大学建筑与设计学院.2019中国高等学校建筑教育学术研讨会论文集.北京：中国建筑工业出版社，2019：189-192.

[4] 陆国栋，李拓宇.新工科建设与发展的路径思考 [J].高等工程教育研究，2017（3）：20-26.

[5] 毛智睿，陆莹.新工科背景下材料和构造教学辅助建筑设计 [C]//2019中国高等学校建筑教育学术研讨会论文集编委会，西南交通大学建筑与设计学院.2019中国高等学校建筑教育学术研讨会论文集.北京：中国建筑工业出版社，2019：208-211.

[6] 王刚.CDIO工程教育模式的解读与思考 [J].中国高教研究，2009（05）：86-87.

[7] 向雨鸣，俞晓牮，盖东民.基于CDIO的多元化建筑学专业教学模式 [J].中国教育技术装备，2015.8，16（370）：106-107.

[8] 谢金，何栋梁，刘益虹，彭朝晖.房屋建筑学基于CDIO的互动式研究 [J].课程教育研究，2016（04）：30.

[9] 王英姿，熊光晶，康全礼.基于"能力—素质—知识"架构的房屋建筑学课程大纲及教学实践 [J].高等工程教育研究，2010.1：155-158.

[10] 赵建华，卢丹梅，赵晓铭.CDIO模式下农林院校城乡规划专业实践教学体系改革 [J].高等建筑教育，2017，26（05）：95-99.

[11] 李林芝，王小丽.基于CDIO模式的城乡规划专业实践教学研究 [J].地理教育，2018（10）：58-59.

[12] 虞志淳.从构件到体系——建筑构造教学研究 [J].中国建筑教育，2015.10：66-68.

[13] 邓淼磊.对成果导向教育的思考 [J].教育现代化，2019，6（20）：25-26.

[14] 李志义，朱泓，刘志军，夏远景.用成果导向教育理念引导高等工程教育教学改革 [J].高等工程教育研究，2014（02）：29-34+70.

[15] 孙晶，张伟，任宗金，王殿龙，崔岩.工程教育专业认证毕业要求达成度的成果导向评价 [J].清华大学教育研究，2017，38（04）：117-124.

[16] 王英姿，谭征.房屋建筑学课程设计中融入工程伦理教育的探索 [J].高等建筑教育，2009，18（04）：11-15.

[17] 黄昱，王竹.人性化建筑设计的多维解析 [J].华中建筑，2006（02）：107-110.

[18] 周燕珉主编.住宅精细化设计 [M].北京：中国建筑工业出版，2008.1.

图表来源：

本文图表均为作者自绘或自摄

作者：虞志淳，西安交通大学，人居环境与建筑工程学院建筑学系副教授，博士，英国南安普顿大学访问学者，从事绿色建筑研究，主讲建筑构造、建筑设计等课程

"理念·支撑·目标"一体化的地方高校建筑学专业课程体系构建

王科奇

Construction of Curriculum System for Undergraduate Architecture Major in Local University From the Perspective of Integration of Idea, Support and Goal

■ 摘要：高校的办学定位存在着较大的差异，以应用型人才培养为主要目标的地方高校，专业建设要以目标为导向，以特色为依托，挖掘自身的比较优势。聚焦于地方高校专业建设的特殊性，坚持"培养目标、办学理念和支撑理念"一体化的闭环思维，提出地方高校建筑学专业"坚持三结合理念，完善三耦合体系，培养三实型人才"的"3+3+3"专业建设思路，并以此为基础构建三系协同、相互耦合的"1+2+3+5+7"课程体系。

■ 关键词：地方高校　建筑学　协同耦合　课程体系

Abstract：In view of the differences of orientation, the local universities with the applied talents cultivation as main goal, the major construction need to target oriented and dig deeply into their comparative advantages in accordance with their special features. Focusing on the particularity of specialty construction in local universities, as well as adhering to the integrated closed-loop thinking which are "cultivating objectives, management philosophy and support system", the paper proposes the idea for the cultivation of architectural talents in local universities, which is "adhering to the philosophy of three combinations, improving the three coupling systems, and cultivating the applied talents with three types characters", namely the "3+3+3" idea, and then, it constructs the "1+2+3+5+7" course system under the idea of coordination and mutual coupling.

Keywords：Local University, Architecture, Coordination and Mutual Coupling, Curriculum System

吉林省教育科学"十三五"规划2020年度课题：地方高校一流建筑学专业"三耦合"课程体系研究（GH20124）；2019吉林省高等教育教改重点课题：基于地方高校平台建设一流建筑学专业之课程体系优化研究与实践

为全面振兴本科教育，实现高等教育内涵式发展，近些年来教育部出台了一系列加强本科建设的振兴计划，落实了一系列本科教育的实施方案，其中一流本科专业建设"双万计划"是整个振兴计划的重要一环。为此，各地方政府和高等学校都积极投入到做强一流本科、建设一流专业、培养一流人才的大潮中，这是各高校加强专业建设的绝好契机。

从办学定位的角度看，目前全国有三百余所地方高校开设建筑学专业，与国内知名的研究型、研究教学型大学相比，地方高校量大且分布域广，而且大多数地方高校以应用型人才培养为主。地方高校平台上专业建设的难度较大，共性问题突出，在培养目标、软硬件条件、办学资源等方面与平台高、资源充足的高校存在较大的差距。因此，地方高校专业建设要转变思路，结合自身实际情况，运用科学的理念，提出能发挥自身优势、彰显特色的专业建设思路，推动地方高校本科教育教学的改革、创新和发展。这其中课程体系建设是至关重要的一环，从专业内涵出发，深入挖掘办学特色，使课程体系与自身的定位、目标、思路相适应。在课程体系建设上下功夫，更容易实现变轨超车。本文虽以建筑学专业为例进行论述，但基本逻辑适用于规划、风景园林等全部建筑类专业。

一、社会和行业对建筑学专业教育的新要求

近些年来，在各种指挥棒的导向下，中国高校乐此不疲地热衷于大学排名和学科排名。中国的高校，包括地方院校，在利益的驱使下，对科学研究的投入力度空前，但其结果往往是教师发表了高水平的文章，学生却丢掉了"综合能力"等传统优势，导致毕业生与社会需要脱轨。随着中国经济进入新常态，社会对人才的需求更加注重实效性，高校培养的人才与行业和社会需求符合度的问题再度受到关注，毕业生与社会接轨矛盾逐步加剧，暴露了一些高校办学理念与人才培养目标的问题。

随着社会的发展，中国城乡建设面临的新问题和新需求不断涌现；同时，建设行业所涉及的新技术、新材料、新理念、新工具异彩纷呈，形成了日新月异的趋势。面对行业实践中不断出现的新需求、新问题和新趋势，多学科、多工种协同工作日益常态化，建筑学学科专业的内涵和外延在不断加深和拓展，这也对建筑学专业人才培养提出了更高的要求。社会大环境迫切需要地方高校建筑学专业人才培养与时俱进，对以往的教育理念、教学内容、教学模式、管理手段作出相应调整，摒弃原来粗放的培养模式，转向注重内涵、关注能力的培养模式。因此，在建筑学专业教育的课程体系中，势必需要融入更多元的教学要素，启发学生以更全局的视野来审视学科专业的内核和外延，这些转变将为毕业生应对城乡建设的新问题和新需求奠定基础。

二、课程体系是地方高校建筑学专业建设的核心

现代社会发展表明，任何一个领域、任何一门技术，都不是孤立存在的。建筑学专业人才培养更是如此，它是工程、技术、艺术、科学、文化的结合体，这就要求我们在培养学生的过程中，使学生的知识、认知、能力、后续学习围绕一个体系化的、开放的基本骨架进行组织和发展，这个基本骨架就是课程体系，它对于专业能力的培养具有重要意义，是专业建设的核心。

1．地方高校建筑学人才培养的需求和能力导向

近些年来，受社会风气影响，建筑学子崇尚明星建筑师或网红建筑师之风盛行。在资源有限的条件下，教育要照顾基本面，其重点关注对象应是天赋、智力、能力适中的大多数学生，课程体系、教学内容、教学资源等的针对性也要"去其两端择其中"地面向大多数学生，而借助课程体系的弹性部分来满足位于"两端"学生的需求，因此，以出名、得奖和网红为目标的建筑学专业教育的价值和意义是值得商榷的，也不是大多数学生的可行出路，尤其对以"应用型"人才培养为主要目标的地方高校来说更是如此，其建筑学专业教育更不能好高骛远，不应以明星建筑师为目标，而应立足于学生职业发展，关注地方经济建设和国计民生，促进行业和社会整体进步。因此，地方高校应认真梳理适宜的培养目标和培养理念，重视以基本专业素养和职业综合能力培养，做务实、平凡、敬业的职业建筑师为培养目标的培养机制和课程体系建设，关注职业实践中对建筑设计至关重要的经济、社会、文化和客观条件等制约因素，毕竟建筑师从事的是戴着镣铐起舞的职业，建筑有其科学性、技术性和实用性，建筑设计不可能像纯艺术家一样任凭主观意识任意发散。

服务社会是本科专业人才培养的重要职责和目标，纵观当今全球高等教育的各类评估标准可以发现，社会服务能力是重要的考察内容，如英国卓越研究框架（REF）和我国从第四轮开始的评估指标体系，我国教育部 2010 年启动的《卓越工程师教育培养计划》也是以"服务社会"为导向，以"能力培养"为核心的。为更好地服务社会，避免专业教育与社会需求脱轨，以满足社会需求为主要目标的建筑学专业人才培养要特别注重能力的培养。在新常态下，建筑学专业人才培养更要以能力培养为中心，采用多维手段达成能力培养目标。因此，在专业人才培养方面，要及时调整和完善课程体系，更好地适应社会需求，提升竞争力。

2．建筑学专业课程体系普遍存在的偏差

不同高校的人才培养的目标不应该同质化，对于以应用型人才培养为主要目标的地方高校，建筑学专业教育的核心目标是培养从事设计实务工作的一线执业建筑师，但目前中国大多数设置建筑学专业的高校，包括绝大多数以应用型人才

培养为目标的地方高校，也不遗余力地模仿著名高校，致力于拔尖创新级"大师"的培养，培养模式和课程体系过于偏重建筑设计的"艺术性"，但"大师"是多种因素促成的，是可遇不可求的，绝大多数学生是成不了"大师"的。因此，对地方高校，建筑学专业主要的培养目标应该是合格的、优秀的执业建筑师，而不是"建筑大师"。

近些年来，随着时代的发展和形势的变化，很多高校都对专业教育的课程体系作了不同程度的调整，但因人设课、课程结构松散、课程之间缺少联系的问题依然严重；一些课程过分强调自身体系的独立，对学生知识、认知和能力建构的支撑不够，对培养目标支撑不足；一些课程与设计主线课程间关联性不强，设计课程题目之间的逻辑联系不够清晰。课程体系各部分之间如果各自独立，相互割裂，互不关联，就无法帮助学生建立自己的知识体系和应用智慧，容易导致学生所学的知识停留在"惰性知识"的状态，也容易导致学生学习目标的迷失，无助于学生自主学习、创新、分析与解决问题等能力的提升，最终导致学生不懂得如何综合运用多学科的知识去解决实际问题。例如，在建筑设计课程中，一些学生缺乏综合能力，在进行建筑设计时缺乏对城市、区位、场地的认知，片面追求建筑形式的新、奇、特、怪、洋，忽视了建筑是城市的一部分，忽略了建筑的社会性、文化性、生态性等内容，或者顾此失彼。究其原因，主要体现在以下两个方面：

（1）闭环思维表象化。很多地方高校学校和专业的办学定位不准、理念不适、目标不清，盲目模仿高层次学校的模式，办学定位、办学理念、支撑体系和培养目标间没有形成相互耦合的闭环体系，且支撑体系不健全。

（2）课程体系碎片化。课程体系的统摄性架构缺失，课程间衔接关系牵强、逻辑联系和支撑关系薄弱、课程与目标脱节等，导致课程体系对毕业要求的达成度低，对办学定位、办学理念和培养目标的支撑不足。

3. 基于三位一体耦合框架的问题解决思路

从人才培养目标定位上来说，地方高校建筑学专业培养目标应该是为用人单位输出设计能力强，即"上手快""后劲足"的具有"方案创作能力"和"生产实践能力"的应用型人才，两者都不可偏废。"方案创作能力"主要是培养学生分析和利用相关的地域、时代、技术等资源和环境条件，将自然科学知识、人文社会科学知识和专业知识用于建筑方案创作的能力；"生产实践能力"主要是培养学生的工程意识、工程实践、施工图设计、专业协调、项目管理、技术创新等方面能力。总之，综合能力是地方高校建筑学人才培养的核心。

作为一名应变能力强，适应性强的优秀执业建筑师，在校期间要掌握全面的建筑设计知识和设计能力，完成认知能力和综合能力的初步建构，这就要求地方高校在制定课程体系时，充分考虑知识传授的全面性，依靠特色的人文背景，结合自身院校的特点，扬长避短，形成有本校特色的课程体系。除此之外，作为一个成熟的执业建筑师必须具备的与职业相关的基本能力，包括方案设计能力、工程实践能力、创造性思维能力、团队协作能力、创新创业能力、管理组织能力、问题分析能力、工具运用能力、交流沟通能力、知识更新能力、文化传承能力，等等，这些能力在建筑学本科五年的时间里，从无到有、从弱到强，需要清晰的目标定位、合理的课程体系、完善培养过程的支撑。其中，课程体系是人才培养的核心，是学生能力培养的关键，是实现人才培养目标的重要支撑和保障。

如何按照培养目标、办学理念和支撑体系一体化思路，建构支撑与引导的闭环系统，可分解为以下几个关键步骤。首先，搭建耦合框架。探索地方高校建筑学专业建设的理念、支撑体系、培养目标三位一体的耦合框架（图1）。其次，完善课程体系。完善以"社会需求"为导向，建构"能力培养"为核心的课程体系。制定相对完善的课程体系，建构采用对变化适应性较强的模块化、体系化、系列化课程体系。第三，改革教学模式。强化"情境式"和"支架式"教学模式，创设学习共同体，改变教师独奏为师生合奏，调动学生学习的主动性、协作性、自主性和积极性。

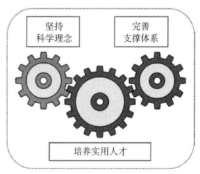

图1 建筑学专业人才培养思路框架

三、基于"3+3+3"建设思路的课程体系架构

1. 特色凝练

面对新形势下各种新的挑战，为适应形势发展和专业建设新需要，在符合《高等学校建筑学本科指导性专业规范（2013年版）》[1]《全国高等学校建筑学专业教育评估文件（2018年版·总第6版）》[2]和《普通高等学校本科专业类（建筑类）教学质量国家标准（2018年版）》[3]基本要求的前提下，我们提出以"厚基础、重能力、强创新、适需求、循个性、彰特色"为指导思想，以"坚持三结合理念·完善三耦合体系·培养三实型人才"为专业建设总体构想，形成适应新环境和新需求的专业建设的基本原则、主要特色和课程

体系，初步建构了培养目标、办学理念和支撑体系一体化思路和相互耦合的闭环系统。同时，通过完善"知识体系、实践体系、创新训练"三大体系相应的支撑系统，建构充实饱满又特色鲜明，同时尽量适应学生个性发展和用人单位实际需求的培养模式，并在培养方案中预留可发展的弹性空间，使理论系列课程、设计系列课程和实习实训课程实现有机耦合。其中"三结合理念"指的是：结合市场需求办学、结合社会力量办学、结合工程实践办学；"完善三耦合体系"指的是：知识体系、实践体系、创新训练相耦合；教学模块、阶段目标、专业能力相耦合；主线课程、辅助知识、辅助训练相耦合；"培养三实型人才"中"三实型"指的是理论基础坚实、实践能力扎实、思想作风朴实。

地方高校建筑学专业课程体系建构要形成自己的特色，要注重以学生为本，加强培养学生的社会责任感；注重创新性，加强探究式教学，培养学生的创新意识、创新精神和能力；注重实践性，加强培养学生解决实际问题的能力；注重开放性，培养学生尊重多元文化、跨文化交流的能力；注重选择性，因材施教，使学生更富个性化；注重适应性，培养学生学习新知识、适应新环境、解决新问题的综合能力等。

2. 体系组成

课程体系是专业教育的总体蓝图[4]，是人才培养目标的重要支撑，与学校定位、专业定位、办学条件、办学层次、办学传统、办学优势、人才培养目标定位等办学文化密切相关，建构和完善切合实际的、科学的、前瞻性的、彰显特色的课程体系是专业建设目标实现的核心内容。我校建筑学专业课程体系主要包含理论系列课程、设计系列课程和实习实训课程三个主要子系统。

（1）理论系列课程。理论系列课程的目标是专业素质培养，旨在提升学生的问题分析能力、工具运用能力、知识更新能力、文化传承能力，包括艺术修养系列、设计基础系列、设计理论系列、建筑历史系列、地域建筑系列，以理论授课为主体。

（2）设计系列课程。设计系列课程的目标是设计能力培养，旨在提升学生的方案设计能力、创造性思维能力、创新创业能力、问题分析能力、工具运用能力、交流沟通能力、知识更新能力、文化传承能力，贯穿前文提到的五个培养阶段，以课程设计模块为主体。

（3）实习实训课程。实习实训课程的目标是实务和创新能力培养，旨在提升学生的工程实践能力、团队协作能力、管理组织能力、问题分析能力、工具运用能力、交流沟通能力、知识更新能力、文化传承能力，包括表达类、竞赛类、实务类、技术类、特色类，包括前文所述的设计表达模块、快题设计模块、专项训练模块等七组模块。

课程体系要支撑培养目标，要能够促进学生一系列能力目标的实现，在5年的课程安排中，依据课程类别，按照前文所述"三耦合"课程体系建构逻辑，按照不同阶段的培养目标组织相应的横向课程群，以此构建纵向课程体系和横向课程群的密切关系，通过课程内容的安排，优化设计主线课程体系与辅助知识、辅助训练的关联性，保证设计主线课程的教学质量和阶段性教学目标的完成。同时，建筑理论和知识课程循序渐进地展开，后面的知识应在前面的基础上更加深入和发展。其中，设计系列课程为建筑学专业的主线课程，理论系列课程和实习实训课程围绕着培养目标的需求，为主线课程提供理论和实训支撑、先导、体验和强化。

四、完善"1+2+3+5+7"课程体系架构

时间有限，知识无涯，在知识和信息爆炸的时代，任何人都不可能学懂弄通世界上所有的知识，所以要学会取舍。以多种能力为支撑的设计能力是建筑学专业学生能力和知识结构的核心，是学生认知能力建构的图腾，是学生知识树的主干，理论素养和其他知识都是挂在树干上的枝叶。借助合理的课程设置，课程体系可实现相互耦合，并为设计主线课提供支撑，这种相互耦合的课程体有利于学生基本功的养成和综合能力的提升。

以"双万计划"为契机，结合自身资源、定位和目标，坚持以"社会需求"为导向深化专业综合改革，提升学生综合能力，坚持"学生中心，产出导向，持续改进"的思想，进一步强化专业内涵，全面提升质量文化。以此为引领，秉持"三结合"建设理念，我们采取了系列措施完善课程体系，如围绕专业定位和培养目标优化课程体系，以设计主线课程统摄课程体系的架构，以耦合化课程模块支撑课程体系的主线，按培养阶段有侧重地设置体系化课程，建设体现时代性和地域性的特色课程，等等。

1. 以设计主线课程统摄课程体系的总体框架

建筑设计涉及的因素庞杂而多变，是个复杂巨系统，不能依赖某一个孤立的学科，因此，在新时代和多学科交叉渗透的学术研究环境之中，跨学科、多元化的课程体系和教学模式有利于建筑学专业学生多维度、多层次、多种类能力的养成。在专业课程体系建构和教学环节中要充分体现触类旁通、融会贯通的思想，将设计主线系列课程与其他相关建筑理论知识体系进行整合。注重建筑设计系列课程的知识点、知识单元、知识体系与其他相关建筑理论课程的知识点、知识单元、知识体系之间的横向融合，促进知识、设计能力之间相互交叉，实现知识体系有机融合。

在建筑学专业人才培养的课程体系中，建筑

设计系列课程作为建筑学专业的主线课程，贯穿于专业人才培养的全过程，也是专业课程体系建构的核心组成部分。建筑设计课程的教学目的是培养学生具有执业建筑师的设计能力、综合能力以及专业素养，让学生在具有扎实的专业基础知识的同时，具有良好的创新能力、调研能力、信息资料搜集整理能力、分析与解决设计问题的能力、表达能力，等等。

鉴于此，我们按照"一主两辅、主线二分、三系协同、五段七组"的思路建立了课程体系的主体框架，即"1+2+3+5+7"课程体系框架（图2），并以此为基础，形成了对应培养目标的三耦合课程体系，即"知识体系、实践体系、创新训练"相耦合；"教学模块、阶段目标、专业能力"相耦合；"主线课程、辅助知识、辅助训练"相耦合（图3）。其中"一主两辅"即：主干课程、辅助知识、辅助训练；"主线二分"即：主线课程按"方案创作能力"和"生产实践能力"分别设置；"三系耦合"[5]的三大体系指：知识体系（即辅助知识，主体为理论系列课程，关注学生的专业素质培养）、实践体系（主体为主干课程，包括设计系列课程、部分实习实训和专项训练，关注学生的设计能力培养）、创新训练（主体为实习实训课程，包括部分设计竞赛和专项训练，关注学生的实务和创新能力培养）；"五段七组"是指将5年的教学过程分为五个阶段：设计表达能力培养阶段、感性认知能力培养阶段、创新思维能力培养阶段、理性技术能力培养阶段、综合协调能力培养阶段，七组模块即知识传授、课程设计、专项训练、特色拓展、实习实训、创新实践、快题设计，其中专项训练、特色拓展、创新实践、快题设计课程模块的适应性较强，可视需要进行调整。

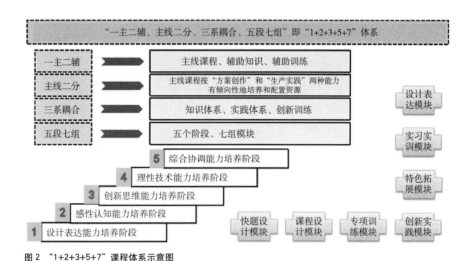

图2 "1+2+3+5+7"课程体系示意图

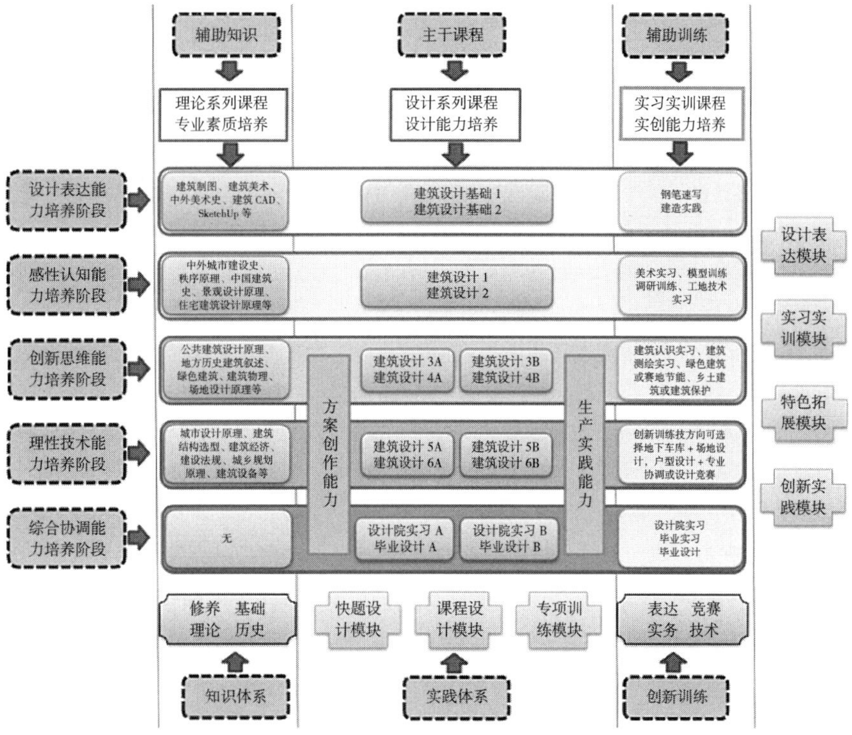

图3 建筑学专业三系耦合的课程体系框架图

2. 以耦合化课程模块支撑课程体系的内在逻辑

课程体系相互耦合，并支撑设计主线课，借助合理的课程设置，有利于学生在掌握基本功的同时，综合能力得到提升。耦合化课程设置的目的是为学生建构完整的知识体系和能力结构。前文所说的"完善三耦合体系"人才培养思路，主要是通过建构相互耦合的课程体系来实现的。在完善课程体系的过程中，我们按照"三耦合体系"的逻辑建构了相互耦合的课程体系架构，关注课程体系架构的整体性和课程体系各部分之间的耦合性，将建筑学专业直接相关的课程划分为七组模块：课程设计模块、设计表达模块、实习实训模块、创新实践模块、快题设计模块、专项训练模块、特色拓展模块，各教学模块由简单的聚合变成相互耦合[6]（图4），其中课程设计模块最能体现学生的综合与创新能力，在课程体系框架中居于主线和核心位置，设计类课程贯穿5年的教学进程，其他课程围绕主线课程按5个培养阶段设置，在各个阶段安排合适的辅助课程。

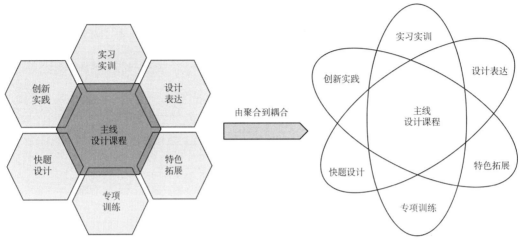

图4　教学模块由聚合到耦合图示

课程体系中的各门课程之间既有外在具体的关联，也存在内在逻辑的联系，在课程体系的建构中，要注意发掘各门课程之间的外在关联和内在联系，关注凝练各门课程各自的知识点及其对知识单元、知识体系建构的作用，找出各门课程之间的相同要素，共同的原理、原则或类化的经验，以及相同的关系、形式或完形，以利于提升学生认知结构的可利用性、可辨别性和稳定性。同时，在前置课程中，通过搭建奥苏伯尔（D.P.Ausubel）所说的"先行组织者"（认知桥梁），有效建立前后课程之间的逻辑联系和迁移基础，通过强化课程之间的横向迁移、纵向迁移，发挥学生的主观能动性，对学生结构意识的培养起到触类旁通、以点带面的效果。

3. 按培养阶段有侧重地设置体系化课程

依照"课程体系耦合化"的思想，建构以建筑设计系列课程为主线，知识体系和创新训练为辅线，相互衔接、相互渗透的课程耦合架构。如前文所述，课程体系建构按照培养目标不同，从一年级到五年级划分为五个培养阶段，每个培养阶段有不同的主线内容和辅助内容，侧重点不同，由浅入深、循序渐进。例如，一年级以设计表达能力的培养以及建筑与空间的认知为主题，目标是使学生建立基本的建筑概念，掌握基本的建筑表现方法，建立建筑概念认知、形态构成认知、空间生成认知、空间秩序组织、城市观察与感知等内容，完成从平面思维到空间思维的认知模式转换；二年级以感性认知能力培养为主，以小型建筑设计教学为主题，中心任务是培养学生的空间概念及空间建构能力，奠基学生空间思维和形象思维，强调建筑与环境之间的关系，训练基本的场所意识和把握场地要素的能力，接触建筑功能分区，继续提高表达能力，接触结构和构造的基础知识；三年级以创新思维能力培养为主，着重建筑设计创意思维和能力的培养，选择文化建筑作为研究对象，培养学生建立多元化的建筑创作思维与分析研究能力，接触多空间、复杂功能建筑，深入理解建筑与生态、建筑与文化、建筑与社会等制约因素的关系；四年级以理性技术能力培养为中心任务，衔接五年级上学期的设计院实习，以建筑技术内容和综合能力训练为教学主题，通过对施工图绘制、高层、大跨建筑等类型的设计研究，提高处理公共建筑的技术能力，掌握建筑技术的相关知识与设计运用能力，理解结构及设备等专业的要求，同时加强对城市物质与人文环境的理解，进一步提高环境意识，强化对建筑的文脉、环境和气候意识；五年级以综合协调能力培养为核心，以建筑与城市为主题，关注建筑设计的全过程与设计相关的经营、管理活动，培养团队结协作能力，强化建筑师的执业技能，强调综合运用相关知识、学习、研究在复杂的城市环境背景下进行课题设计，使综合能力、建筑师实践业务能力得到全面训练。

以结构技术能力的培养为例。结构意识是建筑师必须具备的能力之一，也是建筑学专业培养的重要内容之一，为提升建筑学专业学生解决实际工程问题的能力和结构概念掌控能力，强化学生的结构意识，在课程体系中有目的地设置了具有一定连续性及承上启下特点的结构相关的系列课程，形成有助于结构知识和能力迁移的课程体系，设置的课程包括：建筑材料、建筑力学、建筑结构、结构选型、建筑结构实验、建筑设计6（高层建筑和大空间建筑）。上述课程中，建筑材料、建筑力学、建筑结构和结构选型属于基础理论内容，主要关注建筑与结构自然和谐状态的几何体系、力学特征和材料属性等关键要素，培养学生对结构在建筑设计中的形态表征、结构技术对建筑空间组织和功能布局的制约、各类结构形式的力学特性和适用范围等的清晰的认识。"建筑结构实践"和"建筑设计6"两门课程主要关注结构形态的建筑艺术表现力，培养学生将单纯的结构技术上升为一种艺术上创新手段的能力。如此，结构技术模块形成紧密联系的课程体系（图5）。

除此之外，还需分解毕业目标为多个阶段目标。阶段目标是在培养过程中对毕业目标在时间和层次上的分解，由不同培养阶段的子目标构成，针对不同培养阶段的重点任务和目标设定学生必须掌握的专业知识和能力，通过环境认知、建筑

与功能、建筑与空间、场地与环境、建筑与技术、建筑与城市、建筑与文脉，以及建筑与生态、建筑与人文、建筑与社会等现象和问题的引入，利用多种教学模块，选择相关的设计课题，对应不同的设计周期，明确各个阶段的课程模块对学生设计能力培养的侧重点，在阶段目标框架下设定课程的教学目标。为保证阶段目标的实现，每个阶段由系主任指导，团队负责人组织相应的骨干教师承担支撑课程的建设，建立目标责任制，保障课程教学目标的实现。

4. 建设体现时代性和地域性的特色课程

随着工业化、全球化和现代性的推进，自然生态、社会生态、精神生态、文化生态等各种危机纷至沓来，城市与建筑涉及的问题日益复杂，建筑教育需直面新常态背景下诸多新的问题和挑战。为了适应这种需要，与时俱进，关注学科前沿及专业热点，在建筑学专业课程体系中增设城市建设与建筑新技术等方面的专题课程。同时，结合地域气候特色，增设地域绿色建筑相关课程，关注地域的生态技术以及新能源技术、新材料技术等，适应生态建筑和绿色低碳设计的时代需求，在完善课程体系过程中坚持五个原则：关注地域气候特征、关注适候性设计内涵、关注本土性实践方法、关注地域性文化资源、关注地缘性学术互补。同时，在培养方案中重点强化课程体系的地域特色，通过设置地域自然和地域文化相关的

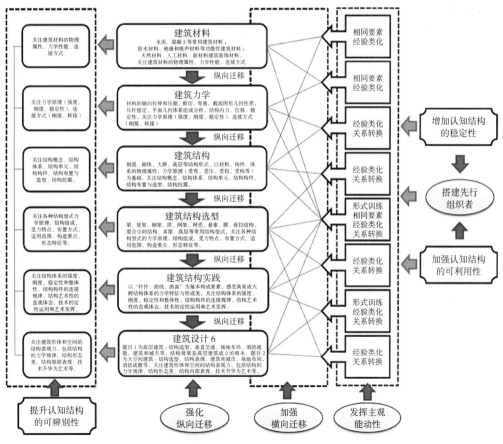

图5 建筑学专业结构相关课程的体系化模块

选修课程，提高学生对地域建筑技术和地域文化的理解和认知，实现强化专业优势和特色的目标。

独特的地域环境、显著的气候特征和丰厚的文化底蕴孕育了地域特色鲜明的建筑文化。这些地域特征为地方高校建筑学专业办学提供了独特的自然、社会、历史和人文资源。为体现办学的地域特色，通过设置地方历史建筑概述、近代建筑测绘、地域城市环境与城市生态学、地域绿色建筑等选修课程，践行"存道立德，精业修身，笃行自信"一体化教育思想，课程体系建设结合地域特色的挖掘，在专业教育中融入育人内容，在课程设计中增加文化研究类题目，以此提高学生对地域建筑技术和地域文化的理解和认知，增加学生文脉传承意识，坚定和增强学生的文化自信与自觉。

5. 课程体系实施过程中发挥教师导向作用

互联网时代学生的学习资源和媒介非常丰富，借助各种新媒体，学生可瞬间触及全世界最新建筑和最时髦建筑理念、逐日更新的技术和材料，甚嚣尘上的理念和乱花迷眼的新奇模式，新媒体途径传播的往往是片段式的、不连续的、未经实践验证的知识，但这些新媒体传播的内容对学生都具有巨大的吸引力，会激发他们的好奇心，是学生不喜欢静心读书的重要致因，容易导致学生知识体系不完整，无法形成专业所需的系统知识架构，而且这类知识如不能在学习过程中经常被调用，往往随着新知识的涌入，很快成为惰性知识。

课程设计毕竟也是特定环境中的设计，需要学生在做课程设计时根据需要在冗余信息中做出艰难的取舍，选择取舍的过程是艰难的，在对被借鉴对象或自身设计任务理解不深，感性缺乏理性制约，自身建筑观、价值观不成熟的情况下很容易误入歧途，喜欢炫技，过分关注建筑外在的形式，或颠倒目标和手段的关系。

在浮躁、偶像崇拜泛滥的当代，学生很难做到不畏浮云遮望眼，难以静心做谦逊、平实的建筑，设计的目标往往不是定位于为人居环境添砖加瓦，而是要引领时代建筑潮流。从某种意义上说，年轻人喜欢追求个性表达的心理外化为专业表达似乎也无可厚非，但这里需要把握好"适度"，要明确表达的目的是传达和传播设计想法，要做到易懂和艺术个性兼顾，不能云山雾罩，使专业人士都如堕五里雾中。

城乡建设更多需要的是能做好与环境协调、融入文脉的建筑的建筑师，这对于以"实用性""应用型"人才培养为目标的地方高校尤为重要，因此不能盲目跟风。教师引导至关重要，让学生的课程设计回归现实，回归科学，回归理性，回归本体，回归本原，回归本真，回归本土，关注建筑的本体、主体、环境和技术问题，需要教师的

引导；规避泛滥的似是而非的理论，无法证伪的概念支撑的纸上建筑、空有概念无技术支撑的建筑乌托邦，也需要教师的引导，毕竟建筑师不是文学家、剧作家、演员、导演、地球拯救者。教师要在学生的设计思维导向上认真思考，如何在不打压学生创作创新热情的前提下，引导学生树立正确的价值观、建筑观，教师的作用在新时期尤其凸显。

五、结语

课程体系建设是专业建设的核心支撑，不同的办学定位和培养目标需要以不同的课程体系为支撑，以应用型本科人才培养为主要目标的地方高校建筑学专业建设，要针对实际情况，探索能发挥地方高校自身优势、彰显特色的专业建设思路，其课程体系也应该与自身的定位、目标、思路相适应。在"坚持三结合理念·完善三耦合体系·培养三实型人才"总体构想下，遵循"厚基础、重能力、强创新、适需求、循个性、彰特色"的指导思想，依据培养目标、办学理念和支撑体系一体化思路和系统化闭环耦合框架，建构和完善有利于强化内涵建设，适应市场需求，适应自我定位的课程体系，以课程体系为切入点，是对地方高校建筑学专业建设的有益尝试。

参考文献：

[1] 全国高等学校建筑学学科专业指导委员会编制. 高等学校建筑学本科指导性专业规范（2013年版）[S]. 北京：中国建筑工业出版社，2013：4-6.

[2] 全国高等学校建筑学专业教育评估委员会编制. 全国高等学校建筑学专业教育评估文件（2018年版·总第6版）[S]. 北京：中国建筑工业出版社，2018：3-22.

[3] 普通高等学校本科专业类（建筑类）教学质量国家标准（2018年版）[S]. 北京：高等教育出版社，2018：548-559.

[4] 程世丹. 培养多样化的高素质建筑人才 [J]. 华中建筑，2007，25（12）：182-184.

[5] 王科奇. 基于CDIO理念的地方高校建筑学工程应用型人才培养模式研究——以吉林建筑大学为例 [J]. 高等建筑教育，2018，27（04）：23-28.

[6] 王科奇. 基于"CPS+智慧技能"模型的建筑学专业设计能力培养浅析 [J]. 高等建筑教育，2020，29（4）：32-38.

图片来源：

本文所有图片均为作者自绘

作者：王科奇，吉林建筑大学建筑与规划学院副院长，教授，博士，一级注册建筑师，主要从事建筑设计及其理论相关教学和科研工作

以 CIPP 教育评价模型为基础的建筑学五年级综合创新实践课程评价改革探索

解丹　曹雅蕾　王雯

The Teaching Exploration of Architecture Studio in Senior Grades based on CIPP Model for Evaluation

■ 摘要：在建筑学五年级综合创新实践课程中以工作室的模式展开以课程评价为核心的新教学探索。通过建立综合创新实践课程 CIPP 教育评价体系得到教学评估结果，找出教学中的不足，并为后续的教学探索提供改进指导，为综合创新实践课程的教学评价提出新的思路和实践借鉴。

■ 关键词：建筑学专业　CIPP　工作室制　综合创新实践　课程评价

Abstract：In the comprehensive innovation practice course of Architecture senior grades, the new teaching exploration based on teaching evaluation is carried out in the mode of studio. Obtain teaching evaluation results, find out the deficiency of teaching, provide improvement for subsequent exploration of teaching guidance and put forward new ideas and practical reference for teaching evaluation of Architectural Studio through the establishment of the comprehensive innovation practice curriculum CIPP education evaluation system.

Keywords：Architecture Major, CIPP, Architecture Studio, Comprehensive Innovation Practice Course, Curriculum Evaluation

基金支持：教育部人文社会科学研究规划项目上（20YJCZH059），河北省社会科学基金项目（HB16SH021），河北省文化艺术科学规划和旅游研究项目（HB20—YB012），河北工业大学2018本科教育教学改革研究项目（201804015）

　　建筑学专业的实践过程是创新意识与思维的形成过程，全面、多样、高质量的实践课程是培养高素质创新性人才的关键。随着建筑专业教育不断发展，培养富于创新精神、工程实践能力和国际化视野的"研发型"高端人才，是未来我国建筑学专业人才培养的重点 [1]。因此，建筑学专业实践教学应及时适应这一发展需求，侧重于学生研究能力与创新能力的培养 [2]。

　　河北工业大学在建筑学本科五年级秋季学期设立综合创新实践课程，该课程以教师课题研究为教学平台，将前沿建筑理念引入设计教学之中，通过调研、讨论、点评等互动方式激发学生的原创性思路，培养学生的创造能力。课程教学组织以工作室制的方式进行，由副教授以上职称教师作为主导老师成立工作室，导师依据相关研究进行立题，不同的课题组教学内容有所不同，并采取"师生互选"制，通过师生共同的课题研究，达到学研结合，给学生多侧面接触专业的机会，从研究中获取新鲜的知识、方法和体验[3]。课程实施多年，已获得初步成效。建筑学五年级学生面临就业及深造的选择，为了使课程能够随着建筑专业需求和国家人才培养的发展需求而进行相应调整，并让学生对建筑专业处理的现实问题有充分了解，需要建立有效的监督反馈机制，对课程实施的各环节都有相应的评估，以此促进教学组对课程的自检和改进。基于此，河北工业大学建筑系通过引入 CIPP 教育评价模式，建全综合创新实践课程监控机制，以便适时调整教学策划，促进课程的不断发展。

一、CIPP评价模式

1. CIPP 理论内涵

CIPP 教育评价模式由美国著名教育评价专家 Stufflebeam 于 1966 年提出，其重视教育评价的改进功能，是对"评价方案从形成、实施到结果的全面评价，是为改进整个教育工作的过程服务"[4]。CIPP 评价模式包含四个步骤：背景评价 (Context Evaluation)、输入评价 (Input Evaluation)、过程评价 (Process Evaluation)、成果评价 (Product Evaluation)。背景评价用于判定与计划相关的环境，包括所在环境的需求、资源、问题和机会，侧重于对教学方案目标合理性的评价和判断；输入评价是依据背景评价基础，对实现目标所需的条件、资源进行评价，其实质是对方案的可行性和有效性的评定；过程评价是对方案过程持续的监督、检查和反馈，是对过程实施情况的检查评估；成果评价则是对目标达成程度的评价，包括测量、判断、解释方案的成就，并审视成果与目标之间的差异[5]。CIPP 模式认为评价的目的不是证明，而是改进。它以决策为目标，把诊断性评价、形成性评价、总结性评价完整地结合起来。目前，这一模式已广泛用于各学科实践课程的评估[6]。

2. CIPP 应用于建筑学综合创新实践教育评估的可行性

建筑学综合创新实践课程旧有的评价模式主要是对学生学习成果的评价，学生成绩评定由平时成绩、中期成绩和最终成绩三部分组成。尽管课程成果部分已不再依靠简单的期末成绩判定，但课程从最初策划到结束全过程在旧有的教学模式下仍未能完整呈现，因此，对课程于何处存在问题，下一步如何改进不能有清晰的反馈认知，无法满足课程面对不断发展的专业需求和人才培

养需求所应做出的调整。同时综合创新实践课程通过工作室模式开展教学活动，不同工作室之间的课题背景、教学要求、教学安排有所区别，不同工作室存在的教学问题有所不同，原有的教学评价无法准确捕捉各工作室问题差异进而自我改进。CIPP 评价模式将教育评价融合到整个课程中，背景评价对应各工作室课题背景，输入评价对应展开课程投入，过程评价对应工作室教学活动，成果评价对应教学效果，从而进行整体评价。评价的实施贯穿于课程开始前、课程进行中及课程进行后，评价结果更加全面客观。与此同时，CIPP 评价还可以对每个工作室的课程实践进行单独评价，更加清晰明了各自的问题所在，从而进行调整。

二、建筑学综合创新实践课程CIPP评价模型建构

1. 搭建总体模型

依据 CIPP 教育评价模型四类评价构建了建筑学五年级综合创新实践课程课题背景、教学投入、课题教学、教学成效四大评估环节，各环节之间协作影响，同时具有各自的独立性（图1）。评价总体模型除了对教学活动进行整体评估并形成评估报告外，对其中任一环节也同样适用。而形成的评估报告会对各个环节或整体进行反馈，从而引导局部或整体调整内容。

2. 完善指标体系

在综合创新实践课程 CIPP 总体模型基础上，教学组补充其具体内容，形成完整的综合创新实践 CIPP 评价指标体系，包括有课题背景、教学投入、课题教学、教学成效 4 个一级指标、10 个二级指标、20 个三级指标（表1）。表中"指标释义"一栏阐述了每个三级指标的具体含义，"评价依据"则列举出各评价指标的参考文件和选用方法。

课题背景环节评价综合创新实践课程的教学目标、教学理念，旨在明确建筑学创新实践课程的培养目标，除满足建筑学专业基本培养需求外，以培养具有创新素质、合作精神、科研素养的应用型创新型建筑学人才为目标重点。教学投入环节包括师资团队、课程准备、设施资源、预算四个二级指标，评估完成创新实践课程的准备工作和保障条件。课题教学环节分为教学过程和学生表现两个二级指标，考量综合创新实践课程的教

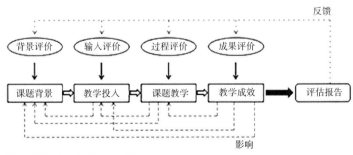

图1 综合创新实践课程 CIPP 总体模型

学内容、教学方法、教学执行和学生的课程参与状况。教学成效环节包含教学成果和课程影响两个二级指标，重点评价建筑学综合创新实践课程的成果及价值。

构建的综合创新实践课程 CIPP 模型四大评价环节环环相扣，贯穿从课程设计到最终完成的全过程，并形成积极的反馈机制，形成良性循环。

综合创新实践课程 CIPP 评价指标体系   表 1

一级指标	二级指标	三级指标	指标释义	评价依据
课题背景	教学目标	基本目标	是否符合培养具备专业基本理论、知识和技能的建筑学人才目标	普通高等学科本科专业类教学质量国家标准
		综合目标	是否符合培养综合设计能力、创新设计能力的建筑学应用型人才目标	
	教学理念	学研结合	是否符合科研思维和素养培养需求	
教学投入	师资团队	专业课教师	是否具备良好的相关课题研究能力	相关科研成果
	课程准备	课程计划	是否有详细的课程方案，包括教学内容、教学形式、教学方法、学时安排、考核方式等	课程教学大纲
		教学资料	是否提供充足的课件、参考资料等	
	设施资源	硬件设施	教室设备、实验室设备是否满足课程要求	实验室设立情况 校园信息化建设情况
		学习资源	是否有充足的图书资源	
	预算	人力估算	是否有对教师、学生工作量的估算	教学科研工作量核算标准专业人才培养方案
		经费预算	是否有调研、设备、人力等费用预算	
课题教学	教学过程	教学内容	教学内容节奏、进度安排是否合理 理论是否联系实际，反映学科前沿	课程计划 教学评估
		教学方法	是否利用事实、案例等引导式、启发式教学 是否适度结合传统教学与现代化教学技术手段	
		教学执行	课程计划执行情况如何	
	学生表现	出勤	学生出勤情况如何	对教师、学生的调查问卷
		积极性	学生是否表现出对课题的关注与兴趣	
		参与度	学生是否与教师有良好的互动，参与讨论	
		课堂考核	学生能否完成每个教学节点任务	
教学成效	教学成果	学生基本素养	学生是否达到建筑学专业基本能力的培养目标	课程设计成果 对教师、学生的调查问卷
		学生综合素养	学生是否达到建筑学专业应用型人才的培养目标	
	课程影响	可持续性	是否继续该类课题的继续研究	课程实施总结报告 教师、学生访谈

三、建筑学综合创新实践课程CIPP模型应用

1. 评价模型实施

河北工业大学建筑学本科五年级综合创新实践课程在 2019~2020 学年度秋季学期开始试行新的评价模型。综合创新实践课程以专题工作室模式进行，分为建筑历史、建筑设计、建筑技术 3 个方向，每个方向均有 4~5 个研究题目不等，每个课题由 1~2 名相应专业领域内具有一定科研成果的教师任教，共计 14 个题目（表2），20 位老师、60 位学生参与，师生比为 1：3。学生自愿报名加入教师工作坊，当出现某个教师工作坊人数过多时，会进行随机调整，以确保每个工作坊至少有四位同学参与，方便学生合作组队。

教学组在课程完成后采用网络问卷方式对四个环节进行满意度调查，通过 5 级李克特量表形式对综合创新实践课程 CIPP 评价模型的二级指标进行满意度测评。参与问卷调查的总人数为 83 人，包含创新课程涉及的学生 60 人、老师 20 人及校外专家 3 人。问卷共发放 60 份，有效问卷 60 份。问卷结果见表3。

2. 评价模型实施结果分析

由测评结果可知，总体上，教学成果以 4.47 分的满意度位居最高，设施资源以 3.76 分的满意度最低，课程影响满意度得分 3.97 较低。设施资源满意度不高主要体现在学院硬件设施方面，实验室建设经费投入不足，仪器设备台数少而陈旧，且实验室缺少专门的技术人员和管理人员，利用率较低，开放较少，学生大多是在教师带领下体验一下实验操作，极少有主动使用的机会，缺乏主观能动性。学院实验室的建设需要加大力度。

从三个不同方向来看，建筑设计方向教学目标、教学理念、师资团队、课程准备、教学成果满意度较之其他两个方向更好，建筑历史方向的教学过程和教学影响更好，建筑技术方向的设施资源、学生表现较好。

河北工业大学建筑学五年级综合创新实践课程 2019~2020 学年度秋季学期选题　　　表 2

序号	研究方向	研究课题
01	建筑设计	基于装配式的公租住房空间可变设计研究
02		微更新视角下天津安子上村人居环境规划设计
03		极小居住空间设计
04		环京津地区河北省城市老旧社区调研与改造活化模式研究
05		河北工业大学南院校区第六教学楼更新改造研究
06		泰达城城市复兴策略研究
07	建筑历史	河北省蔚县北方城村传统村落文化资源调研报告
08		河北防御性聚落外部空间分析及其保护
09		河北省大梁江村、于家村传统村落文化资源调研报告
10		河北省蔚县西古堡村传统村落文化资源调研报告
11		中国古代建筑名词解释图解辞典
12	建筑技术	雄安新区背景下智慧型高速服务区设计模式研究
13		河北城郊农村装配式农宅虚拟定制空间模块化设计
14		北京大兴区半壁店绿色智慧乡居建设项目深化设计及实施

综合创新实践课程教学满意度测评表　　　表 3

一级指标			课题背景		教学投入				课题教学		教学成效	
二级指标			教学目标	教学理念	师资团队	课程准备	设施资源	预算	教学过程	学生表现	教学成果	课程影响
平均满意度	建筑设计	01	4.11	4.36	4.36	4.01	3.32	4.03	3.45	4.34	4.45	3.95
		02	4.65	4.23	4.02	3.89	3.76	3.89	3.41	4.25	4.31	3.99
		03	4.08	4.01	4.65	3.95	3.77	4.08	4.27	4.02	4.47	4.01
		04	4.29	3.97	4.11	4.44	3.74	4.13	4.33	4.46	4.66	4.02
		05	4.17	4.00	4.13	4.03	3.79	4.09	4.51	4.39	4.38	3.91
		06	4.31	3.89	4.06	3.96	3.81	4.15	4.29	4.67	4.76	3.95
		整体	4.27	4.07	4.22	4.04	3.70	4.06	4.04	4.36	4.51	3.97
	建筑历史	07	4.09	4.09	4.02	3.88	3.89	4.21	4.19	4.52	4.26	4.02
		08	4.02	4.11	4.07	3.79	3.79	4.13	4.41	4.75	4.55	4.07
		09	4.38	4.05	4.13	4.04	3.67	3.98	4.36	4.26	4.36	3.98
		10	4.26	4.04	4.15	4.00	3.79	4.02	4.49	4.19	4.72	4.00
		11	3.99	3.55	4.09	4.25	3.82	4.17	4.35	4.22	4.16	3.92
		整体	4.15	3.97	4.09	3.99	3.79	4.10	4.36	4.39	4.41	4.00
	建筑技术	12	4.01	3.88	4.23	3.93	3.85	4.06	4.57	4.31	4.52	4.07
		13	4.07	4.11	3.98	3.99	3.96	3.69	4.29	4.48	4.58	3.88
		14	4.43	3.77	4.21	4.02	3.69	4.16	4.14	4.41	4.39	3.82
		整体	4.17	3.92	4.14	3.98	3.83	3.97	4.33	4.40	4.50	3.92
总体满意度			4.20	4.00	4.16	4.01	3.76	4.06	4.22	4.38	4.47	3.97

综合创新实践课程的教学过程，实际上是培养建筑学专业学生将前四年所学基础设计知识综合运用到实际问题上的能力，相关方向的基础理论知识学习一定程度上影响到创新实践课程。建筑设计方向由于教师资源更丰富，梯队相对更合理，且在本科一年级至四年级的学习中，基础设计课程体系较建筑历史和建筑技术方向更为成熟完备，因此整体上建筑设计方向的工作室在教学课题从策划到实施均有着更为前瞻性的认知，因而与历史和技术方向的工作室相比满意度更高。而不同工作室由于课题不同，各自在各个环节满意度得分均有所差异，得分表方便各工作室对教学实施各环节进行自查，以便于后续的不断调整改进。

3. 改进建议

此次采用新的评价模式取得了一定的成效，使得教学组对课程实施存在的问题从各方面都能得到有效反馈。整体上，设施资源是薄弱环节，主要体现在学院实验室条件无法充分满足教学要求。建筑学教学实验室是必备的教学设施，一般包括构造实验室、物理实验室、材料实验室和模型实验室[7]。当前学院只有构造实验室和材料实验室两种，基础实验室建设有所欠缺，学院应首先完善基础实验室建设。随着当前 VR

等数字技术的极大发展及技术的日趋成熟，"数字城市"及"数字校园"的提出，给高校实验室建设提出新的要求——数字技术实验室的建设成为实验室建设的主导方向[8]。在实验室管理方面，建立完善的管理体系是必要的，达到实验室统一管理，实现实验室资源的优化配置，提高利用效率。综合创新实践课程在后续的改进过程中，各工作室对课题的选择还应当有更进一步的筛选过程。各工作室课程影响得分均不高，主要体现在学生对目前的选题兴趣度和了解不够。教师可以在课程开展前对各工作室的选题做一份简单的导报或者集体讲座，简要介绍课题当前的研究背景、动态及重点需要解决的问题，减少学生在选择课题工作室时的盲目性。

课程评价结果中反映的建筑历史及建筑技术方向满意度较设计方向低，不仅仅涉及各个工作室对各自薄弱环节的调整，对建筑学历史和技术类课程改进同样需要跟进。当前建筑历史的教学长期处于同建筑设计的"绝对分野"和理论与实践教学相脱节的境地，课程设置缺乏层次性，针对性不够，局限于传授基本知识[9]。在未来建筑历史教学的改进中，可将现有建筑历史课程分为"基础理论"和"专题研究"两个部分[10]，协同耦合综合创新实践课程，实现从基础研究到专题研究再到应用研究的"三步走"，整合创新建筑历史教学模式，在综合创新实践课程中建筑历史工作室的教学目标、教学理念及教学组织能够更清晰明了，更符合对建筑学综合创新人才的培养要求。建筑技术类课程的设置同建筑历史课程一样，存在诸多问题。其与建筑设计课程割裂开，相对独立，有部分需要建筑学生掌握的建筑技术知识作为单独学科的存在，导致建筑学生无法建立起完整的知识结构，综合技能的掌握也相对薄弱[11]。同时，建筑技术类课程内容由于无法与设计课很好的结合，导致学生在构思设计作业时，大多将重点集中于对建筑美学的利用，缺少技术类问题的思考[12]。在后续建筑技术类课程改革中，应加强技术课程比重，同时对教学内容作出调整，精简理论内容，利用好实验室加强实践教学内容，并将其与建筑设计课程进行优化整合，理论知识学习要与能力培养相结合，建筑技术与建筑设计课程贯通融合。

四、针对建筑学综合创新实践课程的结论

依据 CIPP 教育评价模型构建的建筑学综合创新实践课程评价体系，不同于传统教学评价里仅重视教学过程中学生的课堂表现及最终的设计成果评价，而是从更深的策略层面完善整个教学评估。由于 CIPP 评价模型的形成性功能，不仅能诊断设计教学所存在的问题，也为进一步的教学探索提供指导。通过教学测评结果，明确教学中存在的不足，并在未来可以进行有针对性的改进措施，充分发挥教学评价体系的反馈作用，使得每一次教学改革都有理可循、有据可依，有助于提高教学方案制定的客观性，避免主观因素过多影响至教学中。

参考文献：

[1] 卢峰.当前我国建筑学专业教育的机遇与挑战 [J].西部人居环境学刊，2015，30（06）：28-31.

[2] 范文兵.建筑学在当今高校科研体制中的困境与机遇——从建筑教育角度进行的思考与探索 [J].建筑学报，2015（08）：99-105.

[3] 陈雅兰，李帆，叶飞，穆钧."工作室"制教学模式在高年级建筑学设计课程中的实践 [J].中国建筑教育，2016（02）：33-37.

[4] 蒋国勇.基于 CIPP 的高等教育评价的理论与实践 [J].中国高教研究，2007（08）：10-12.

[5] Stephen Fox.Architecture School：Three Centuries of Educating Architects in North America[J].Journal of Architectural Education，2013，67（2）.

[6] 肖远军.CIPP 教育评价模式探析 [J].教育科学，2003（03）：42-45.

[7] 侯飞.建构主义教学理念下高校建筑学实验室的教学与建设研究 [D].沈阳建筑大学，2013.

[8] 丁永红，尤文斌.高校专业实验室建设与实验教学改革探讨 [J].中国教育技术装备，2010（30）：93-94.

[9] 郎亮，刘九菊，王时原.以历史素养转化为目标的建筑历史教学改革研究与实践 [J].建筑与文化，2016（02）：130-131.

[10] 徐震，顾大治.卓越工程师培养目标下建筑历史教学模式整合创新研究 [J].东南大学学报（哲学社会科学版），2013，15（S2）：149-152.

[11] 周忠长.建筑学专业建筑技术类课程的教学改革探讨 [J].大学教育，2015（02）：175-176.

[12] 梁咏宁，周成斌."建构"之建构：建筑学专业建筑结构教学新思维 [J].高等建筑教育，2011，20（03）：1-4.

图表来源：

本文所有图表均为作者自绘、自制

作者：解丹，河北工业大学建筑与艺术学院副教授；曹雅蕾，河北工业大学建筑与艺术学院研究生；王雯，河北工业大学建筑与艺术学院研究生

多课题多角度的创造性设计思维训练

——同济大学建筑系三年级平行自选设计教改思考

张凡 李镜宇

The Training of Creative Design Thinking from multi-Program and multi-Angle ——Reflection on Architectural Education in the Third Year of University Using Parallel Design Course in Tongji University.

■ 摘要：论文从多课题多角度促进创造性设计思维的角度，详细介绍了同济大学建筑系本科三年级建筑与人文环境主题平行自选设计课程教学改革的产生背景与课程组织，分析了平行自选课程设计课题的特点与不同目标，对教学过程和成果进行了积极的思考和总结。

■ 关键词：多课题 多角度 创造性设计思维训练 平行自选

■ Abstract：This paper introduces the topic setting and course organization of the design program in the third grade of Tongji University from multi-program and multi-angle in detail. Taking architectural and human environment as the theme, the parallel design course sets eight programs to train students' creative thinking from different aspects. This paper analyzes different features and aims in each topic, and reflects the teaching procedures with summaries.

Keywords：Multi-program，Multi-angle，Creative thinking Training，Parallel design Course

　　传承与变革是经典课程不断适应新时代的建筑教育要求，是建设一流专业课程的重要理念和途经。同济大学建筑系本科三年级以建筑与人文环境为主题的课程设计是覆盖全年级的必选课题，设计训练突出对历史文脉和地域特征的尊重，有着悠久的历史。

　　课题经历了数次的教改实践[1]，从单一基地的教学模式，到成功地实践了多基地多角度的因材施教的教学改革，并获得了专指委 2015 全国优秀教案奖。2019 年在学院建设一流学科的教改推动下，建筑系针对多项课程设计展开了新一轮的教学改革，对三年级的课程设计首次尝试"平行自选"的教学改革实践①。

课题及教学组织 表1

	学习阶段	专题设置	教学重点	选题内容
一年级 二年级	建筑设计基础 兴趣 认知 构成 生成	基础训练 设计入门	构成性分项训练 生成性综合设计	环境认知、建筑表达、建造实验等 假日花市、幼儿园、大学生活动中心等
三年级	建筑设计 空间 场地 功能 流线 构造 技术 住区 城市	建筑与人文环境 建筑与自然环境 建筑群体设计 住区规划设计	空间 体验 形式 场地、剖面与构造 空间秩序与环境整合 修建性详规与居住建筑及技术规范	民俗博物馆 山地俱乐部 商业综合体、教学集合建筑 城市住区规划
四年级	建筑设计 城市 环境 毕业实践	高层建筑设计 城市设计 毕业设计	城市景观、结构、设备与防灾及技术规范 城市功能定位、城市要素整合 综合设计能力	高层旅馆、高层办公楼 城市历史街区复兴 教学团队

一、平行自选教学实践的背景与组织

平行自选教学方法，是主要针对全年级必选的重要课程设计。基于相类似的主题和相近的规模，同时提供多个不同的课题供学生选择，以提高学习的主动性和积极性，并达到从多个角度促进同学的创造性思维形成的目的。建筑系对课题来源做了统合的考虑，既保留了原有课题的延续性，也鼓励教学研究型、研究型、教学型等不同类型教师提出课题。并参照瑞士ETH学院等欧美院校，将有所成就的执业建筑师引入教学纲领的做法[2]。设立课程设计的实践型教师序列，让建筑工作室的实践经验来到课堂。本次平行自选共有8个选题，其中外聘实践型教师出题占比为1/2，形成了多元共生的选题及教学组织模式（表1、表2、图1、图2）。

二、平行自选课题的特点与训练目标

在相同的主题建筑与人文环境背景下，衍生出8个有差异性的特色课题（表3）。课题所选基地面积在2000~6000m² 内，建设容量要求在1500~3000m² 之间，体现中小型文化建筑在统一要求下的多元化解读。基地均处在历史氛围浓郁的街区，具体既有江南水乡古镇的原生态社区，例如位于苏州近郊的浒墅关民俗博物馆和上海朱泾镇社区及游客中心的水乡老街基地，也有城市滨水历史街区，如老场坊美术馆和"边·界"课

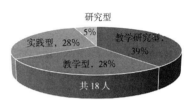

图1 教师类型比例

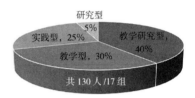

图2 学生选课人数比例

题的城市小尺度滨水基地；还有地处城市特色历史犹太社区的"民俗博物馆"和"城市人文书店"课题，以及地处城市特殊文化主题区的"花市里的文化中心"和"社区冥想中心"课题。基地与地区中受保护历史建筑的关系也有包含、邻接、对话等几类情况，为新旧共生形态生成提供了基点和线索。

差异化的课题和不同背景的教师，必然带来不同的训练方法和目标，共同促进创造性设计思维的生根发芽。总体上培养学生以主题研究结合场所体验为创作的灵感来源和以新旧共生为形态生成的动力，根据侧重具体可分为主题演绎法、外生体验法、内生体验法等三种（图3）。

课题及教学组织 表2

组别	课题名称	课题类型	教师类型/人数	选课学生组数
1	浒墅关民俗博物馆	社会博物馆	实践型/1	1
2	老场坊美术馆	社区美术馆	实践型/1	1
3	花市里的文化中心	社区文化馆	实践型/2	1
4	社区里的冥想中心	社区文化馆	实践型/1	1
5	边·界	社区展览馆	研究型/1	1
6	朱泾镇社区及游客中心	社区文化中心	教学型/2	2
7	城市人文书店	社区文化中心	教学型/3	3
8	民俗博物馆	社区博物馆	教学研究型/7	7

课题基地面积 /m²	基地总图	基地特色	训练目标
浒墅关民俗博物馆 6000m²		1. 街区具有独特的江南水乡风貌 2. 老街生活场景鲜活 3. 基地内有保留完好的红砖剧场	1. 基地个性化解读形成设计依据 2. 从城市入手的建筑设计
老场坊美术馆 2500m²		1. 基地围绕保护建筑 1933 老场坊 2. 社区氛围浓厚，自然资源丰富 3. 三个基地可供选择	1. 基于场所直观感受的抽象为设计依据 2. 生活文化要素情入建筑
花市里的文化中心 3000m²		1. 街区周边保护建筑众多 2. 有新植入的城市公共空间 3. 社区氛围浓郁	1. 基于花市主题的参与性文化解读 2. 新旧融合的形态创造
社区里的冥想中心 2500m²		1. 比邻宗教建筑 2. 社会活动丰富 3. 绅士化社区环境	1. 基于实证的情境扫描和现象阅读建构现象模型 2. 锻造"模式"，促进形态生成
边·界 2000m²		1. 比邻保护建筑四行仓库 2. 抗战纪念广场为核心外部空间 3. 滨水景观资源丰富	1. 基于"界"threshold 的内省式思考 2. 由内而外，自下而上地探索建筑与城市空间
朱泾镇社区及游客中心 5000m²		1. 原生态水乡古镇环境 2. 原住民社区结构完整 3. 基础内有保留耶稣堂	1. 基于生活观察和社区体验的功能设定 2. 新旧共生的形态生成
城市人文书店 2500m²		1. 历史犹太社区核心 2. 基地位于两条风貌保护道路转角 3. 基地内有保留美犹联合会建筑	1. 基于人文体验的文化空间解读 2. 营造基于主题消费的活力休闲社区
民俗博物馆 3000m²		1. 历史犹太社区多元文化交织的核心 2. 临街街道转角及地铁出入口，可达性高 3. 基地内有保留犹太难民纪念馆建筑	1. 基于街巷体验的线索发现 2. 基于街区复兴的场所营造 3. 新旧共生的形态生成

1. 主题演绎法

主题演绎法突出某一文化主题在特定社区中的场景呈现和参与性的功能组织，鼓励学生围绕给定的主题做功能的研究和空间组织关联的思考，形成分析图表，作为设计的基础。

如外聘海归实践型教师提出的"花市里的文化中心"强调基于花市主题和参与性文化主题解读的场景塑造和功能安排。课题的难点在于协调不同主题的空间与时间的组织关系，花市与社区文化中心均具有公共属性，前者作为传统文化在日常场景中的载体，与后者在使用功能、开放性程度以及空间氛围上都有所不同。因此，建筑的剖面设计成为立体化协同两种主题活动的出发点和设计推进的基础。

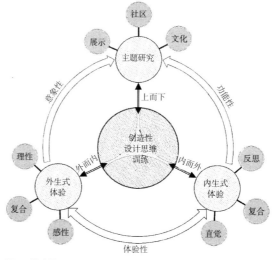

图 3 创造性思维训练方法

同样是实践型教师提出的"社区冥想中心"课题，则要求同学捕捉特定社区主题性文化活动，除了特别关注传统的集会与集社文化活动的功能构成与动线组织要求外，还将当代城市中的非正式空间，如移动推车、违建雨棚等纳入观察范围，并研究其集体性文化图式（collective culture pattern），形成设计概念，进而发展出具有潜质的空间形态。

主题演绎法偏重引导学生对设定主题进行深入解析，以资源为导向形成解决方案；同时基于对场地的深入观察归纳现象模型，引发学生对建筑使用场景的空间想象。

2. 外生体验法

外生体验法注重基于城市及街区体验的设计线索的发现以及由城市入手的建筑设计逻辑。

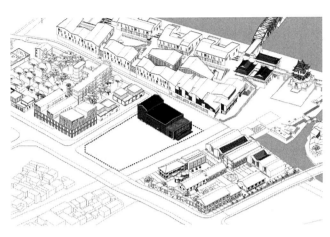

图4　浒墅关民俗博物馆场地

如实践型教师提出的"浒墅关民俗博物馆"课题基地及周边环境历史信息丰富：有历史水道及社区广场、生活气息浓郁的老街坊和场地内保留的剧场建筑。要求学生研究地区规划条件，以对基地层叠的历史信息个性化观察和理性分析为基础，一方面历时性地研究基地及其关联域的特征要素，一方面共时性地体验其呈现状态，形成新旧共生的设计线索和设计深化的外生动力（图4）。

"朱泾镇社区及游客中心"课题基地位于具有江南水乡特征的历史街区内，具有尺度宜人的滨水景观。通过组织现场调研，课题设计线索更偏重强调来源于现实水乡生活观察和社区文化生活体验，从而引导学生研究功能设定和场所营造。

"民俗博物馆"和"城市人文书店"课题，则鼓励同学面对多元文化交织的特色街区时，运用反复调研、情景观察、问卷调查及理性分析相结合的方法，充分研究基地及周边新旧交织的城市空间差异性和历史建筑的特征与价值，分析基地存在的问题以及新建筑作为社区活动中心发展的潜力，从而形成基于历史街区复兴的文化展示场所营造的概念。

外生体验法偏重理性分析，通过系统的调研方法厘清设计限制要素，发掘场地特征，逻辑性地组织空间和生成形态。在城市历史街区复杂的建成环境下，培养学生尊重传统文化与历史文脉的设计意识。

3. 内生体验法

内生体验法侧重来自基地体验的内发心源的场所精神领悟，以及个人情感移入的空间组构和形态创新。

以研究型教师所出"边·界"课题为例，教师引导同学以"临界"（threshold）为内省式思考的基点，由内而外地探索建筑与城市空间的意义。基地东侧是保护建筑四行仓库和抗战纪念广场，在基地内分层级的和日常对纪念性外部空间的体验是设计的原动力。老师形象地运用17世纪荷兰著名风俗派画家彼得·德·霍赫（Pieter de Hooch）所绘的宁静的家庭场景油画，通过门廊、二次光线运用等所展示的由室内到内院再到屋外窄街、河道的空间过渡和深度，生动地阐释了其Threshold as transitional space 由内而外的创新设计思维训练方法。

提出"老场坊美术馆"课题的先锋实践型教师，力主基于场所直觉感受的创新设计思维训练。要求同学首先利用拼贴画表达和记录自己对场地的直观印象和场地的空间事物关系，并以此为依据抽象出建筑形态，同时将个人的文化情感要素移入建筑空间组织，形成个性化的创新设计。

内生体验法偏重感性直觉的场地理解，以主体的内部感受与反思为设计动力，外化为空间与界面，进而驱动创新的形态生成。

三、平行自选课题的成果与思考

与单一选题课程设计相比，平行自选的教学改革带来了诸多优点。首先，学生有更大的选择度，可根据自己的兴趣偏好选择题目，提高了学习的积极性。其次，课题的差异性提升了教师之间和学生之间交流的欲望，有助于研究问题的深入研讨和学生自主学习与进步。这种充分的交流与互动集中体现在平时的课堂讨论、中期年级展评和期末的集体评图和展览交流过程中。老师的辛勤付出，同学们的积极参与共同凝练出基于社区文化基因延展的创新设计作品（图5）。

图 5　不同课题学生作品

　　此次课程设计的 8 个选题从不同的角度促进了同学的设计概念生成。教学过程强调各个阶段的模型推演，培养同学运用差异性的方法努力将概念转换为有生命力的建筑形态，既有场所精神主导的形式的递进推演法，也有外部活动流线主动介入建筑内部空间的设计概念发展方法；同时，我们也看到经由文化主题多层次剖析形成的功能隔离与互动关联展示在建筑形态上的生动状态。成果表达则要求绘制基于概念生成及其深化演绎的图纸，取得了良好的效果。课程设计结束后，系里组织了所有命题教师参加的总结讨论会。大家充分肯定了平行自选对三年级本科教学的积极作用，摆脱之前设计课教学注重类型、方法重复、效率较为低下的做法，探索"相同类型不同方法和不同类型相同方法"的教学改革，是新时代建筑教育发展的迫切需求。

注释：

① 　平行自选教学改革，由建筑系主任蔡永洁老师负责，王一、谢振宇老师主管，作者一为建筑与人文环境课程教学负责人。

参考文献：

[1]　张凡 . 多基地及多角度的因材施教法研究——民俗博物馆课程设计教改思考 [A].2015 全国建筑教育学术研讨会论文集 [C].(681-682)．

[2]　《建筑与都市》中文版编辑部 . 建筑与都市 : 瑞士之声（建筑十年 2000-2009）[M]. 武汉 : 华中科技大学出版社，2011（151）．

图片来源：

本文图 4 来源于课题任务书，图 5 来源于学生作业推优，其余图表均为自绘

作者：张凡，同济大学建筑与城市规划学院副教授；李镜宇，同济大学建筑与城市规划学院硕士研究生

中、美、日城市综合防灾规划模式比较研究

王江波　陈敏　苟爱萍

Comparative Study on Comprehensive Disaster Prevention Planning Models in China, the United States and Japan

■ 摘要：随着中国《城市综合防灾规划标准》(GB/T 51327-2018) 编制完成，标志着我国地方综合防灾减灾规划拥有了法定的编制依据和编制内容框架。然而，《标准》发布后，其践行效果并不理想。为帮助我国防灾减灾工作顺利推进，建议深入了解国内外先进经验，将中、美、日三国的防灾减灾规划模式进行比较，分别从法规体系、规划内容以及防灾策略三个层面展开分析。最终从制定综合防灾法、重视规划前的风险评估以及加强防灾策略的可操作性 3 个层面提出建议与思考。

■ 关键词：防灾规划　法规体系　风险评估　减灾策略

Abstract：A few days ago, China's "Comprehensive Urban Disaster Prevention Planning Standards" (GB / T51327-2018) was completed, marking that China's local comprehensive disaster prevention and mitigation plans have a legal basis and content framework. However, after the "Standards" were published, their The practice effect is not ideal. In order to help our national defense disaster mitigation work progress smoothly, it is recommended to deeply understand the advanced experience at home and abroad, compare the disaster prevention and mitigation planning models of China, the United States, and Japan, and start from the three levels of legal system, planning content, and disaster prevention strategy analysis. In the end, it draws lessons and thinking from the three levels of formulating a comprehensive disaster prevention law, emphasizing risk assessment before planning, and strengthening the operability of disaster prevention strategies.

Keywords：Disaster Prevention Planning, Legal System, Risk Assessment, Disaster Reduction Strategies

基金项目：国家自然科学基金 (51978329；51778364)

一、引言

历经近 10 年的反复修改之后，住建部颁布《城市综合防灾规划标准》(GB/T51327-2018)，并于 2019 年 3 月 1 日开始正式实施。标准制定的初衷，是为了规范地方综合防灾减灾规划的编制框架。但是，标准颁布至今，真正严格据此开展规划编制的单位很少，践行效果明显不佳。为此，有必要学习国内外先进经验，对《标准》进行完善并促进其更好地落地。从全球范围来看，美国、日本以及中国台湾与大陆地区所面临的灾害种类相似，需要解决的防灾难题不谋而合。基于此，有关学者进行了大量研究，对于美国，肖渝等探讨了美国在灾前、灾中、灾后阶段，运用环境灾害的社会脆弱度地图起到的作用[1]；冯浩等细述了美国以 FEMA 为核心的灾害防治管理体系，指出我国在法律法规、组织机构等领域需要完善的建设[2]；赫磊等借鉴了美国城市综合防灾规划的编制体系，拟成了我国大陆地区城市综合防灾编制的成果表达体系[3]。对于日本，滕五晓等总结了日本的防灾规划与管理体制，包括以中央政府、地方政府、机关企业为三位一体的灾害管理体制；以社区防灾组织、防灾志愿组织为主的全民参与的防灾救灾体制[4]。杨东等总结了日本灾害立法对我国的借鉴，强调日本防灾工作的开展依赖于完整的灾害应急机制、救援体系以及应对灾害的财政措施[5]。王桢指出，日本高效的防灾体系，是建立在日益提高的灾害气候监测和预报技术基础之上[6]。对于中国台湾，吴一洲等介绍了台湾都市防灾系统空间规划的相关理论与框架，为大陆地区地震防灾分区划分提供了经验与启示[7]。周铁军等借鉴台湾地区灾害防救对策经验，总结了台湾灾害防救体系在理论理念、组织应对等方面的特点，提出建立"全社会型"防灾体制，化被动防灾为主动防灾[8]。叶欣诚等指出台湾地区对灾害教育的重视，主张从学校教育落实灾害教育，建立主责单位，促进防灾工作发展[9]。

综上所述，相比较美国、日本以及中国台湾，大陆地区的城市综合防灾建设工作相对滞后，在全球灾害损失日益扩大的境况下，我国大陆地区城市防灾减灾规划体系建设的完善工作刻不容缓，城市综合防灾规划的空缺亟待填充。

二、法规体系

1. 综合性防灾减灾法规

防灾规划编制和实施的最有力保障是防灾法律。一直以来，中国大陆在城市或地方层面，很少编制独立的综合防灾减灾规划，防灾减灾规划一直隶属于城镇总体规划的专项规划篇章，其基础的法律依据为城乡规划法。然而，对于美国、日本以及中国台湾地区，尽管规划体系有所差异，但是法律依据都是基于综合防灾法和系列专项防灾法以及相关的法律规范。只有中国大陆，在防灾规划编制依据上缺乏综合性质的防灾法。唯一一部具有综合性质的防灾法律为《突发事件应对法》，此法的局限性明显，侧重关注灾害应急阶段的策略，而对于灾前预防和灾后修复重建部分涉及较少。综合防灾法保障了规划从编制、审批到实施各个阶段的内容及政策的落实。由于缺乏针对防灾层面的综合法律保障，中国大陆地区综合防灾规划编制模式多样，规划评估标准不一，公平和效率难以保证。现对中、美、日三国最基本的法律依据进行比较，见表1。

美、日、中防灾规划法律依据比较[10], [11]　　　　　　　　　　　表 1

国家或地区	防灾减灾规划有独立的法律依据	法律依据基础	防灾法律发展
美国	是	《减灾法》	1974 年首次颁布，2000 年对《斯塔福德法案》进行修订，明确指出州和社区必须制定被批准的减灾计划，才有资格申请和获得 FEMA 减灾资金。
日本	是	《灾害对策基本法》	1961 年颁布，规定国家成立中央防灾会议，由中央防灾会议制定全国的防灾基本规划；规定各地方政府和公共事业团体必须制定各自的地区防灾规划和防灾专项规划。
中国台湾	是	《灾害防救法》	前身为 1994 年"行政院"颁布的"灾害防救方案"。2000 年颁布，2000-2009 进入第一适用期，成为第一部有关灾害防救的全省基准法。2009 年莫拉克台风等重大灾害催生了"灾害防救法修正案"，《灾害防救法》正式进入修正时期。
中国大陆	否	《城乡规划法》	2008 年颁布，从城市建设角度考虑综合防灾设施的布局、规模和建设内容。

2. 城市防灾规划标准

理论上，防灾规划内容框架在同一层级上应当保持高度一致性，尤其是具有法律效应的强制性内容，是规划文本的重点。城市综合防灾规划要保证这种统一性，需要严格按照城市层面的防灾规划标准进行规划编制。中国大陆地区，《城市综合防灾规划标准》颁布之前，城市层面很少制定独立的综合防灾规划，而是从属于城市总规，其编制标准参考的是城市总体规划纲要。中国大陆地区的防灾规划标准制定时间短且缺乏专门的法律保障，尽管发布了规划标准，但真正严格参考标准进行防灾规划内容编制的很少。至少从当前来看，实行情况并不理想。对比美国、日本、中国台湾，这三者很早就在"综合防灾法"的基础上，制定了类似的综合防灾规划标准，但是在对规划编制内容和规划落实层面却不尽相同。具体区别见表2。

美、日、中城市综合防灾规划标准比较　　　　表2

国家或地区	防灾规划标准	主编单位	编制规划	适用层级	备注（城市层面）
美国	《基于〈减灾法案2000〉的减灾规划编制指南》	联邦紧急事务管理局（FEMA）	减灾计划	州、地方、印第安部落	/
日本	无	/	地域防灾计划	都、道、府县与市、町、村	依据"灾害对策基本法"编制
中国台湾	无	/	地区灾害防救计划	直辖市、县（市）及乡（镇、市）	依据"灾害防救法"编制
	都市计划防灾规划手册汇编	"内政部建筑研究所"	都市防灾空间系统规划		/
中国大陆	《城市综合防灾规划标准》	国家住建部	综合防灾专项规划	市（县）	/

三、规划内容

2019年3月，中国大陆地区《城市综合防灾规划标准》正式施行，市（县）层面编制独立的综合防灾专项规划逐渐增多。但是由于标准发布时间较短，推行较慢，真正严格按照标准框架进行防灾规划编制的很少。现阶段，城市综合防灾专项规划一般由市规划局委托具备相关资质的设计公司编制。而美国、日本以及中国台湾，其防灾减灾规划是由专业的防灾部门或组织机构负责编制及执行，如表3。

美、日、中城市防灾减灾规划比较　　　　表3

国家或地区	防灾规划统称	示例	主管部门
美国	XX市减灾计划	2014年纽约市减灾计划	纽约市应急办公室、市规划局，长期计划与可持续市长办公室
日本	XX地域防灾计划XX灾（害）编	2014年东京都地域防灾计划震灾编	东京都防灾会议
中国台湾	XX地区灾害防救计划	2017年台北市地区灾害防救计划	台北市灾害防救会报
	XX都市防灾空间系统规划示范计划	2007年台北市内湖地区都市防灾空间系统规划示范计划	"内政部建筑研究所"
中国大陆	XX市（县）综合防灾专项规划	舞阳县综合防灾专项规划（2017-2035）	舞阳县规划局

1. 规划内容框架

中国大陆地区，城市综合防灾规划的主要内容由《城市综合防灾规划标准》确定，适用于市（县）层面各类防灾减灾规划编制。但是，由于编制体制以及发展程度限制，不同国家和地区防灾规划内容不尽相同，如内容的完善程度和侧重点。通过总结美国、日本以及中国台湾地区在地方综合防灾减灾规划编制内容上的差异，为我国大陆地区城市综合防灾规划标准以及防灾规划内容完善提供方向和参考。对四者的规划内容框架进行梳理，具体如图1~图4和表4。

（1）中国大陆：XX市（县）综合防灾专项规划，其主要规划内容参考《城市综合防灾规划标准》（GB/T 51327—2018）。

（2）美国：XX市减灾计划，其主要规划内容参考《基于〈减灾法案2000〉的减灾规划编制指南》。

（3）日本：XX地域防灾计划XX灾（害）编，日本地方综合防灾规划未制定法定编制标准，其内容大纲主要参考国家层面的防灾基本计划框架，考虑地域特点，如灾害类型差异等，细节上略有差异。

（4）中国台湾：台湾城市防灾规划有两个体系，分别为地区灾害防救计划和都市防灾空间规划。其中XX都市防灾空间规划，主要以震灾防御为主导，注重防灾空间部署，编制框架如图4。而XX地区灾害防救计划以灾害防救基本计划为上位规划，编制内容囊括地区各类灾害及其应对策略，是都市防灾空间规划的编制依据，涉及防灾领域更广泛，如表4。

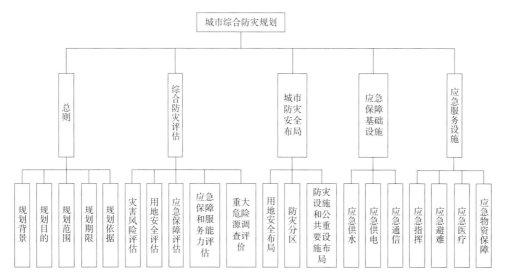

图1 中国大陆城市综合防灾规划内容框架

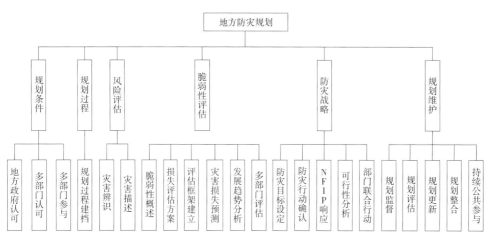

图2 美国地方综合防灾规划内容框架

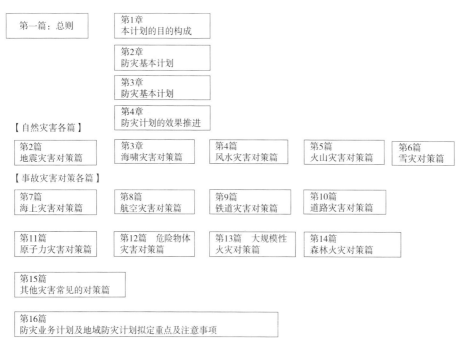

图3 日本防灾基本计划内容框架

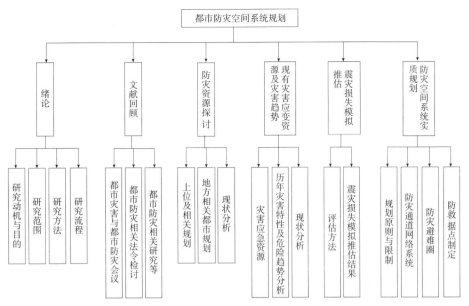

图4　中国台湾都市防灾空间系统规划内容框架

现有县（市）地区灾害防救计划框架　　　　　　　　　　　　表4

台北市	新北市	嘉义市	高雄市	宜兰县
第一章 总则	第一章 绪论	第一章 总则	第一章 总则	第一章 总则
第二至第七篇 各类型灾害防救事项	第二至十五篇 各类型灾害防救对策	第二至十三篇 各类型灾害防救事项	第二至四篇 各类型灾害防救事项	第二至十一篇 各类型灾害对策
第八篇 其他类型灾害	第十六篇 其他灾害类型防救对策	第十四篇 计划执行评估	第五篇 其他灾害	第十二篇 其他类型灾害处理原则
第九篇 计划经费与执行评估	第十七篇 各种灾害防救标准作业规定		第六篇 计划推动与拼合方式	第二十三篇 附则
	第十八篇 灾害管理			
	第十九篇 防灾经费之筹备			
	第二十篇 防救灾重点工作项目			
	第二十一篇 管控与考核			

2. 灾害风险评估

以综合防灾规划为例，通过上述分析可知，美国、中国选择将灾害评估内容全盘纳入防灾规划，而日本的灾害风险评估和防灾规划则是独立制定的，虽然其评估成果最终都会应用到防灾规划中，但是由于评估机制的差异，在具体评估过程以及在规划文本中形式均有不同程度的差异。具体表现在：

（1）评估对象是否具有针对性和多样性：美国会对城市以往发生过和有发生趋势的所有灾害进行逐一总结和描述，对每项灾害进行风险评估，且进行危害程度排序；根据社会发展的实际情况，补充新的灾害评估类型。日本会在每次重大灾害结束后，对灾害进行风险评估，以此更新灾害防御标准，注重对主要灾害类型如地震、海啸评估研究。中国台湾与日本灾害评估机制类似。大陆

地区，灾害评估种类单一，主要灾害类型研究不够深入，由于早年科学技术的限制，导致灾害变化演变过程的数据缺失。

（2）评估内容是否足够全面和丰富：灾害风险评估成果是制定防灾规划的基础，其详尽程度极大影响了最终的防灾效率和防灾目标的实现。中国大陆的灾害风险评估主要包括灾害本身和防灾设施的抗灾能力评估两个部分。以洪水灾害为例，主要通过以往经历，预测洪水风险区位以及现状堤坝等防洪设施的建设标准，以判断其抗灾能力。而美国、日本以及台湾地区，其风险评估具体到损失类型、损失金额等。如美国的风险损失评估会对不同灾害类型如地震、飓风或洪水分别做灾损统计；对特定时间段（返回期）内可能发生的灾害事件和灾损进行预测，如每100年发生一次地震的概率以及其造成的损害；对特定损

失类型的评估，如年度建筑经济损失估算等。[12]

四、防灾策略

1. 防灾措施类型

防灾措施类型一般分为工程措施和非工程措施，其中工程措施包括各项防灾设施建设和防护林种植、河道扩容等生态工程建设；非工程措施包括防灾规划、灾害管理体制建设、防灾教育建设等。中国大陆地区城市综合防灾规划的防灾策略侧重于工程设施的空间布局和建设，如防洪堤、避难场所、消防站等防灾设施的建设。在非工程措施层面落地性不强，如加强防灾教育建设，但是如何加强，并未制定确切的项目活动和落实计划。而美国和日本以及中国台湾在防灾措施类型上更加多元，既包括防灾工程措施，也包括防灾非工程措施，以美国为例，其主要的防灾工程措施见表5。

美国灾害管理阶段及其减灾策略[13]　　　　　　　　　　　　　　　表5

灾害管理阶段	实施策略
防灾减灾	1. 包括物理措施，如修建挡水堤坝和加固房屋结构，也包括非物理的措施，如对房屋和财产进行保险。 2. 提高建筑物防灾标准、洪泛平原区划法规、洪水风险图制作、洪泛平原拆迁与自然恢复、防洪工程修建等。 3. 将防灾减灾纳入城市总体规划，从建筑设计规范、土地开发控制、公共基础设施政策投资、社会脆弱度分析、土地征用和搬迁、宣传教育等层面开展制定防灾措施。 4. 与土地利用结合的水灾保险。
备灾	1. 制定预案，开展宣传培训，准备应急物资，加强预警监测，定期实战演习，不断修正应急预案等。 2. 对于飓风和江河洪水，通过严密的气象监测；在有限的时间内对房屋设施进行简单的临时加固处理，带走贵重物品，进行人员的疏散和撤离等。 3. 在灾前作恢复重建规划。
应急	1. 应急预案和相关行动，包括疏散民众、派遣应急人员、发放应急物品、建立应急响应指挥系统等。 2. 对灾民的临时安置、道路疏通、恢复通信、供水、供电、供气和对残损物的清理。 3. 修建的基础设施可能是临时性的，如在地面上铺设的临时供水管道，旨在尽快恢复生产生活，为恢复重建提供帮助。
恢复重建	恢复政府的正常运行功能，安置疏散民众，补充救灾物品，开展新的城市复兴规划等。

2. 防灾措施的可操作性

中国大陆地区，防灾规划中防灾策略的制定特点如下：①单一部门制定防灾策略，大陆地区的防灾策略注重防灾工程设施建设，在确定灾害风险等级和分布区域后，由单独的规划编制单位依据各层级防灾标准确定。②建设内容确定后，拟定项目计划表，进行工程分配和建设期限确定，如水利部须在规划期限内，完成区域内所有河流的防洪堤新建或加固工程。③规划审批之后，各部门按照工程项目表开始实施。

对比中国大陆，美国在防灾策略制定上拥有自己的一套机制，以2014年纽约市减灾计划为例，主要体现在三个方面：①多部门协作，共同制定防灾策略：纽约减灾战略的制定与FEMA制定的地方防灾计划审查指南（2011年）的流程和步骤一致。由纽约市41个机构和合作伙伴共同协调发展并实施，分为"现有"和"潜在"缓解措施，与FEMA对防灾的要求一致。②确定灾害解决的优先顺序：纽约市的防灾策略由上述机构组成的减灾委员会成员制定，并确定灾害解决的优先顺序，各成员提出的防灾策略必须符合FEMA的防灾要求和防灾目标，即能够解决纽约市已有灾害的其中一种。③对制定的防灾策略进行审查：减灾委员会提出的减灾策略需要进行可行性评估，美国利用的是STAPLEE系统来进行策略审查，如果不符合标准，则额外制定新的针对性防灾策略，确保灾害应对措施的可操作性和多样性。

3. 防灾措施对应灾害阶段

中国大陆地区，城市综合防灾规划的防灾策略制定模式对应着灾害类型，如针对洪灾制定防洪工程规划、针对火灾制定消防工程规划等。对比中国大陆，日本与中国台湾地区的防灾规划编制框架相似，其主要内容都是围绕灾害管理不同阶段制定防灾策略。区别在于，日本是单项防灾规划的集合篇，而台湾地区是将所有灾害对策篇合并为一部完整的综合防灾规划。具体特点包括：①针对每种灾害，制定系统的应对策略。围绕单一灾害，从灾害管理的三（四）阶段——灾害预防、应急响应和灾害重建修复制定不同建设目标和建设活动，如建设抗灾城市、开展震灾逃亡演习活动等。②注重都市防灾空间系统的规划。日本是地震频发的国家，台湾地区向日本学习，都主张通过合理的都市防灾空间布局来预防震灾及其引发的海啸、火灾爆炸、崩塌等二次灾害，实质是以防震设施和避难场所建设为主导，协调都市整体防灾空间布局。区别在于，日本将其建设理念融入震灾篇的不同阶段的防灾策略中；台湾地区将其剥离出来，制定了独立的都市防灾空间系统规划示范计划。日本及中国台湾的灾害管理阶段即减灾策略主要内容见表6、表7。

日本灾害管理阶段及其减灾策略　　表6

防灾阶段	建设方向
灾害预防	建立抗灾国家和城镇发展
	预防事故和灾害
	促进国家防灾活动
	促进灾害和灾害预防研究和观察
	防止事故再次发生的措施的实施
	迅速、顺利地进行灾害应急准备，灾后恢复和重建
	灾害发生前的对策
灾害应急	灾害发生后立即进行的信息收集和通信以及活动系统的建立
	灾害扩张，二次灾害，复合灾害预防和紧急恢复活动
	救援和急救，医疗和消防活动
	确保紧急运输和紧急运输活动的交通安全
	接受疏散和信息提供活动
	采购和供应活动
	与健康、检疫和身体措施有关的活动
	与维持社会秩序和价格稳定有关的活动
	紧急教育活动
	接受志愿支持
灾害恢复重建	确定区域恢复和重建的基本方向
	如何快速进行
	如何进行计划重建
	支持重建受害者的生活
	支持灾害中小企业改造和其他经济重建

中国台湾灾害管理阶段及其减灾策略　　表7

防灾阶段	防灾策略
减灾	灾害防救科技研发与应用，提高灾害监测与预警精度
	相关法令研修制定
	土地减灾利用与管理
	都市防灾规划
	设施及建筑物之减灾与备灾对策
备灾	灾害应变计划及标准作业程序的拟定
	灾害应急资源整理
	灾害防救人员之准备编组
	社区与企业灾害防救能力之整合与强化
	公共设施检修
	避难场所设施之设置管理
	相互支援协议制定
	避难救灾路径规划及设定
	紧急医疗准备
	建立毒性化学物质灾害防救支援体系
应急	各级灾害应变中心之治理与运作
	咨询收集、分析研判与通报
	灾情勘察与紧急处理
	紧急动员与人命搜救
	避难引导疏散及紧急收容安置
	急难救助及紧急医疗

防灾阶段	防灾策略
应急	卫生应急与生活必需品之调动供应
	二次灾害预防
	灾情发布与媒体联系
	罹难者处置
	"国军"支援
复建	拟定本市灾害复原计划及标准作业程序
	灾害复建必要财政应用措施
	灾民慰助及辅助措施
	灾民生活安置
	基础与公共设施复建
	灾后环境复原
	产业复原与振兴及物价之稳定
	受灾民众生活复建、卫生及心理辅导

五、启示

1. 制定综合防灾减灾法

建立综合防灾法，保障城市防灾减灾规划的制定与落实[14]。由上文分析可知，美、日以及中国台湾不论防灾规划体系结构如何，都制定有综合的防灾减灾法，以此保障防灾减灾规划的编制与实践。在该法的保障下，各地制定防灾规划的积极性明显提高，尤其是美国，以法律文件强制规定，如果不按照法定规范编制防灾规划，将无法申请 FEMA 联邦救灾资金[15]。通过将地方利益与防灾规划编制工作紧密联系，保障了防灾规划制定的效率和质量。同时，以防灾法律为依据制定防灾规划标准，确定了防灾规划主要内容框架，减小审批难度，如评审专家、地方政府以及设计单位关于主要建设内容的不必要争执。此外，防灾综合法中关于部门之间具体的协作要求，更是有效规避了规划过程中跨部门资料、信息收集的困难。

2. 重视规划前的风险评估

一般来说，在防灾规划编制内容中，防灾设施布局规划举足轻重，对灾害防治效果最为明显，而进行合理有效的防灾设施建设的前提，是对灾害进行科学的风险评估，以此确定各项设施的建设标准以及空间布局。由此，灾害风险评估成为制定科学防灾规划的重要组成部分。研究发现，美国风险评估伴随防灾规划每五年修编一次；日本一般在重大灾害结束后，进行新的风险评估；中国台湾的常见灾害风险评估伴随防灾专项规划的修编而更新；而大陆的防灾规划与总规编制期限一致，风险评估工作相对滞后。现阶段《标准》已将风险评估正式纳入防灾规划编制主体内容，有效保障了各类设施的建设标准及空间布局的科学性及适用性。在接下来的工作中，如何精准落实风险评估相关工作成了重点，理论上，能否实现准确的风险评估的关键在于最新基础资料的收集，尤其是矢量数据的重新勘测，因为以往的数据随着城市建设发展已经难以衔接，必要时必须进行全新的调查。但是，是否将具体的评估过程和评估方法相关内容编入防灾规划主体，各国和地区略有差异，无需强制。

3. 提高防灾策略的可操作性

美国、日本与中国大陆在城市综合防灾规划编制内容上区别较大，日本和中国台湾的编制模式基本一致，但是规划体系机构有所差异。通过分析比较，中国大陆的城市综合防灾规划，其制定的防灾策略偏宏观和理论，操作性弱。其主要原因在于：①地方上日常的灾害测评工作匮乏，缺少基础数据；评估技术有限，分析的内容深度、广度不足，导致评估成果可信度和参考性下降。②缺乏风险评估和防灾策略的审查机制，导致防灾重点不突出，防灾策略实施效率低下。风险评估是进行防灾设施建设布局的关键，只有确定评估结果的可靠性，才能保证以此为基础建立的防灾策略的可行性。未来防灾策略制定应尤其看重针对性，将所有顶层的总体目标或愿景落实到具体的建设项目中，避免层层解读，造成不必要的资源浪费，同时降低防灾效率。此外，建议对所有已制定的防灾策略逐一进行可行性评估。

参考文献：

[1] 肖渝. 美国灾害管理百年经验谈——城市规划防灾减灾 [J]. 科技导报，2017，35（05）：24-30.
[2] 冯浩，戴慎志，宋彦. 美国城市综合防灾规划编制经验研究 [J]. 城市规划，2018，42（04）：100-106.
[3] 赫磊，戴慎志，宋彦. 城市综合防灾规划编制与评估的美国经验 [N]. 中国社会报，2014-05-14（004）.
[4] 滕五晓. 试论防灾规划与灾害管理体制的建立 [J]. 自然灾害学报，2004（03）：1-7.
[5] 杨东. 论灾害对策立法以日本经验为借鉴 [J]. 法律适用，2008（12）：11-15.
[6] 王梃，钟致东，刘志贵，阮湘平. 日本重大气候灾害的影响及其对策与技术措施研究 [J]. 全球科技经济瞭望，2008，23（04）：22-31.
[7] 吴一洲，贝涵璐，罗文斌. 都市防灾系统空间规划初探——台湾地区经验的借鉴 [J]. 国际城市规划，2009，24（03）：84-90+95.
[8] 周铁军，赵在绪. 台湾灾害防救体系与规划启示 [J]. 国际城市规划，2015，30（6）：93-99.
[9] 叶欣诚. 浅谈台湾灾害防救教育推动概况 [J]. 教育学报，2012，8（05）：59-64.
[10] 金磊. 中国综合减灾立法体系研究——兼论立项编研国家《综合减灾法》的重要问题探讨 [J]. 灾害学，2004（04）：91-96.
[11] 余剑锋，陈帆，詹存卫. 城市总体规划环评和城市环境总体规划关系辨析 [J]. 环境保护，2014，42（24）：45-48.
[12] Qiao Hu，Zhenghong Tang，Lei Zhang，Yuanyuan Xu，Xiaolin Wu，Ligang Zhang. Evaluating climate change adaptation efforts on the US 50 states' hazard mitigation plans[J]. Natural Hazards，2018，92（2）.
[13] 丁留谦，李娜，王虹. 美国应急管理的演变及对我国的借鉴 [J]. 中国防汛抗旱，2018，28（07）：32-39.
[14] 张建新. 城市综合防灾减灾规划的国际比较 [J]. 经济社会体制比较，2009（02）：171-174.
[15] Ward Lyles，Philip Berke，Gavin Smith. A comparison of local hazard mitigation plan quality in six states，USA[J]. Landscape and Urban Planning，2014，122.

图表来源：

本文所有图表均为作者自制、自绘

作者：王江波，南京工业大学建筑学院教授，硕导，博士；陈敏，南京工业大学建筑学院，硕士研究生；苟爱萍（通讯作者）上海应用技术大学生态技术与工程学院教授，硕导，博士

房·车·城

——移动空间重塑互联城市

冯昊　徐跃家

Room · Vehicle · City
——Mobile Space Reshapes Connected Cities

■ 摘要：现代城市由建筑和汽车共同塑造。万物互联下，建筑与汽车都将发生翻天覆地的变革。本文从"房"和"车"两个概念入手，梳理"房"和"车"在工业革命后的发展历程，剖析移动空间原型——房车的产生过程，立足当下的互联技术分析建筑与汽车在形式、功能、体验三方面产生融合的趋势。在此基础上，畅想了移动组合城市、基础设施城市、交错城市三种未来人类聚居形式，以期从"房"和"车"的视角重新思考未来空间的定义和城市发展。

■ 关键词：房　车　房车　万物互联　移动空间　未来城市

Abstract：Modern cities are shaped by buildings and cars.Under the interconnection of everything，both buildings and cars will undergo radical transformation.This paper starts with the two concepts of "room" and "car".This paper starts with the two concepts of "house" and "car"，combs the development course of "house" and "car" after the industrial revolution，and analyzes the generation process of mobile space prototype——RV.Based on the current interconnection technology，it is found that architecture and automobiles will converge in form，function，and experience.On this basis，I imagined three future forms of human settlements：mobile combined cities，infrastructure cities，and interlaced cities.With a view to rethinking the definition and future development of space from the perspective of house and car in the era of Internet of everything.

Keywords：Room，Vehicle，RV，Internet of Everything，Mobile Space，Future city

一、引子——为什么是移动空间

　　纵观历史，每一次城市空间演进，都伴随着交通工具和建筑技术的发展。进入工业时代，现代建筑取代古典建筑，机械汽车取代步行马车，城市规模急剧扩张。第二次世界大战后，现代主义建筑和私人汽车普及，现代城市以交通为主要考量的规划设计方法得已确立，并产生了分散化、集中化两类城市规划理论。

可以预见，万物互联时代初期，汽车与建筑都将在技术推动下产生革新，并在空间形式、功能、体验三方面产生一定程度的融合。未来，高度融合的新型移动空间将重塑我们的城市。

二、房+车——互联前的移动空间原型

移动空间并非万物互联所创，沿时间脉络向前追溯，20世纪初，德国象征主义画家 Wenzel Hablik[①]就曾在其画作中描绘一系列漂浮移动的建筑与城市，展现对未来移动空间的畅想。同期出现的房车可认为是移动空间的原型。18世纪伊始，机械汽车与现代建筑相继诞生；20世纪上半叶，二者产生功能杂糅，房车出现；自此之后，房车区别于汽车与建筑，独立发展至现在。

1. 房、车孪生（18世纪~19世纪末）

划时代的工业革命极大地提高了生产力，在社会需求与技术进步的双重推动下，人们向现代汽车和现代建筑展开探索。

蒸汽机投入使用后，汽车成为第一批发展起来的工业品中的典型代表。18世纪中期至19世纪末，汽车实现了蒸汽机到内燃机的动力转型，此阶段主要着眼于实用性探索。相较于汽车，建筑的现代性探索稍晚。1833年，Rouhault[②]最先将工业革命的产物——钢铁与玻璃，应用于巴黎植物园的温室建造。1851年，第一届世界博览会的主场馆水晶宫的建成，标志着现代建筑的开端。新材料、新技术的探索使建筑摆脱砖石结构的空间局限，逐步踏上现代化道路。

18世纪到19世纪末，机械汽车与现代建筑的诞生、发展虽无交集，但材料的革新与技术的进步，使二者都突破了空间的局限，为功能杂糅提供了可能。

2. 房、车杂糅（20世纪初~20世纪50年代）

汽车空间的扩大，让使用者意识到除代步外，汽车还能承载一些生活功能。20世纪20~40年代露营爱好者最先将简单的木制房屋固定到汽车底盘之上，并逐步完善房车的使用功能。可以说，使用者的需求推动了移动空间原型诞生。

同时期，设计师主导了房与车设计理论的杂糅。Walter Gropius[③]的《现代工业建筑发展》与 Le Corbusier[④]的《走向新建筑》宣告了现代建筑功能实用主义的发展方向。这与当时汽车设计注重动力和驾驶感受，把驾驶人需求作为首要考虑的设计初衷不谋而合。理论杂糅并未直接导致移动空间原型的诞生，但却为五六十年代的未来主义城市畅想奠定了基础。

3. 房向车的空间移植（20世纪50年代~现在）

第二次世界大战后，世界经济重新发展，汽车私有化使欧美各国开始注重基础设施建设。市域、国域公路的建成使远途旅行成为可能，刺激了人们的移动生活需求，房车产业亦随之发展。此时的房车设计主要是将房子居住空间集约地以部品形式移植进汽车空间。

工业技术进步使房车企业可以批量生产长轴底盘，进一步扩大了车体空间，为空间移植提供了基础。为满足人们的需求，越来越多的配套设施被整合进房车之中，车内逐步具备居住空间性质。但此时的房车设计理念，依旧是将居住空间整体移植于汽车动力系统之上的"房＋车"模式（图1）。

三、"房"＝"车"——互联下的房、车融合

当技术发展到万物互联阶段，空间作为人的

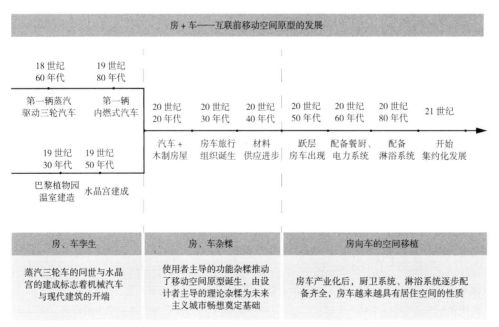

图1 互联前移动空间原型发展历程

栖居之所,其形式、功能、体验必将重构。可以预见,虚拟技术等对建筑实体的革新,无人驾驶等对汽车使用的拓展将推动"房"与"车"在空间形式、功能、体验三方面的融合。建筑与汽车两大领域对空间的研究和探讨极可能归于一处。

1. 单纯与自由——形式的趋同

万物互联时代,由人工智能、虚拟技术推动的建筑空间单纯化将十分明显;无人驾驶亦将解放汽车的座位布置,实现空间自由化。这种单纯与自由导致在相同面积的车厢与建筑中,视觉场景无太大差别,为二者空间形式上的融合提供了完美契机。

建筑空间的单纯化源于智能可变家具的普及与虚拟现实技术的进步。智能可变家具可依据居住者需求调整空间分隔与家具部品形式来满足人们的日常生活需求。除建筑硬件可变能力增强,三维虚拟技术也将推动空间的单纯化。未来虚拟空间以其高效、低成本的优势,将娱乐、社交等生活场景向线上转移。人们寄居于家宅之中,足不出户便可与世界保持联系。当信息技术使线上生活愈发真实时,大量实体空间不再需要,人们仅需形式简单、满足自身睡眠、饮食等基本需求的个人空间即可。

汽车空间的自由化来源于电气模块解放的动力能源空间、无人驾驶解放的内部空间与设备集成解放的辅助空间。一体化、高集成度的电力能源模块取代传统的发动机系统,将极大减小汽车所需的动力能源空间。其次,无人驾驶技术也将解放汽车内部使用空间。传统汽车内部空间围绕驾驶位和方向盘构建,以获取环境视野,实现车辆控制。万物互联后,多传感器环境将解决无人驾驶技术同步定位与建图的重大难题。汽车不再需要驾驶员与方向盘,直接扩大了可用空间。另外,车辆的设备集成也将节省大量辅助空间,间接扩大了可用空间。汽车超越了单纯运输工具的角色,成为人类真正可自主支配的生活空间。

2. 高度集成与高度集成——功能的趋同

万物互联时代,建筑与汽车都将高度集成各种功能,且集成方式、集成程度亦将趋同。目前,建筑作为人们物质生活的主要载体,已经具备了居住、娱乐等大部分功能。汽车作为代步工具,除交通运输外,也集成了车载音响、闭路电视等设备以满足出行过程中的使用者需求。虽然建筑大尺度空间能容纳更多功能,但汽车的集成能力远远强于建筑。而万物互联则将导致集成能力和空间尺度在建筑与汽车间发生转移。建筑集成能力上升,不再需要大尺度空间就能实现功能集成,汽车内部空间解放,为功能集成提供更多物质空间。

未来,除功能高度集成本身外,功能的集成途径亦将趋同。多传感器环境、虚拟现实为功能集成提供了技术基础。AR、MR 和 VR 技术允许人们使用手机、电脑或穿戴设备在家中实现各种生活体验。车载娱乐系统也将使用虚拟现实技术将娱乐功能集成于汽车之中。

在集成程度方面,建筑与汽车都有可能高度集成为承载个人生活的空间。瑞典事务所 Tengbom 设计的智能学生单元(2013)在一个 10 平方米的空间内集成了学习、会客、居住等个人生活的全部功能。影视剧《黑镜》第一季第二集中描绘的未来个人生活空间仅存在一张供人休息的床。2018 年发布的沃尔沃全自动概念车 360c 将卧室结合到汽车空间之内,率先尝试了移动汽车作为个人生活空间的可能性。建筑与汽车在互联时代都将向能够承载个人生活的空间发展。若未来二者在同样大小的空间之内都高度集成各种功能,则汽车的移动性将成为其巨大优势。

3. 多维交互与多维交互——体验的趋同

实体空间方面,建筑以其多样的物质性元素给人带来丰富的空间体验。材料的虚、实、轻、重,自然的光、影、水、植,空间序列的起、承、转、合,种种感知要素在建筑师的巧妙设计中达到最佳。而汽车受限于机械工艺,座椅排列的空间体验十分单一。但未来,建筑空间的单纯化与汽车空间的自由化将使二者的实体空间体验趋于相同。

交互体验方面,汽车的发展先于建筑。万物互联时代,交互行为将发生于每时每刻,其方式也将突破传统 UI 界面,从外接设备的人—机交互迈向多通道的人—万物交互。空间不再只是事物的承载者,而是通过捕捉使用者的有效交互信息,触发反应机制成为人与万物的对话媒介。按键输入、触摸输入已无法满足互联时代智能化的交互需求,语音交互、手势交互等多维方式将介入人们的生活。现代 Mobis 概念车"明日之车"允许使用者通过"虚拟触摸"来指挥车辆前端的交互式屏幕;同时,车辆的眼球追踪、面部识别技术,可以主动捕捉人体的微观表情评估驾驶员的情绪状态,调节车辆的内部照明。华盛顿建筑 Terrell Place 的交互式墙面 ESI,能够根据人的状态激活不同的显示界面,营造数字景观。当人们静止站在"墙体"之前,"墙体"成为屏幕,可进行网页浏览、电影观看等活动,当屏幕前的人们处于运动状态时,墙体则呈现绚烂的图形。可见,万物互联时代的汽车与建筑交互都将进一步迈向"物"主动与人交互(图 2)。

从已有的实践与概念可以发现,在万物互联时代,建筑与汽车的空间形式、功能、体验都将发生根本性变革,并越发趋同。万物互联时代,人们在现实空间和虚拟空间中迁徙,生活与工作因网络不必固定于特定的时间和地点,移动生活

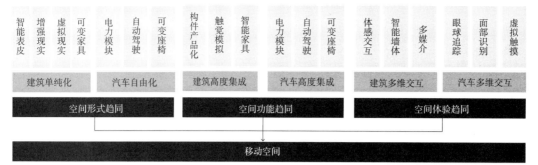

智能表皮	增强现实	虚拟现实	可变家具	电力模块	自动驾驶	可变座椅	构件产品化	触觉模拟	智能家具	电力模块	自动驾驶	可变座椅	体感交互	智能墙体	多媒介	眼球追踪	面部识别	虚拟触摸

建筑单纯化	汽车自由化	建筑高度集成	汽车高度集成	建筑多维交互	汽车多维交互

空间形式趋同	空间功能趋同	空间体验趋同

移动空间

图 2 建筑与汽车空间形式、功能、体验的趋同与融合

和互联网络都需要新的运输工具,新的媒介,建筑与汽车的融合不可避免。

四、房·车·城——万物互联下的移动空间城市

20 世纪五六十年代,受建筑、汽车设计理论杂糅影响的插件城市、步行城市细胞住宅等畅想已对未来城市进行了描绘。在前人理论基础上,可以想象未来城市在移动空间影响下必将重塑,移动组合城市、基础设施城市、交叠城市是未来城市的三种可能。

1. 移动组合城市

万物互联时代,社会发展极度效率化,信息、经济与空间都需要随人高速运动与变化。

Ron Herron[⑤]曾提出步行城市构想。在其构想中,城市单元是一种巨构建筑,外形类似机械怪兽,可以依靠大型机械腿移动。巨构建筑间的能源补给通过吸管状的机械装置连接完成,类似于飞机或舰船的相互加油补给。2020 年国际消费电子展上现代集团展示的 Mobility Vision 愿景,将互联汽车和智能房屋配对,以实现二者的无缝融合(图 3)。

基于步行城市与 Mobility Vision 愿景,移动组合城市中的移动空间与建筑组合时承担客厅、娱乐室等半开放的功能空间。当人们有出行需求时,脱离建筑,独立成为交通运输空间。移动组合城市进一步发展,城市公共服务功能也将配备到移动空间之中。当人们脱离了建筑,完全生活于移动空间时,公共移动空间需能够互相组合成为城市综合体,满足人们居住外的其他需求。如餐饮、购物等空间可接驳组合成为商业综合体,急救、病房等空间可接驳组合成为医疗综合体。可以想象,当移动空间各个方向都可自由拼接时,

图 3 ①步行城市构想,②③④ Mobility Vision 愿景

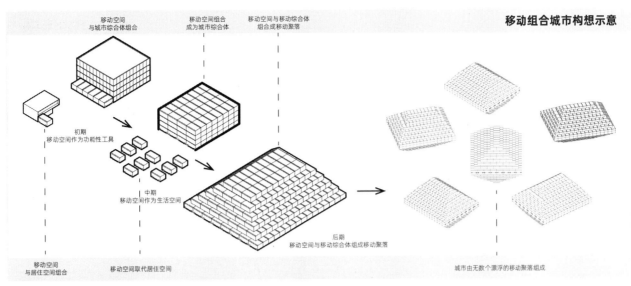

图4 移动组合城市构想示意

多个移动空间拼接而成的巨型移动聚落将成为那时城市的"社区"（图4）。

在移动组合城市中，人们将逐渐脱离建筑，城市中的建筑空间逐步压缩，转而承载移动空间。城市将着重建设新的道路体系以满足移动空间的移动、组合、驻留需求。

2. 基础设施城市

Peter Cook[①]的插件城市曾畅想城市基本构件为可拆卸组装的金属舱住宅。金属舱住宅可组合成不同尺度的社区，再借助起重机插接至超级框架之中，最后形成可自由装配的巨构城市（图5）。

在基础设施城市中，移动空间成为城市的基本单元，现代城市的遗留建筑是移动空间停泊、组合的基础设施。不同类型的基础设施满足人类的不同需求。能源基础设施为移动空间供给能量，居住基础设施提供居住生活场所，体育基础设施提供运动竞技场所，绿色基础设施提供赏景休闲场所。人类生活将主要围绕基础设施展开。基础设施城市之中，如何打造接驳驻留点更多、功能集成度更高的基础设施将成为城市发展的主要议题（图6）。

图5 ①插件城市构想 ②③④基础设施城市畅想意向

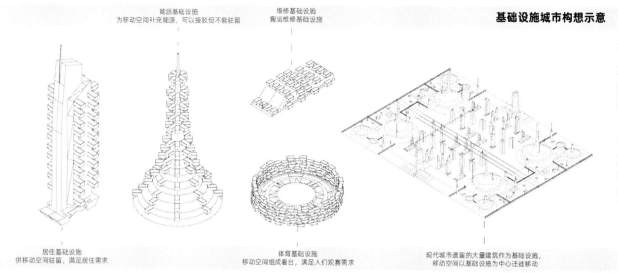

能源基础设施
为移动空间补充能源，可以接驳但不能驻留

维修基础设施
搬运维修基础设施

居住基础设施
供移动空间驻留，满足居住需求

体育基础设施
移动空间组成看台，满足人们观赛需求

现代城市遗留的大量建筑作为基础设施，
移动空间以基础设施为中心迁徙移动

图6 基础设施城市构想示意

基础设施城市进一步发展，将产生可移动的基础设施供人使用。当基础设施具备移动能力时，将实现城市整体迁徙的宏大愿景。

3. 交叠城市

万物互联使生活日新月异，一切都在变化，但人类对自然的需求永远不变。郝景芳[⑦]于《北京折叠》中描绘了一个城市中物理隔绝、等级森严的三个折叠空间。

如同《北京折叠》，交叠城市中也存在生活层、移动层两层空间。未来，人人都有自己专属的移动空间，为满足人们的亲自然需求，避免过多移动空间给环境带来的压力，交叠城市中为移动空间单独开辟了一层空间。生活层青山绿水环境优美，步行与骑行是人们的出行方式，人们在这里亲近自然、生活娱乐。移动层供移动空间使用，单独满足人们的出行移动需求（图7）。与《北京折叠》不同的是此两层空间上下交叠，人们可自由穿行（图8）。

新时代的技术发展与人们对自然的本能向往是交叠城市产生的根本原因。为解决二者之间的矛盾，遂创造双层空间并置而行。自然层需要着力打造优美宜人的自然空间，移动层则需要着力打造适合移动空间运行的场地系统。

五、总结

马尔克斯[⑧]在《百年孤独》中写道："世界太新，很多事物还没有名字，我们必须伸出手指去指认。"本文从汽车和建筑的特殊视角思考万物互联时代的空间定义和发展可能。未来，技术发展将打破传统边界，

图7 交叠城市畅想意向①③为生活层 ②④为移动层

交叠城市构想示意

生活层：由建筑与自然景观构成

移动层：专门为移动空间开辟，存在大量交通设施

建筑贯穿生活层与移动层是上下联系的重要空间

移动空间在移动层满足人们的通行需求

移动层存在大量为移动空间建设的交通设施

图8 交叠城市构想示意

催生新的事物，房和车需要重新定义，且可能融合成新的空间类别，这个类别现在还无法概括，本文姑且以移动空间指代。

建筑与汽车在历史发展中已产生表象交集——房车，但其仍为房＋车的空间原型。万物互联则将使建筑与汽车在空间的形式、功能、体验上产生本质趋同，"房＝车"的移动空间由此而生。未来，移动空间发展成熟后，城市将何去何从是一个非常具有思维挑战的问题。本文基于前人理论，畅想了移动组合城市、基础设施城市、交叠城市三类未来人类聚居可能的新形态。

未来种种美好，但我们仍要警惕可能出现的空间同质化问题、泛交互导致的娱乐至上问题，特别需要注意万物互联中"物"的地位加强，对人文精神、人类本身的异化问题。

注释：

① Wenzel Hablik：20世纪早期捷克裔德国画家、建筑师和平面设计师，是德国表现主义先锋派建筑的代表人物之一。
② Rouhault：法国造园师。
③ Walter Gropius：德国建筑师，魏玛包豪斯创始人，是现代建筑的开创性大师之一。
④ Le Corbusier：建筑师、设计师、画家、城市规划师、作家，是现代建筑的开创性大师之一。
⑤ Ron Herron：英国建筑师，Archigram成员。
⑥ Peter Cook：英国建筑师，Archigram成员。
⑦ 郝景芳：作家，其小说《北京折叠》曾获第74届雨果奖。
⑧ 马尔克斯（Márquez）：哥伦比亚作家，记者和社会活动家，拉丁美洲魔幻现实主义文学的代表人物，20世纪最有影响力的作家之一，1982年诺贝尔文学奖得主。代表作有《百年孤独》《霍乱时期的爱情》。

参考文献：

[1] Cole Hendrigan. A Future of Polycentric Cities[M]. Singapore：company Springer Nature Singapore Pte Ltd，2020：14-26.
[2] Tony Lewin.Speed Read Car Design The History[M]. America：Quarto Publishing Group USA Inc，2017：25-34.
[3] 王受之.世界现代建筑史（第二版）[M].北京：中国建筑工业出版社，2012：153-164.
[4] Simon Sadler.Archigram Architecture without Architecture by Simon Sadler[M]. America：Cambridge Massachusetts，2005：10-52.
[5] SA Rogers.Nomadic Futures：Self-Driving Cars Could Change How We Interact withCities[EB/OL].https：// weburbanist.com/2018/10/17/nomadic-futures-self-driving-cars-could-change-how-we-interact-with-cities/，2018-10-07 /2020-08-1.
[6] Steiner Hadas A.Beyond Archigram the structure of circulation[M]. UK：Routledge，2009：7-11.
[7] 马尔克斯著,范晔译.百年孤独[M].北京:南海出版公司，2014.
[8] 吕彬.可变与交互:"互联网＋"时代的建筑空间初探[D].东南大学，2017.
[9] 李万，赵越.从前沿科技展望未来城市交通[J].交通与港航，2019,6（06）：5-9.
[10] 任军.未来建筑的历史[J].天津美术学院学报，2017（02）：62-77.
[11] 沈克宁.城市建筑乌托邦[J].建筑师，2005（04）：5-17.

图片来源：

图1、图2、图4、图6、图8：作者自绘
图3：1源自 https：//www.archigram.net/portfolio.html
图2、图3、图4源自 https：//www.hyundai.com/worldwide/en/company/newsroom.release.all
图5：1源自 https：//www.archigram.net/portfolio.html
2、3、4源自 https：//pin.it/6lKUU2V
图7：源自 https：//pin.it/6lKUU2V

作者：冯昊，北京建筑大学建筑与城市规划学院本科在读；徐跃家，北京建筑大学建筑与城市规划学院讲师

概念式建筑设计竞赛对新冠疫情的回应与思考

——以2020年基准杯一等奖作品为例

陈家炜　王蒙　辛善超

Response and Reflection of Conceptual Architectural Design Competition on CO-VID-19——Taking The First Prize of JDC 2020 International Student Competition in Architectural Design as A Case

■ 摘要：建筑设计竞赛作为聚焦热点问题、构建批判思维、表达学术观点的重要载体，在新冠疫情背景下更具理论意义与应用价值。本文从疫前防控、疫时应急和疫后设想三个层面对相关竞赛进行归纳，辨析其命题与解题，探讨疫情背景下建筑学科的研究动态与发展趋势。同时，以2020年基准杯一等奖作品为例，从概念构思、实验模拟、防疫机制等视角进行完整的设计解析与回顾，以期为建筑设计竞赛的发展及相应教学活动的开展提供新的认知视角。

■ 关键词：新冠疫情　概念式建筑　设计竞赛　竞赛教学　平疫结合

Abstract：As an important carrier to focus on hot issues, build critical thinking and express academic views, architectural design competition has more theoretical and practical value in the context of COVID-19. This paper summarizes the relevant competitions from pre epidemic prevention and control, emergency response and post epidemic assumption, analyzes the propositions and solutions, and discusses the dynamics and development trend of architecture discipline under the epidemic situation. Taking JDC 2020 Competition as a case, this paper makes a design analysis to provide a new cognitive perspective for the development of architectural design competition and corresponding teaching activities.

Keywords：COVID-19, Conceptual Architecture, Design Competition, Competition Teaching, Combination of Peace Andepidemic

国家自然科学基金面上项目（编号51778401）：基于系统分析的建筑"形式—空间"生成方法优化研究；国家自然科学基金面上项目（51878435）：基于传统居民模块化分析的装配式生态农宅设计研究；天津市科技计划项目（20JCQNJC01630）：基于系统模块化分析的建筑"设计与建造"方法优化研究

一、引言

设计竞赛在建筑发展的历程中扮演着重要的角色,在活跃思想、发现人才、鼓励竞争、提高设计水平方面发挥了积极的作用[1]。其中,概念式建筑设计竞赛 (Idea Competition) 作为一种主要面向建筑学生群体的特殊竞赛形式,因其开放自由的特点,逐渐发展壮大成为一种成熟独立的竞赛体系[2]。它往往不做过多的现实条件约束,而是以概念命题的形式,拟定一个抽象、庞大、耐人寻味的题目,让参赛者从不同角度给出解答[3]。

近年来,中国经济已进入减速提质的阶段,城市发展从"增量扩张模式"向"存量挖潜模式"转变,城市密度剧增、人口数量上涨、自然环境恶化等一系列问题,要求建筑从业者必须具备创新精神和社会意识,以更好地适应未来社会的竞争[4]。与此同时,科技的纵深发展催生出建筑设计的新思路、新技术以及新材料,刺激了传统建筑学科以及建筑行业的更新与变革。这种机遇与挑战并存的环境,为我国概念式建筑设计竞赛的兴起与繁荣提供了土壤[5]。

当下,突如其来的新冠疫情冲击、解构和重塑着当代人的基本生活方式及其生存空间,概念式建筑设计竞赛作为学生聚焦热点问题、构建批判思维、表达学术观点的重要载体,结合学科现状和社会发展,建立竞争与交流的多方互动平台,对新冠疫情进行回应与思考,在此特殊的社会变革时期展现出了重大理论意义和应用价值。

二、新冠疫情背景下的概念式建筑设计竞赛

建筑学源于对现实的改造、优化甚至颠覆,以满足人类的栖居需求[6]。作为研究人居环境的学科,建筑学势必需要思考应以怎样的姿态面对未来的严峻挑战。据笔者统计,自疫情发生至今国内外已有多个概念式建筑设计竞赛以其作为命题背景 (表1)。这些竞赛命题均基于疫情背景、关注时事热点,覆盖面大、层次齐全、视角新颖,在疫前防控、疫时应急和疫后设想三个阶段对医疗、居住、城市生活等方面进行深入探讨,鼓励参赛者围绕自然、气候、历史、地理、社会、经济、科技、人文等多个领域进行多学科交叉思考、拓展设计视野并提出应对策略,对建筑学单一范畴内难以解决的综合性问题进行探索与尝试,以深化并拓展建筑学科内涵 (图1)。

(一)疫前防控——居住空间的变革与社区生活的重构

住宅及社区作为日常起居的载体与居民生活的场所,是疫情爆发时最先受到冲击的环节,亦是疫情防控的前沿阵地。当"封闭""隔离"等防疫措施难以成为长久之计时,如何通过居住空间的变革和社区空间的重构实现疫前防控,是许多竞赛探讨的重要议题。

在住宅层面上,通过空间操作策略有效阻断病毒的传播是相关讨论的重点。在此基础上,居家时长的骤增也对居住环境的适宜性提出了更多维的要求:狭小空间内空间品质的提升、灾害发

与疫情相关的国内外建筑设计竞赛 表1

竞赛名称	竞赛主题	设计类型	主办方
JDC——基准杯 2020 国际大学生建筑设计竞赛	超级寓所 SUPER RESIDENCE	居住空间	基准方中
2021 纸上住宅建筑国际竞赛	住宅的未来——在大流感来临之前与之后	居住空间	TRAA,中国台湾
后疫情社区设计	开发一个零通勤、混合用途的住宅小区概念	居住空间	UNI
2020 TINY HOUSE 建筑竞赛	创造一个多功能和创新的个人空间	居住空间	Volume Zero
"后疫情时代城市的新空间现实"城市设计竞赛	想象我们城市中新的空间和社会现实	公共空间	Methodius University
2021 "天作奖"国际大学生建筑设计竞赛	后疫情时代的建筑提问	公共空间	《建筑师》
2021 年第十五届谷雨杯全国大学生可持续建筑设计竞赛	空间折叠:疫情下的城市生活空间	城市空间	中国高校数字建造联盟
重塑 2021 年疫情后的都市公共交通体验	加速从新冠大流行结束到新的公共交通体验的过渡	交通空间	CRE-Montreal and ARTM
未来办公——重新思考办公空间	根据新冠疫情或新技术的发展而产生改变	办公空间	ARCHUE
明日零售业	在新冠疫情的威胁下重塑传统的商业贸易形式	商业空间	UNI
第五届 "天华杯" ART & TECH 全国大学生建筑设计大赛	无界——后疫情时代"抚平恐慌、恢复安宁、拥抱未来"	不限	华中科技大学
疫情下的思考——灾难后的末日建筑	为末日灾害后的地球设计自给自足的闭环生命支持系统	不限	UNI

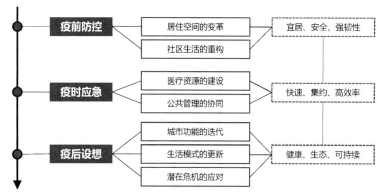

图1 疫情背景下的概念是建筑设计竞赛的核心内容

生时隔离状态的切换、新工艺和新材料对传统空间模式的创新等话题均成为讨论热点。在社区层面上，灵活度和可塑性被反复强调：社区在承载日常社交与活动的基础上，更要考虑人们身处其中寻求适当的户外独立空间、保持安全社交距离的需求，使其在"一刀切"的疫情防控政策下仍能保持活力，避免出现瘫痪状态。

"住宅的未来"①"超级寓所"②"极小住宅"③等竞赛命题尝试对上述内容进行回应。其中，纸上住宅建筑国际竞赛第二名作品 Extension of Living 通过阳台这一空间语汇创造不同尺度的内外边界，实现从公共到私密领域的过渡与转换，利用不同隔离程度的社区进行疫前防控的灵活处理（图2）。基准杯竞赛二等奖作品则是着眼于城中村这一矛盾突出、变化多样的特殊区域，在水平方向上通过算法生成符合安全社交距离的街道网络，在垂直方向上通过架空底层营造社区生活的公共空间（图3），构建混乱环境中疫前防控

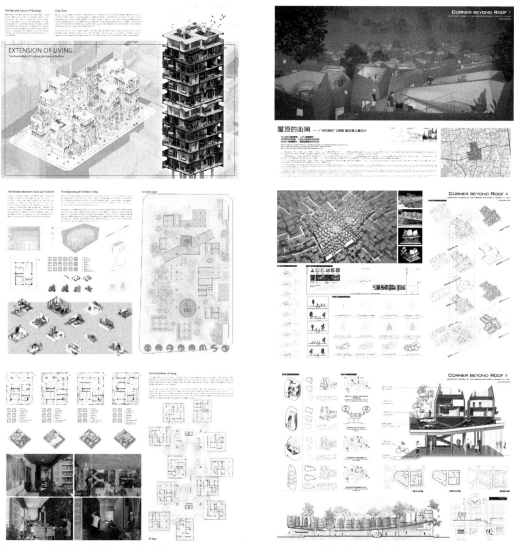

图2 2021纸上住宅建筑国际竞赛第二名作品　　　　图3 2020基准杯竞赛二等奖作品

的特殊秩序。

（二）疫时应急——医疗资源的建设与公共管理的协同

自新冠肺炎爆发以来，全球的公共卫生防疫体系遭受了巨大的冲击，高速有效地建设医疗空间、整合公共资源成为各地政府的当务之急。火神山与雷神山等大批医院的建成顺利缓解了疫情爆发期医疗挤兑现象，为后期防疫工作的部署奠定了基础[7]。面对未来仍然可能不定时爆发的超大规模疫情，以当代集成化、标准化、工业化的技术手段，为重大突发公共卫生事件下城市的疫时应急建设与管理提供策略，是诸多竞赛聚焦的热点。土地资源紧、建设周期短、使用需求高等约束条件也使得具备集约、高效、普适等特点的建筑设计方案更受青睐。

2020 年 EVOLO 国际竞赛一等奖作品 Epidemic Babel 通过建造医疗大楼以改变疫情下城市失序的状态。与传统的临时医院相比，这所"流行病医院"创新性地利用钢结构对功能盒子进行支撑，从而形成低成本、可复制、易推广的建造模式。框架和盒子的灵活性亦有利于医疗资源向偏远地区运输（图 4）。荣誉提名奖作品 Pandemic Emergency Skyscraper 通过建立诊断室、治疗室、手术室、病床护理区和医疗后勤区等高度整合的应急供应站系统来弥补医院资源的不足。模块化的建造技术易于实现短时间内的组装建造，垂直向天空延展的建筑形态能够在高密度的大城市保证用地的集约（图 5）。

（三）疫后设想——城市功能的迭代、生活模式的更新与潜在危机的应对

史无前例的强制性隔离措施导致了人类历史上首次和平年代下的公共生活大停摆[8]，办公空间、商业空间、交通空间在人员与信息流动的"一键暂停"之后，呈现出了百废待兴的颓态，空间角色亟需演变与升级，城市功能的迭代刻不容缓。在此背景下的"未来办公"竞赛④探讨了后疫情时代的办公空间可能性；"零售业的明天"竞赛⑤希望参赛选手对传统贸易的形式与空间进行改进与优化；"重塑疫后城市交通"竞赛⑥对公共交通空间安全性的提升进行展望。基于数字信息网络和虚拟空间技术的发展，"天作奖"⑦则提出了"重新思考和定义实体公共空间的时代属性"这一议题。

社交疏离、数字监控等手段强化了人与人之间的壁垒，催化了生活模式的更新。"天华杯"⑧和"谷雨杯"⑨均设想了后疫情时代可能的生活方式，征集有助于城市生活向"新常态"过渡的解决方案。同时，当跨区域通勤成为奢望时，工作与生活的界限也逐渐模糊。"后疫情时代城市的新空间现实"城市设计竞赛⑩的设计挑战是想象我们城市中新的空间和社会现实。"后疫情社区设计"竞赛⑪则要求参赛者建立一个集居住、办公和休闲功能为一体的综合性全新概念社区，以构筑一个能够承载和维系人类未来生活的复杂空间系统。

核战争、生化武器、流行病、生态崩溃和气候灾害等一系列潜在的危机均要求人们时刻保持居安思危的清醒认知。"灾难后的末日建筑"竞赛⑫要求参赛者设计一个自给自足的闭环生命支持系统，在更大的灾难来临之时作为末日庇护所以延续人类文明，为更长时间维度下的外部环境的不确定性提供具有参考价值的建筑设想。

在 2021 年"RETHINK：2025"竞赛⑬获奖作品中，景观类一等奖开展了街道交通空间的改造，建筑类一等奖实施了办公与居住模式的置换，城市类一等奖尝试了生态农业对病毒传播链的阻断，三者分别从城

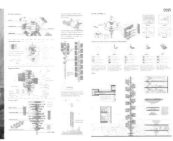

图 4　2020 EVOLO 竞赛一等奖作品 Epidemic Babel

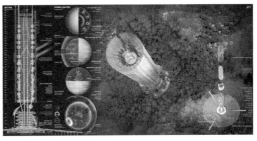

图 5　2020 EVOLO 竞赛荣誉提名奖作品 Pandemic Emergency Skyscraper

景观类一等奖 建筑类一等奖 城市类一等奖

图6 "RETHINK：2025"获奖作品

市功能的更新、生活模式的迭代、潜在危机的应对三个方面对后疫情时代进行设想，证明了建筑师在后疫情时代所能发挥的关键作用（图6）。

三、获奖作品解析

"JDC——基准杯2020国际大学生建筑设计竞赛"是新冠疫情背景下概念式建筑设计竞赛的典型代表。竞赛以"超级寓所（Super Residence）"为命题，对未来居住空间进行概念的征集，要求方案在疫情"暂停模式"和日常"安全模式"之间自由切换；住宅单元内部能够容纳长期的居住生活，以满足人们的高宅居需求[14]。笔者以该竞赛一等奖作品[15]为例，从概念起源、策略提出、实验论证以及成果表达等多个环节进行详尽的设计回顾与方案解析，以一次完整的竞赛实践为新冠疫情背景下概念式建筑设计竞赛及相关教学活动的开展提供相应的借鉴参考。

（一）以"磁"为概念起源的设计构思

在数字信息纷繁复杂、科学技术飞速发展的当下，建筑师可以在更加宽广的维度思考人居空间的意义及可能的形式。作品的概念起源于人类工业发展过程中日益成熟的磁悬浮技术[16]，将"磁"这一特殊的物理属性作为解题的关键（图7）。

一方面，工业革命以来，城市通过公共资源的整合、人群的聚集，形成了高效率的社会生产模式。这种扁平化的"水平城市"形态造成了用地的紧张和人口的稠密，在疫情期间暴露出韧性的欠缺。方案利用磁场克服重力的束缚，以磁悬浮的方式形成垂直的居住集群，回应高密城市格局下疫情防控的困境。

另一方面，疫情防控的关键在于病毒传播路径的阻断。磁场所提供的物理特质在逻辑上与空间隔离的需求不谋而合：具有特殊磁性的居住单元可以利用"引力"与"斥力"避开传统模块化单元的物理接触，形成聚合、离散两种模式分别应对正常状态和疫情状态，以一种逻辑自洽的建筑系统弥合两种情境的矛盾。

（二）磁力悬浮与高新材料的实验模拟

反观建筑思潮的每一次变革，无不是社会经济水平发展至某一阶段的产物，是科学理论的深

图7 2020年基准杯一等奖作品

化、建造技艺的提升和新型材料的研发等多方面因素综合作用的结果。作者通过磁悬浮原理的模拟实验，在方案初期验证了概念的可行性（图8）。在此前提下，方案将水平性的城市格局进行旋转倾斜，居住单元及其相应的公共资源则可以依附于垂直磁板形成特殊的建筑形态，在回应高密度城市格局的同时，为后期疫情防控的合理运作和居住单元的灵活运转奠定基础（图9）。

与此同时，当下高频度的宅居需求对居住单元的灵活与韧性提出了更高的要求。方案中居住单元空间的塑造以"磁流体"[17]为介质进行实现（图10），它能够根据磁场形成丰富的物理形态，塑造出流动的空间以应对不同的生活情境：疫情发生时，居住单元相互离散，自我隔离的单元内部形态基于对人体活动尺度的考量，根据需求形变成为适合站、坐、行、卧等多种身体行为的空间（图11）；疫情结束后，居住单元相互聚集，磁流体也为空间的连通与组合提供了可能。

（三）疫前、疫时、疫后协同运作的防疫机制

如何在疫情到来时快速、安全、有序地进入"疫情暂停模式"，是竞赛所需要解决的核心问题。对此，方案进行了平疫结合运作机制的三种类型探讨。

1. 疫前防控——超级寓所的吸引与排斥

该方案中的自有悬浮的球形体量代表个人居住单元。在没有疫情的情况下，它们利用磁场引力，根据需求进行聚合，相互联系，通过使用者的需求进行单元组合，形成以家庭、朋友、伴侣等人际结构为基础的居住组团；当需要进行疫情防控

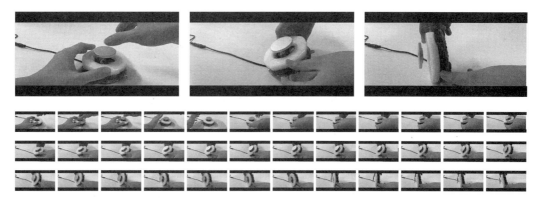

图 8 磁悬浮原理的模拟实验

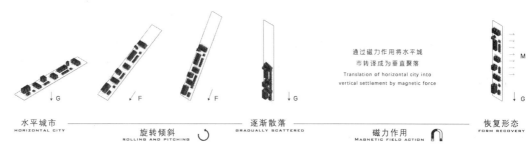

通过磁力作用将水平城
市转译成为垂直聚落

Translation of horizontal city into
vertical settlement by magnetic force

水平城市
HORIZONTAL CITY

旋转倾斜
ROLLING AND PITCHING

逐渐散落
GRADUALLY SCATTERED

磁力作用
MAGNETIC FIELD ACTION

恢复形态
FORM RECOVERY

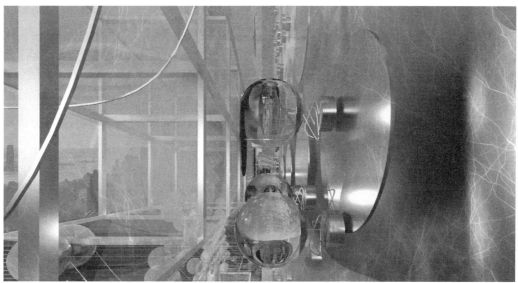

图 9 磁悬浮原理下形成的建筑形态

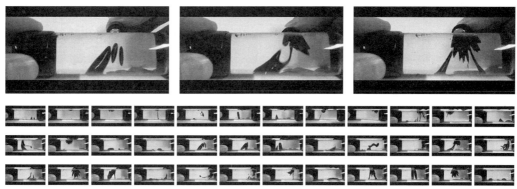

图 10 磁流体在磁力作用下的形态变化实验

的时候，这些单元体之间则迅速产生相互排斥的磁力，进而从聚集的状态变为离散的状态，它们相互孤立，形成隔离舱以防止疫情的传播，每个舱体内部可以容纳个人的独立生活需求（图 12）。

　　2. 疫时应急——疫情单元的筛选与治疗

　　当疫情严重，发生扩散的时候，如果单元体内部产生感染，该单元体则会自动亮起警示红灯，并产生特殊的磁感，通过磁场变化，将疫情单元体筛选、聚集到医疗综合体，进行隔离与治疗（图 13）。

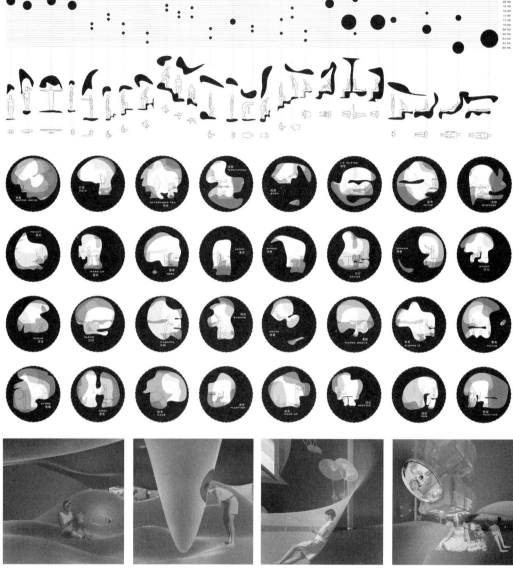

图 11　根据身体行为而变化的空间形态及其内部场景

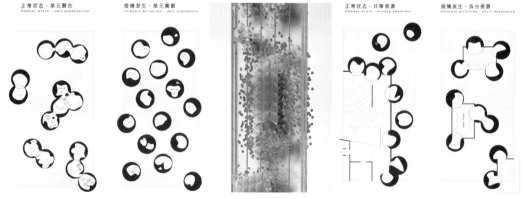

图 12　疫前防控——超级寓所的吸引与排斥　　图 13　疫时应急——疫情单元　图 14　疫后设想——公共资源的整合与拆分
　　　　　　　　　　　　　　　　　　　　　　　　　　　的筛选与治疗

3. 疫后设想——公共资源的整合与拆分

　　在疫情趋于常态化的未来,方形体量的公共资源将被建造以满足社会生产的需求。居住单元能够在办公、商业、教育、娱乐等高度整合的公共资源内进行聚集,实现交互合作的高效率运作模式;如果疫情再度爆发,公共资源则随之发生拆分,例如将购物中心拆分为零售店铺、写字楼拆分为小型办公室、公共校园拆分为小班教室,以牺牲部分生产效率为代价满足最低生活运作需求,尽量降低病毒传播的可能性(图14)。

（四）方案总结

疫情带来的特殊境况赋予了上述诸般设想以现实意义，当我们再次阅读该作品时，会发现它既具有〝乌托邦〞的一面，看似完全脱离现实的生产力水平，但又是符合基本的自然原理，与人类工业最新发展趋势接轨，即便在当下的实施尚需时日，但放眼未来仍然具有能够兑现的潜力。

此次史无前例的全球性疫情大流行极有可能推动旧秩序的瓦解与新秩序的重建，建筑设计方案通过〝激进〞的手段进行大胆的尝试，反而是变革的催化剂[8]。马斯·弗里德曼曾发出感叹：〝Hot, Flat and Crowded（世界又热又平又挤）[18]〞，在 2020 年灾难般的极端条件下，通过反重力的手段，实现人类居住模式的转译与重构，或许是桎梏之下的一个全新出口。

四、结语

新冠疫情及其引发的全球经济危机、政治危机、生态危机前所未有地交织在一起，把人类引向了历史的节点；数字信息网络、虚拟空间技术、高新材料与智能建造等新事物亦不断冲击并裹挟着人们前行。时代的浪潮要求传统建筑学不断探索学科边界及未来。新冠疫情背景下的概念式建筑设计竞赛作为独具特色的竞赛机制，以更加具有时效性、创新性和前瞻性的姿态，将学科本体与社会发展进行有机融合，不仅能使建筑学科在新的时代背景下激发出更为历久弥新的生命力，而且对未来城市与人居环境的可持续发展建设具有重要的理论意义与应用价值：

其一，面向大规模专业群体的方案征集，能够从多个视角进行问题分析、趋势解读以及策略思考，以集思广益的方式突破个体思维的桎梏，产生对新的思想观念、技术技艺、运作模式的探讨与接纳，促使建筑学科向更高层级跃迁，对未来疫情常态化下的城市建设乃至社会发展具有一定的借鉴参考价值；

其二，建筑专业学生在高校教师的指导下，以建筑学专业视角从某一切入点对社会现象及其背后成因进行诊断、研究与回应，有利于学生批判性思维的形成，摆脱学校固定课程框架内既定的学习模式所带来的惯性，在疫情背景下的社会变动中不断推导出新的法则，从而适应未来更加多元的建筑环境；

其三，能够建立鼓励创新的竞争机制，弥补传统建筑教学中理论结合实践的缺失，将竞赛作为一种〝研究〞与〝设计〞相互结合的载体，对专业知识、文化思潮以及最前沿的科技成果进行跨学科融合并搭建集成框架，从而推动教学模式的转变，促进社会意识的觉醒，培养出真正与未来衔接的建筑人才。

注释：

① 2021 年纸上住宅建筑国际竞赛〝住宅的未来——在大流感来临之前与之后〞（竞赛网站：https://www.traa.com.tw/Event/News/132）。

② JDC——基准杯 2020 国际大学生建筑设计竞赛〝超级寓所（SUPER RESIDENCE）〞（竞赛网站：jdc.jzfz.com.cn）。

③ 2020 年〝TINY HOUSE（极小住宅）〞建筑竞赛（竞赛网站：https://www.archrace.com/competitions/308）。

④ 2020 年〝FUTURE-OFFICE（未来办公）〞竞赛（竞赛网站：https://archue.com/competition/73/FUTURE-OFFICE）。

⑤ 2020 年〝Retail of Tomorrow（零售业的明天）〞竞赛（竞赛网站：https://uni.xyz/competitions/retail-of-tomorrow/pricing/）。

⑥ 2021 年〝REIMAGINING THE EXPERIENCE OF PUBLIC TRANSPORTATION IN A POSTPANDEMIC METROPOLIS（重塑疫后城市交通）〞竞赛（竞赛网站：https://ideas-be.ca/project/competition-reimagining-public-transport/）。

⑦ 2021〝天作奖〞国际大学生建筑设计竞赛以〝后疫情时代的建筑提问〞为题，出题人为直向建筑事务所创始人、主持建筑师董功。

⑧ 第五届〝天华杯〞ART&TECH 全国大学生建筑设计竞赛以〝无界〞为题（竞赛网站：https://aubase.cn/）。

⑨ 2021 年第十五届谷雨杯全国大学生可持续建筑设计竞赛以〝空间折叠：疫情下的城市生活空间〞为题（竞赛网站：http://guyubei.tuituisoft.com/）。

⑩ 2021 年〝后疫情时代城市的新空间现实〞城市设计竞赛（竞赛网站：https://www.archrace.com/）。

⑪ 2020 年〝New Dencities—Post pandemic township design competition（后疫情社区设计）〞竞赛（竞赛网站：https://uni.xyz/competitions/new-dencities/info/about）。

⑫ 2020 年〝Architecture of the Apocalypse—Using Space Technology to colonize earth again after Apocalypse（灾难后的末日建筑）〞竞赛（竞赛网站：https://uni.xyz/competitions/architecture-of-the-apocalypse/info/about）。

⑬ 〝RETHINK：2025〞由英国皇家建筑师学会（RIBA）主办，是一个旨在为后疫情世界寻找设计的国际竞赛。

⑭ 竞赛命题详见基准杯 2020 国际大学生建筑设计竞赛：http://jdc.jzfz.com.cn/index.html#/。

⑮ 2020 年 11 月 28 日，〝JDC——基准杯 2020 国际大学生建筑设计竞赛〞收到来自国内外 331 所高校的 2586 名优秀学生共 572 份优秀作品，最终决赛于四川省成都市成功举办，一等奖作品〝MAGNETO——高密城市超级寓所的磁悬浮计划〞由天津大学建筑学院学生陈家炜、王蒙获得，指导老师为辛善超。

⑯ 磁悬浮技术（Electromagnetic Levitation）以迈斯纳效应（Meissner Effect）作为物理原理，它是一种物体从一般状态相变至超导态的过程中对磁场产生排斥的物理现象，该技术可以使物体克服重力而悬浮。

⑰ 磁流体（Magnetic Fluid）是一种新型的功能材料，它既具有液体的流动性，又具有固体磁性材料的磁性。

⑱ 《世界又热又平又挤》是三度普利策奖得主托马斯·弗里德曼的文学作品。本书提出当今世界发展的五大趋势，表达了作者对未来地球和人类的前景感到深刻的担忧。

参考文献：

[1] 马国馨．关于建筑设计竞赛 [J]．建筑学报，1985（05）：48-51．

[2] 冯天舒．概念式建筑设计竞赛及其工作方式的解析 [D]．2012．

[3] 蔡军，张健．日本概念式建筑设计竞赛剖析 [J]．新建筑，2005（01）：82-84．

[4] 周湘津．开拓、比较、优化论建筑设计竞赛 [D]．天津：天津大学，2000．DOI：10.7666/d.y352377．

[5] 周湘津．建筑设计竞赛全景 [M]．天津大学出版社，2001．

[6] 褚冬竹，顾明睿．灾变的意义：从城市安全到建筑学锻造 [J]．新建筑，2021（01）：4-10．

[7] 肖伟，宋奕．以快应变：新冠肺炎疫情下的"抗疫设计"思考 [J]．建筑学报，2020（Z1）．

[8] 鲁安东，窦平平．极限与常态：后 2020 的新型人类聚居问题 [J]．建筑学报，2020（Z1）．

[9] CUFF D. *Design after Disaster*[J]. Places，2009，21：4-7．

图表来源：

表 1：相应的国内外竞赛官方网站（作者翻译汇总）

图 1：作者自绘

图 2：https：//www.evolo.us/epidemic-babel-healthcare-emergency-skyscraper/

图 3：https：//www.evolo.us/pandemic-emergency-skyscraper/

图 4：https：//traa.com.tw/Competition

图 5：jdc.jzfz.com.cn

图 6：RIBA 英国皇家建筑师学会官网 architecture.com

图 7~14：作者自绘

陈家炜，天津大学建筑学院，硕士研究生（在读）；王蒙，天津大学建筑学院，硕士研究生（在读）；辛善超（通讯作者），天津大学建筑学院，副教授

疫情时代建筑学专业线上教育开展研究

——以华中地区为例

王振　陈芷昱

Research on the Development of Online Education for Architecture Majors in the Epidemic Era——Taking Central China as an Example

■ **摘要：**2020 年新冠疫情的发生改变了人类的日常生活，传统教育方式发生改变，教育模式从线下转为线上，各高校充分利用互联网技术完成日常教学工作，保障基本的教学工作有序进行。本文基于新冠疫情背景下华中地区高校建筑学线上教育模式通过统计学方法整理华中地区各高校线上教育开展情况，探讨各高校建筑学教育线上教学效果，探究线上教育对建筑学专业教育的影响，为建筑学专业建立线上教育模式提供建议。

■ **关键词：**疫情时期　在线教育　统计学　教学方式　教学效果

Abstract：The outbreak of the Coronavirus disease epidemic in 2020 has changed the daily life of human beings. At the same time, the education field has also changed the traditional mode of education due to the arrival of the epidemic. The education mode has changed from offline to online, and universities make full use of Internet technology to complete daily teaching Work to ensure the orderly progress of basic teaching work. This article explores the online teaching effect of architecture education in various colleges and universities based on the online architecture education model of colleges and universities in Central China under the background of the new crown epidemic, and explores the impact of online education on architecture professional education.

Keywords：Epidemic Period, on-line Education, Statistics, Theological Method, Educational Effect

一、建筑学专业在线教育发展

　　中国信息化基础设施覆盖面广、设备先进、使用效率高，且互联网技术处于高速发展的阶段，为在线教育的发展提供了极其有利的技术和载体支持。随着经济社会发展，高等学校建筑学教育对优质、灵活、个性化的教育资源的需求较大，为在线教育提供了强大的发展动力。

教育部产学合作协同育人项目（项目编号：201901095008）；华中科技大学教学研究项目（项目编号：2018069）

目前国内的在线教育大多应用于中小学教育。欧美国家线上教育早已发展得较为成熟，这些国家的高等教育机构已开展线上学位教育，其中美国的线上学位教育已有20多年的发展历史。美国大学中三分之一的注册学生通过完全在线或线上线下结合的方式完成其学业，全美大学里有超过60%的大学提供纯线上学位，如康奈尔大学、哥伦比亚大学、杜克大学等。国外大学在线教育发展成熟体现了对于教学技术手段的全方位引入和支持。目前国内高校在线教育发展缓慢，一定程度上阻碍了我国高校组织教学水平的提升。对建筑学专业而言，疫情期间的线上教学，可基本确保高校的正常教学工作。随着教学工作不断推进，加之建筑学教育的鲜明特色，如何保证线上教学质量是线上教学面临的难题。

课程教学组织是实施课堂教学的重要载体。从已有成熟的经验来看，线上教学有着自身的教学规律，对于线上教学的大纲设计、备课、授课、考核、评价、反馈等教学环节与线下教学有着不同的要求。在线上教学过程中，教师的课上主导作用趋于弱化，而课后的作业、辅导、答疑、讨论及反馈在整体教学过程中占了较大比重，学生的学习主体地位越来越突出。

二、疫情时期建筑学专业在线教学——以华中地区为例

根据教育部《关于在疫情防控期间做好普通高等学校在线教学组织与管理工作的指导意见》（教高厅[2020]2号）要求，建筑学专业教学指导分委员会指派华中片区切实落实教育部的要求，及时协助建筑类教指委向全国建筑学高等院校发布了《建筑类专业教学指导委员会防疫期间利用在线教学资源开展教学的指导意见》。

建筑学分指委依照各地实际情况，划分了七个片区（东北、华北+京津、华东+上海、华中、华南、西南+重庆和西北）。此次研究汇集了华中地区湖北、湖南、河南、江西四省26所建筑院校的在线教学研究成果。其中湖北6所高校，分别为华中科技大学、武汉大学、武汉理工大学、湖北工业大学、武汉工程大学、湖北工程学院；湖南6所高校，分别为湖南大学、中南大学、中南林业科技大学、湖南科技大学、湖南城市学院、南华大学；河南6所高校，分别为郑州大学、河南大学、华北水利水电大学、河南工业大学、河南科技大学、河南理工大学；江西8所高校，分别为南昌大学、华东交通大学、江西师范大学、井冈山大学、江西理工大学、江西科技师范大学、南昌大学科学技术学院、华东交通大学理工学院。

1. 建筑学专业在线教学相关分析

根据华中片区建筑院校提供的教学资源等基本信息以及在线教学总体概况，2019-2020春季学期华中片区26所调研建筑院校首批开课共973门，包括既有的线上课程215门与新建线上课程718门。

2. 不同类型课程的在线教学情况分析

为保证教学质量与效果，各院校教学团队采用多种网络授课平台与教学辅助平台相结合的教学方式，根据不同课程类型灵活调整教学方案，既保证了疫情期间在线教学的稳定性，同时为长期化、弹性化的在线教学做好准备。总体上看，华中地区包括处于疫情中心的湖北武汉，在疫情期间专业在线教学基本稳定。

（1）理论课：课程以授课教师借助网络平台直播讲解（PPT）为主，以既有的线上教学资源为辅。利用互联网平台授课，教学灵活高效。各校均以直播、录播和在线答疑等方式结合授课。教学资源以高校自建为主，利用网上慕课资源为辅。理论课线上教学较为成熟，教学效果良好，学生反馈较为满意。

（2）设计课：网络授课对设计类课程教学影响较大，疫情对实地调研等原定课程安排产生较大影响，各高校以居家抗疫为布置学习任务的前提，对课程授课方式及工作内容做出相应调整。线上教学可以满足线上图纸分享、实时改图和师生互动的需求，但教学过程中，基地调研、模型制作环节比较难以开展，受网络不稳定的影响，现场互动及体验感稍显不足。湖北院校如华中科技大学设计课联合其他兄弟院校（如文华学院建筑系一年级）进行课程教学资源共享，同步开放线上课程，取得较好的教学反馈效果。据相关调查统计数据可知，设计类课程线上教学具有一定的优势，具新颖性、反馈及时等特点，在一定程度上优于线下教学，毕业设计各高校均正常开展，采用与设计课类似的线上教学方式，通过多样化的平台保证教学效果。

（3）美术课：作为更加注重观察和实践的美术课，华中地区院校普遍反映依靠线上各个平台进行美术教学、评图是可行的，相比线下教学受众面更广，信息传递更为高效，学生作品通过网络呈现效果不佳，不如现场教学直观。但线上教学可提供课程回放，给学生提供了反复学习、加强学习效果的机会，也有助于教师自我审视、反思和改进教学。

（4）实验课：由于线上教学条件所限，华中地区部分院系选择将实验课教学调整至返校后集中进行。少量基于计算机的实验课不再进行集中上机辅导，改为学生分散自主上机实验。河南各院校结合自身教学情况利用建筑类专业教学指导委员会推荐的在线教学资源和虚拟实验室，结合教学进度进行实验课程的开设。江西部分院校

湖北建筑院校				
课程类型	课程总数（门）	必修/选修	利用既有线上资源（门）	新建线上课程（门）
理论课	176	160/44	11	165
设计课	47	46/1	0	47
美术课	13	9/4	0	13
实验课	9	9/0	0	9
实践课	24	24/0	0	19
总计	269	220/49	11	253

湖南建筑院校				
课程类型	课程总数（门）	必修/选修	利用既有线上资源（门）	新建线上课程（门）
理论课	134	65/69	76	58
设计课	42	38/4	6	36
美术课	11	11/0	0	11
实验课	0	0/0	0	0
实践课	3	3/0	0	0
总计	190	117/73	82	105

河南建筑院校				
课程类型	课程总数（门）	必修/选修	利用既有线上资源（门）	新建线上课程（门）
理论课	198	149/49	59	140
设计课	68	62/6	12	57
美术课	18	18/0	3	15
实验课	18	17/1	5	13
实践课	26	26/0	2	12
总计	328	272/56	81	237

江西建筑院校				
课程类型	课程总数（门）	必修/选修	利用既有线上资源（门）	新建线上课程（门）
理论课	95	70/25	31	53
设计课	49	45/4	5	44
美术课	20	18/2	3	17
实验课	4	4/0	2	2
实践课	18	18/0	0	7
总计	186	155/31	41	123

华中地区建筑院校				
课程类型	课程总数（门）	必修/选修	利用既有线上资源（门）	新建线上课程（门）
总计	973	764	209	215	718

的建筑物理环境课程中的实验环节采用网络视频动画模拟的方式进行，返校复课后再组织学生补做实验。湖北院校将多数需要在现场以及试验设备操作的课程结合直播和虚拟仿真实验在线上进行，不具备教学条件的院校，调整教学计划，推迟开课时间。

（5）实践课：建筑学专业实践类课程大致分为三类：

课程设计类：配合设计类课程安排的集中课程设计周，按照原教学计划与进度，有组织地进行，教师通过视频会议室进行设计的辅导与疑问解答。

实习类：包含素描实习、模型实习、色彩实习、计算机实习、古建筑测绘实习。由于该类型实习独立性较强，且对课程前后顺序没有过大影响，需要结合现场完成，所以该部分课程调整至暑假学生返校后开课。

毕业设计与毕业实习：重视教学创新、大力推进开放式教学，结合此次疫情，以网络为纽带积极推进多方参与的毕业设计。要求选题结合科研与实践追踪中国发展热点问题，强化选题的开放性，推行校内指导教师与行业执业建筑师共同参与毕业设计指导，利用网络师生共同互动交流、互相学习。充分利用网络视频、视频会议等方式进行沟通、指导、检查和考核，通过具有高效、即时、异地、互动、共享特征的新型教学手段，探寻基于技术变革和融合发展的教育生态优化道路。目前华中地区部分院校受场地、工具限制，疫情期间各校实习、实验、实践课程基本暂停，相关学校计划返校后集中补上实践课程。

3. 师生线上教学信息反馈——以华中科技大学为例

此次研究采取问卷调查方式，共收集数据 639 份，其中本科生 484 份，研究生 112 份，教师 43 份。

（1）学生对在线教育的反馈：问卷对上课前的准备时间、上课状态、上课时间、教学效果、空间选择及线上授课方式等方面向华中科技大学建筑与规划学院的在校本科生、研究生展开调查。数据显示，学生由于居家进行线上教学减少了日常通勤时间，增加了睡眠时间，一定程度上保证了上课良好的精神状态。学生普遍认为线上教学过程中设计课教学效果较差；理论课教学效果本科生与研究生的评价不一致，本科生认为理论课线上教学效果良好，产生差异的部分原因是授课老师对网络教学不熟悉所导致（图1）。对于线上线下教学空间的选择，学生对两者态度基本持平，其中对于有小组分工的课程学生更倾向于线上教学（图2）。相比网络慕课学生更倾向于本校老师以直播或录播的形式授课，相比本科生，研究生更倾向于直播授课，有利于与老师交流讨论问题（图3）。在部分高校不能开展某课程的网上教学的情况下，大多数学生愿意采用其他高校的同等课程替代，同时希望教学过程中本校老师提供相关指导。结果显示，大多数学生支持在疫情结束后的日常教学过程中采用线上线下相结合的教学方式。

（2）教师对在线教育的反馈：针对高校教师对线上教学相关问题的反馈，通过问卷调查可知，在教学过程中最大困难在于线上教学与学生互动不便、反馈不及时。2/3以上的老师倾向于直播（图4），这与学生的需求相同。在已经开展的网络教学中发现，相比线下教学，学生在线上教学中的互动交流有所提升，学生的学习自主性有所提升。在今后教学中，对于理论课可采取线上教学为主，线下网络教学为辅（图5），设计课、实验课及实践课可采取线下教学为主，线上网络教学为辅，采取线上线下相结合的方式（图6）。

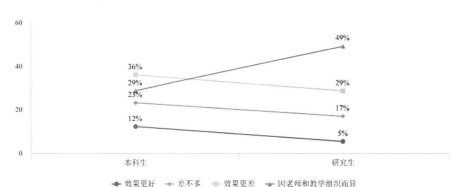

图1　本科生与研究生对理论课教学效果态度

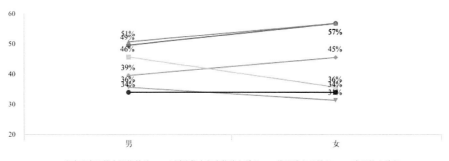

图2　本科生与研究生对教学空间的选择

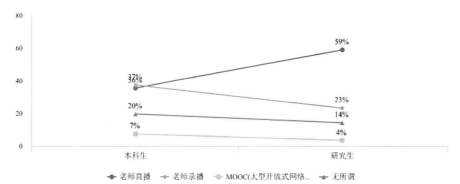

图3　本科生与研究生对授课方式的选择

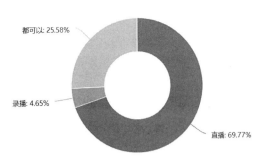

图4 教师对授课方式的选择

都可以：25.58%
录播：4.65%
直播：69.77%

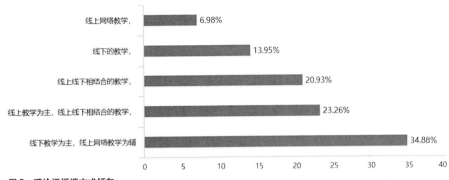

线上网络教学，6.98%
线下的教学，13.95%
线上线下相结合的教学，20.93%
线上教学为主，线上线下相结合的教学，23.26%
线下教学为主，线上网络教学为辅 34.88%

图5 理论课授课方式倾向

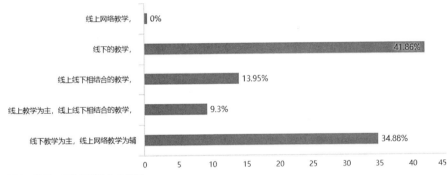

线上网络教学，0%
线下的教学，41.86%
线上线下相结合的教学，13.95%
线上教学为主，线上线下相结合的教学，9.3%
线下教学为主，线上网络教学为辅 34.88%

图6 设计、实验课授课方式倾向

三、高校建筑学在线教育教学质量保障与工作问题

1. 在线教学与线下教学质量实质等效保障情况

为保障疫情期间线上教学工作的有序开展，各高校组织成立教学工作组整体把控各个环节，对教学平台搭建、教师线上技术辅导、学生课堂监督以及课后教学评估等工作严格把控，环环相扣。中南大学疫情期间参照高质量在线课程倡议计划（Quality Online Course Initiative，QOCI）推出了"线上教学质量框架（试行）"，融合"课程思政"的要求，从教学设计、沟通互动、教学评价、学习支持和反馈改进等几个方面提出线上课程教学质量的重要观测点，提前制定在线教学计划和要求。

对线上教学平台选择、教学资源使用、教学计划开展执行、教学效果考察考核等方面，做好线上教学工作预案。各院系与信息中心联合保障，集中完成录播教室的硬件改造与系统建设，营造有利于在线教学的良好环境。中南林业科技大学每周采用周报形式对学校各系开展的网络课程教学情况进行总结，传授优秀案例经验，及时发现不足，调整教学计划。同时利用现有网络资源，结合多个网络平台有序开展教学工作。在线教学管理，关注学生学习状态。加强教师横向教学交流，组织教师进行线上座谈，对线上教学的实践和思考进行深入交流，共同把控课程进度和要求。鼓励教师之间开展线上听课评课活动。

2、建筑学专业在疫情防控期间开展在线教学中面临的困难和问题

教育平台种类繁多、特点不一，高校在前期过程中耗费了大量时间选择和适应相适配的平台，使用过程中由于时空差异、网络差异、设备差异等问题导致教学效果受到干扰。长时间录播视频文件容量大，数据备份存在一定难度。线上教学师生交流产生一定障碍，造成部分学生上课不专心的情况无法被及时发现，学生上课学习质量不受控，同时学生缺乏相互学习交流。

华中地区各院系普遍反映线上教学准备不足，自建课程由于经验、设备、资源的不足，可直接利用资源有限，慕课课程与各校具体情况匹配不佳。授课教师缺少网络课程教学经验，导致教师备课时间增长，教师普遍较为疲惫。教师缺乏直播经验，对教学平台运用不熟悉，增加了教学压力。理论课在线教学导致闭卷考试无法有效进行。

相较于往常线下教学，线上教学应该体现更多优势，如联合教学、资源共享、社会联动、教学数据信息化等，但迫于突发疫情及线上教学的被动介入，未完全发挥线上教学的相关特点。部分院校如华中科技大学、湖南大学在毕业设计中通过线上方式组织四校联合设计、大健康联合设计等，在前期开题以及中期检查汇报中推进顺利，体现了跨时空、反馈及时、高效低成本的线上优势。

四、结语

未来国内建筑学教育，可从以下几点进行教学优化改革

第一，构建基于知识点的立体融合在线教学资源。从教师知识点出发打造精品在线教学资源，随着点状教学资源的累计完善，打破基于课程的知识点单向关联，构建基于知识点的立体融合知识体系。

第二，构建"线上自主学习＋线下互动交流"教学模式。重点针对设计类课程建立规范的线上线下相结合的教学组织方案，从鼓励和激发学生进行线上自主知识拓展，到逐步引导学生进行线上理论知识的系统化学习，线下针对性的教学互动、讨论，满足学生的个体差异，提高学习效率。

第三，优质课程资源共建共享。充分利用网络资源，发挥各个高校特色优势，跨学校形成联合教学团队，共同进行教学研究，并形成精品教学资源，发挥名师效应，解决教育均衡发展的优质教师紧缺问题，有效推动教育公平、协作发展。

第四，推动"双师"型课堂。利用网络时空优势，将优秀的职业建筑师引入教学，与高校教师一起组成"双师"型教学团队，各自发挥优势，使学生能够接受多角度的指导，有效促进实践性人才的培养。

第五，深化"翻转课堂"。以学生为中心，强化学生的主导性，使学生利用优质网络资源完成对基本知识的获取，教师不再占用课堂时间讲授信息，主要是方向引导和问题探讨，让学习更加灵活、主动。

第六，线上教学的联合机制。发挥线上教学优势，对跨校际、跨地区、跨国界的优质教学资源进行互助互补，并及时统计教学反馈数据，调整教学方式和内容，更大程度同步日常线下教育，形成高效率、高质量、高适应的先进教学联合机制和教学共享平台。

第七，建立适应线上教学的评价机制。任课教师通过网络工具及时掌握学生的听课、学习情况和设计作业、练习反馈情况，做好课后的教学质量落实反馈。

疫情期间线上教育是迫不得已，也是改革机遇，未来教学过程中会将线上教学与线下课堂有效结合，让学生从"线上＋线下"的教学模式中获得最大收益。

致谢：感谢华中科技大学、武汉大学、武汉理工大学、湖北工业大学、武汉工程大学、湖北工程学院；湖南大学、中南大学、中南林业科技大学、湖南科技大学、湖南城市学院、南华大学；郑州大学、河南大学、华北水利水电大学、河南工业大学、河南科技大学、河南理工大学；南昌大学、华东交通大学、江西师范大学、井冈山大学、江西理工大学、江西科技师范大学、南昌大学科学技术学院、华东交通大学理工学院为本文提供数据支持。

图片来源：
本文图片均来自作者自绘

作者：王振，华中科技大学建筑与城市规划学院副系主任，副教授；陈芷昱（通讯作者），华中科技大学建筑与城市规划学院硕士研究生

基于移动互联时代的微空间模块化设计教学

郭娟利　贡小雷　王苗

Micro-Space Modular Design Teaching Based on Mobile Internet Era

■ 摘要：移动互联网技术的出现对人们的生活、学习、工作带来了很大的变化，传统功能单元的设计教学难以适应互联时代应用模式的改变。因此，探索基于移动互联背景下的社会需求和应用模式，课程以"移动互联""微空间"和"模块化"为主题，在满足人体工程学的基础上，以社会问题需求切入微空间设计模块化单元，从而达到既满足空间训练要求，又能关注社会需求为导向的教学内容和方法。

■ 关键词：移动互联　微空间　人体工程学　模块化

Abstract：The emergence of mobile Internet technology has brought great changes to the life of people，learning and working. The design and teaching of traditional functional units are difficult to adapt to the changes of the application model in the interconnected era. Therefore，to explore the social needs and application models based on the background of mobile Internet，the course takes the theme of "mobile internet" "micro-space" and "modular". Cut into micro-space to design modular units to meet the needs of social issues on the basis of meeting ergonomics. So as to not only meet the requirements of space training but also focus on the teaching content and methods based on the social need.

Keywords：Mobile Internet，Micro-Space，Ergonomics，Odular

一、引言

移动互联网的发展带来了城市节奏加快和人的行为模式变化，原有城市结构和功能配置已经很难满足快速发展的需求。本课程设计通过移动互联对人的消费模式、行为需求的影响，通过调查研究去捕捉城市问题，通过模块间微单元的切入去提出应对城市问题的方法和手段。该阶段除了训练学生的空间生成能力，也强调通过社会调查研究捕捉城市现象和问题，学会运用模块化的体块的扭转、拉伸、拼接等手法进行空间塑造，并对调研得出的社会问题进行回应。

二、设计背景

工业4.0的基础是利用物联信息系统将供应、制造、销售信息数据化。目前人们通过手机终端互联网获取信息、生活、工作和学习，获取信息方式的改变也会带来人的行为模式和需求的变化。如自助存取餐的外卖模式如何结合互联网平台和存取餐的单元模式进行有效衔接？移动端学习与休息是否可以改变目前特殊专业的学习和休憩需求？互联网时代的快递驿站是否可以实现多功能复合？互联网时代的大数据获取能否带来减压空间和单元的设计革新？共享单车如何影响校园文化和校园环境及其空间规划？互联网时代的影响形成了以人为中心、以场景为单位、更精准的人与社会的连接体验。这些问题都给我们设计教学带来了新的思考，刻板教条的知识传递已经无法满足快速需求变化带来的模式更新。该教学充分利用废旧集装箱箱体的空间价值，将其转化为建筑模块单元，通过组合、移动、折叠、翻转等形式增强空间的设计与思考。我们需要尝试将"方法"替代"经验"[1]，在当前联动互联发展的背景下，利用微空间的方式来应变互联技术发展带来的空间革新，已经成为一个新的研究方向。

课程设计的载体以集装箱尺寸（5.69m×2.13m×2.18m）为模块单元，建筑面积约为12m²，非常适合一年级初步设计课程。可以在校园、周边社区或者城市街角去捕捉社会需求和现实矛盾，了解互联时代的社会经济发展需求，针对教学、购物、办公、餐饮等社会问题，设计可容纳5~10人的活动空间，注重设计概念与使用功能的结合，体现调研与设计需求的密切联系。除了满足基本的生存需求，这种微空间单元变成了信息与服务的连接入口，单元模块的切入方式和空间模式成为获得市场流量的重要形式，从而探讨空间形式之外更多需要考虑的内容，诸如互联网时代人们生活方式和需求的变化而带来的革新。

三、教学目标

一年级的建筑设计基础训练强调对人体尺度、城市调研方法和手段、空间生成训练等方法的训练，熟悉观察、记录、分析等调查研究方法，了解行为与空间的关系；通过调研了解互联网经济对建筑形态和人的行为的影响，建立实际调研与建筑设计的关系；通过深入分析场地各类设计要素，训练空间生成和创造想象力；通过训练空间生成和组织能力，熟练运用体块的扭转、拉伸、拼接等手法和点线面等空间要素的划分和空间塑造手法；熟悉人体尺度和认知，关注社会问题，学会在紧凑空间中尽可能实现人与社会需求的关系和空间的情感塑造。重视人的活动、人体工程

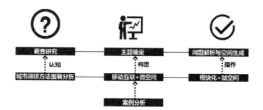

图1 设计研究过程示意图

学的特点、重视草图和模型，始终把草图的绘制和模型的制作作为设计思路的形成过程和设计思想的表达方式，学会用草图、模型来清晰而恰当地表达设计意图。设计研究教学示意如图1所示。

四、教学设计案例解析

微空间更加强调高效、多变、多义、可适应性等特征，理查德·霍顿（Richard Horden）将其定义为：轻质、机动与生态的未来建筑。与微空间面积类似的微建筑有很多优秀案例，借鉴其中在尺度、功能、材料等方面的设计构思可以拓展微空间内部空间设计方法，加强乘客在内部空间的体验。本文主要介绍三个建筑大师的经典案例，来说明微空间的设计理念。

1. 勒·柯布西耶法国自宅 petit cabanon

勒·柯布西耶法国自宅 petit cabanon（13.4m²）是现代建筑大师勒·柯布西耶（le Corbusier）1950年在法国南部海岸马丁岬唯一为自己建造的一处住所。该自宅家具精简，床、工作台、凳子、储物柜、洗手池都仅有一套。厕所位于入口过道尽头的小隔间内。3.66m×3.66m的小木屋内部是由四个0.14m×0.226m的矩形构成，围绕一个0.7m×0.7m的正方形呈螺旋状排布。空间各个组件都严格遵循着柯布西耶模度标尺的规定，甚至与室内正交式布局产生明显反差的平行四边形工作台的角度也来自数列。这一设计包含了英国地理学家杰伊·阿普尔顿提出的"视窗—庇护"概念（Prospect—Refuge）特质，柯布西耶可以站在小木屋里自由远眺地中海，享受独处的安全感和广袤的海景。

2. M-ch 微住宅

M-ch微住宅（6.8m²），是由慕尼黑科技大学教授理查德·霍顿（Richard Horden）带领团队在2002年设计完成的住宅概念设计，可供学生住宿、短期商务或休闲。只有2.6m见方的M-ch微住宅尺寸紧凑，可以嵌入小型树木和灌木丛，并通过单体组合形成小型社区；内部空间高度集约，使用高度集成照明设备、集成式平板显示器、缩放的轻量餐具和餐具，将高层次产品和体验概念带入紧凑环境中。组合后15米高的学生宿舍结构由垂直钢立柱组成，开放的核心空间包含中央电梯井和由30个微型紧凑型房屋环绕的楼梯。

3．Diogene 住宅

Diogene 住宅（7.5m²），是由意大利建筑师伦佐·皮亚诺（Renzo Piano）2013 年与 Vitra 家具公司合作，在德国 Weil am Rhein 设计完成，名称来源于古希腊哲学家 Diogenes。2.5m×3.0m 的生活空间包括厨房、卧室和淋浴室，倾斜屋顶采用木材建造，铝质覆层和圆角边缘暗示了支撑设计的自给自足技术、水收集和能源系统。内部分隔为有折叠沙发、折叠桌的休息室，以及卫生间和厨房[3]。作为 Vitra 公司产品，Diogene 住宅的设计目标是成为一个周末度假、临时办公的多功能单位，空间利用高效，实现微空间利用的舒适生活，如图 2 所示。

五、教学重点

移动互联时代的微空间设计主要包括以下三个层面：（1）移动互联：设计需要关注社会现象引起的人的行为变化和需求的变化。通过对目前互联网经济发展对社会形态的影响，从而分析其对建筑空间和人的行为的影响成因。（2）微空间强调的是一种社会态度，具有很强的灵活性和适应性，能够解决复杂社会需求和快节奏而带来的需求变化。微空间通过空间界面形态和空间

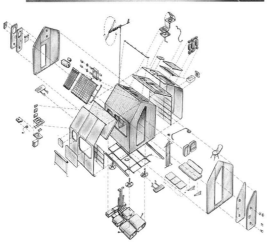

图 2　Diogene 住宅内部空间布置图和模块部件展示图

功能的良性互动，从而实现空间的最优化利用。（3）模块化设计强调空间生成逻辑和操作手法，在满足功能的前提下，运用体块的扭转、拉伸、拼接等手法和点线面等空间要素的划分和空间塑造手法，探索如何将简约、规整、模数化的单元空间通过排列组合创造出令人惊叹的无限空间创意的可能性。三个层面的整合是强调对社会问题的解决，关注社会需求、人的行为与空间实现方式的内在关联性，使得多元素之间反复推敲，拓展一年级基础设计的方法和新的知识内容。

六、教学过程分解

1．调研研究

教学过程的第一个环节是文献阅读和社会调研，培养学生通过社会现象、经验判断来分析成因，培养学生的设计研究能力和观察分析能力。明确设计和研究方向，选择教学、售卖、餐饮等某一项功能，撰写调研观察记录和需求分析报告，其中包括交通、教学、售卖、餐饮等功能空间，观察并记录人的行为，绘制人的需求分析过程，挖掘新信息，使其转化为设计切入点，寻求微空间在城市中切入的契机。调查研究环境培养的是学生的理性设计思维和对社会问题思考的能力，建立"以人为主体"的设计思维能力[2]。

2．设计主题确定

教学的第二个过程是提出问题，明确研究主题。包括归纳分析与空间形态，主要分析场景的主要特点，人物行为、原因与环境的关系，以及现有环境与行为之间的矛盾。明确研究主题，教师帮助筛选方向。该阶段强调社会需求与社会思维的转换能力，将前阶段观察与分析的结果绘制成一系列独立场景，设计系列模块概念，抽象过程中保留人的行为、数量和人与空间的互动关系。在空间创造过程中要有一定的创新设计概念，并体现移动互联与人的行为和需求的关系。如图 3 是基于集装箱模块的学生宿舍区四人间内部空间集约利用布置图。

通过社会调研和人的行为观察，明晰研究方向，主要分为几个方向：（1）手机物流追踪与校园内实体快递驿站的空间关系，货物的提取、存储和自助电子存储空间的关系。（2）网上自助下单的快餐业，骑手送餐与取餐的时间不对等，人流等待交叉造成的餐饮卫生等。（3）现代人的心理压力很大，减压方式如何结合数据信息检索需求进行微空间的介入，形成基于互联网的空间互动减压模式空间。（4）公交站＋售卖模块应对互联消费模式的空间功能分布变化带来的空间革新问题。（5）互联网教育带来的微型图书馆阅读习惯的改变，学习模式和空间分布方式的影响等问题，如图 4 所示为四人间空间单元布置图。

图3 学生宿舍内部空间布置示意图

图4 集装箱空间四人间单元布置图

以"外卖取餐"为例,在调研中发现目前的联动互联网上点餐,送餐人员在早晨和中午大量人流集中时段宿舍区门口送餐,导致人流交叉且存在送取货时间不对等等问题。因此,该小组调研结果主要针对网上点餐的送货存取和提取餐饮的方式进行重点梳理,依据学生的活动轨迹和需求分析,选取学生从宿舍区到教学区的必经之路作为外卖取餐的选址,并根据存餐方式、取餐方式、快速就餐等空间单元进行符合人体工程需求、微空间的集约型设计和移动终端存取货行为模式带来的空间革新。

3. 问题解析与空间生成

教学的第三个过程是解决问题,针对调研核心问题和现有使用现状的矛盾,寻求移动互联与人的行为的关键点,推敲功能模块的关联、应变和空间模块,从而使其适应快速城市发展和应用移动互联的变化趋势,并从微空间设计的角度提出解决策略。该阶段的操作手法强调采用微单元模块的扭转、拉伸、拼接等手法形成几何形体的关系,再通过连接界面的点线面分割和空间划分,界面的推拉、旋转会形成空间的封闭或连续,从而形成块体之间的切割和重组,通过制作过程模型,推敲功能模块的可实施性,进行多方案比较。方案评价的侧重点在于对问题提出和解决方式的考量。

因此,微空间是我们应对当前移动互联影响下带来的未来不确定性,如何通过对移动互联带来的需求变化,采用微空间的创造来进行应对和解决,是我们对当前移动互联带来的思考。该训练强调在满足人体工程学基础上,注重单元模型的统一生成逻辑,从而实现不同的空间形态来满足环境和不断变化的趋势。

结语与展望

建筑设计基础的培养在当代移动互联的背景下,将会审视以往的教学探索过程,通过对发现问题和寻求解决方法的训练过程,对于学生设计过程中的创造性思考有很大的帮助。这种方式也有利于教师利用自身的研究领域,对学生开展研究型教学引导。当然,这种训练模式也需要在教学过程中不断实践和总结,形成完整的类型划分和训练模式,以此形成对建筑设计教学的更多思考。

参考文献:

[1] 顾大庆. 中国的"鲍扎"建筑教育之历史沿革——移植、本土化和抵抗 [J]. 建筑师, 2007 (02): 97-107.

[2] 薛颖, 刘含蕊. 为研究而设计的教学探讨——以微空间设计课程为例 [J]. 装饰, 2019 (10): 92-95.

[3] 袁海贝贝, 陆伟. "微建筑"发展趋势研究 [J]. 建筑与文化, 2013 (10): 45-46.

作者:郭娟利,天津大学建筑学院副教授;贡小雷(通讯作者),天津大学建筑学院副教授、建筑系副主任;王苗,天津大学建筑学院讲师

宅与"宅"

——隔离语境下住宅空间与其精神性的思考

宁涛

Residence and "Indoorsy"——Thinking about the Residence Space and Neuroticism in the Context of Stay in Isolation

■ 摘要：疫情迫使人类大部分行为都在迅速"上线"，这种居家隔离的"线上生活"使得现实中的建筑空间被快速解构。我们在实体空间中的"亲身参与"被逐渐剥离，个体与现实世界的联系越来越弱。在隔离语境下，住宅空间作为这一系列变化发生的背景场所，作为实体空间和虚拟空间的一个重要"接驳点"，具有特殊的意义。本文以此为起点，通过对"宅行为"的分析和对住宅空间媒介性和精神性的分析，阐述了一种后人类时代对于生存与建筑空间的思考。

■ 关键词：宅行为　住宅空间　空间精神性　规训权力　虚拟空间　景观社会

Abstract：NCP forced most of human behaviors to "go online" rapidly. This kind of "online life" makes the real building space be quickly deconstructed. Our personal participation in the physical space has been gradually separated, and individual connection with the real world has become weaker and weaker.In the context of quarantine, residence space, as the background of this series of changes, is an important "connecting point" of physical space and virtual space.It has special significance. From this point of view, through the analysis of the "indoorsy behavior" and the spiritual analysis of the residence space, this paper expounds a kind of thinking about the living and architectural space in the post human era.

Keywords：Indoorsy Behavior, Residence Space, Spiritual of the Space, Disciplinary Power, Virtual Space, Society of the Spectacle

　　2020 年初，一场持久的新冠病毒疫情爆发。人们通过电脑模型的模拟与大数据的采集，推断病毒可能的扩散轨迹，虚拟演绎决策了现实空间的运行方式，城市与乡村采取了更加严格的管控措施，小区封闭，一些道路被阻拦。我们的生活方式也随之改变:学校改为网络教学，博物馆、美术馆开展线上展览。人们开始经历一段长时间的居家隔离生活：在家中通过电脑软件线上办公、视频会议，通过手机 App 买菜购物，更长时间在网上进行社交娱乐。疫情迫使人类大部分行为都在迅速"上线"，这种虚拟的"线上生活"使得现实中的建筑与空间被快速地解构。

一、作为"接驳点"的宅空间

回顾历史，我们的生活因为科技的发展一直处于变化之中（图1）：最开始人类过着集体生活，人们通过口耳相传交换信息，亲身参与各项生产与宗教活动。印刷术出现后，人类开始利用阅读获取大量知识，我们的生存慢慢脱离与集体的直接联系，独立化与个性化持续发展。20 世纪 90 年代电脑和网络普及后，人类的选择进一步自由丰富。近年来，我们发现无需出门，就能完成很多事情。在获取所需的过程中，我们在实体空间中的"亲身参与"被逐渐剥离，我们的个体与现实世界的联系越来越弱。

图1 "人类进化"漫画

这次的疫情加速了这一"个体独立化"的进程。但不同的是，之前的进程如果可以称为"主动进化"，那么这次则是"被迫适应"。疫情迫使我们在家久居不出，那些之前所习惯的以实体空间参与作为基础的行为和生活方式被迫发生转变，我们的精神与虚拟空间交织得越来越紧密，随之而来的断裂感与新的连续性引起了人们的审视。在隔离的语境下，住宅空间作为这一系列变化发生的背景场所，作为实体空间与虚拟空间的重要"接驳点"，可以激发出更多的思考和探索。

二、宅空间的反叛与规训

近一段时间,媒体上频繁出现"宅"这个字，用来形容疫情下人们的生活状态。"宅"这个字作为形容词起源于日本。1983 年，漫画家中森明夫提出"御宅族"一词，主要指那些闷在家里痴迷于动漫、游戏、轻小说的人（图2），后来"御宅族"中的"宅"字就逐渐用来形容那些待业在家、沉迷于个人爱好而与社会脱节的人。虽然这个词自诞生起便具有一种负面意味，但在社会多元化与传播媒介飞速发展的今天，它也像许多小众概念一样，逐渐变得广为人知和中性化。尤其在疫情之下，我们的诸多活动都在"居家"的基础上展开。当"宅"成为一种社会语境时，我们

图2 "御宅族"及其居所，选自《堕落部屋》摄影集，影集收录了生活在秋叶原、大阪、京都等地的 50 个"御宅族"女孩与其房间的合影

又重新将目光聚集在"御宅族"身上，以一种前所未有的平等态度去重新审视"宅行为"。

显然，"御宅族"们的"宅行为"就是发生在其居所中。立足于生存在现实世界的角度，这种居所已经不仅仅是满足起居功能的空间，而是变成了生活方式的"广谱容器"。御宅族为了逃避现实中的种种压力而放弃了身体的自由，闭门不出，"宅"成了一种抵御手段。他们将自己禁锢于小小的房间之中自娱自乐。在现实世界的人们眼中，他们是可怜的"套中人"；但在御宅族眼中，他们更多地将自己栖居于网络虚拟空间之中,现实世界则只剩下住宅空间，用以解决吃、睡、排泄等维生最基本的问题。这是对现实世界的一种反叛，也是对于新生活方式的一种探索。他们登上了这片虚拟"新大陆"，成为第一批原住民。

当代法国哲学家贝尔纳·斯蒂格勒认为，人类是未完成的，始终都处于进化之中，不断地被技术所塑造。随着虚拟互联网技术的发展普及，近年来整个人类群体都存在变得越来越"宅"的倾向。先期的反叛虽然

探明了另一种自由，但同时我们在互联网中的行为和状态却被更容易地采集、归类与分析。系统通过大数据推送更加符合个体偏好的信息，人们更容易被局限在信息茧房之中，变得缺乏多向度的思考，变得极端，变得易于操控。就像文艺复兴在发展了自由的同时，也创造了对于女性的规训。福柯曾指出，我们的社会是一个规训的社会。权力与知识创造了一个无处不在的管控网，就像毛细血管一样渗透到社会的方方面面，这同样适用于虚拟世界。在后疫情时代，当我们的社会生活大规模迁移到虚拟世界的时候，这种规训的渗透甚至变得比现实世界更加容易。

在《规训与惩罚》中，福柯列举了 19 世纪中期巴黎的少年犯监管所、梅特莱农场、监狱群岛等一系列形象和意象，用以阐释规训及其权力，其中最为著名的就是"全景敞视"监狱。"全景敞视"这个词来自英国功利主义哲学家边沁的环形监狱设计（图 3）。它的所有囚室都对着不可见其内部的中央监视塔，而监视塔里的看守对被囚禁者的活动却一览无余[1]。监狱的设计者通过控制监狱的光线、门窗朝向、空间布局等，从而控制了看守与囚禁者之间的看与被看的关系。这种看的不对称，导致了权力的两种特性，普遍存在性与不可确定性。因为监管的看守塔无时无刻都森严地立于中心，代表着普遍存在的监视；但由于被囚禁者无法看到看守，被囚禁者不知道自己是否正在受到监视，从而给自己造成一种有意识的"自我监视机制"。"全景敞视监狱"最神奇的效果在于形成了一个自主运行的体系，一个自动化的权利管理机制。"全景敞视监狱"是一种普遍化的政治工具，同样的规训也发生在医院、学校、工厂等机构。全景监狱象征着一种功能性的权力机制，起着发展经济、生产制造与教育的作用。福柯认为这个规训的机制是一种中性的管理的机器，自动而且永动。

在虚拟世界，这种"自我监视机制"的规训

图 3 "全景敞视监狱"设计图

也是无处不在，宅空间作为现实世界与虚拟世界的过渡地带，也成了扩张权力关系中的一环。如果没有反抗者的反抗，没有反抗者某种程度的自由，支配者的权力就不会持续产生效果，权力关系也就不会扩大与弥散。而宅行为对于住宅空间以及社会行为的重新组织，在打破的过程中也形成了新的规训。就像之前人类社会中从惩罚到规训的历史：从折磨肉体的刑罚演变到监控灵魂的规训，并不意味着社会更加人性化，而是意味着另一种新型的权力和一个新型的规训社会兴起罢了。新的规训权力关系发展了新的知识与话语，并使它们不断产生、生产和再生产。

三、"泛景观"社会中媒介化的宅空间

随着便携拍摄技术的普及以及直播、短视频平台的兴起，在虚拟世界形成的网络社会中，视觉图像逐渐动摇传统文字表达的地位，我们拍摄的身体与周边空间的图像被大量观看传播。这种图像形成了一种新的社会景观。如果说典型的景观社会是一种由权力与资本营造的较单调的景观图像所影响的社会，那么在网络自媒体时代，则是人人都可以创造景观的"泛景观"化社会。当然，权力也会对这种"泛景观"进行规训，只是这种权力不仅仅是自上而下的权力，也有自下而上的权力。大众通过自己的喜好对"泛景观"进行筛选，左右着其发展方向。而资本通过资本运作和视频工具的操作引导，借助人们从众与猎奇的心理，潜移默化地将大众卷入时间与金钱的消费。因此"泛景观"社会体现出新的权力制衡关系和时空规则的再生产。

住宅空间在"泛景观"社会中是一种特别的存在。住宅是各种非便携私人摄像设备存在较多的空间，人们在拍摄分享自己的生活时，住宅空间就会成为一个背景图像，以住宅作为背景的图像在网络社会传播的图像中拥有较大的比重。"泛景观"社会对住宅的空间性质造成了另一种层面的影响。例如人们在拍摄时会对拍摄的宅空间进行一定的布置，使其成为一种平面景观。为了吸引观众，宅空间甚至会衍变一种奇观，即被营造成一种戏剧性的景观，其可能是温馨、华贵，猎奇甚至荒诞的。而这种奇观又可能会被大量复制，成为一种同质化的媒介。

互联网"泛景观"社会将宅空间的属性降维，让一个传统的起居空间变为一个景观式的舞台布景，成为一种"同质化"与"奇观化"的传播模式，不断地被复制、再造、拼贴，成为一种新的消费景观。而在疫情的语境下，老师的教学、员工的会议等都要通过线上视频实现。以居家环境为背景拍摄视频的人数大规模增长，宅空间的影像大量进入"泛景观"社会特殊的权力凝视之中，

形成了一种新的全景敞视体系。这种全景敞视体系运行的不仅是自我监视机制，还是疯狂地自造景观以及不断地在传播层面对其进行审视与调整。宅空间开始作为一种传播媒介与社会生活紧密相连。

四、宅空间的精神性思考

不同于早年"御宅族"对于社会压力的反抗，当全人类面对病毒传播的压力时，"宅在家"不仅仅是一种生理防疫措施，也是心理上的一种整合过程。

传统上我们为人的不同行为建造出不同的建筑，而现在我们不得不将各种行为放入一个单一空间中。当现实世界"坍缩"成为一个"奇点"，我们在现有技术支持下唯一不能舍弃的就是基本的居住空间了。只要我们还不能脱离肉体而存在，我们和住宅的牵绊就会一直存在。在隔离的语境下，我们开始思考之前被忽视的问题，那就是住宅具有一种不可替代的原始性与精神性。

建筑空间的精神性是人在建筑中生活所营造与积累出的一种特性，它根植于历史与人的潜意识中，因此谈到精神空间就不能离开对人心理意识的分析。人超越了自然界其他生物，拥有自我意识。与其他动物相比，人的体能不够强大而且缺乏防卫或捕食的强大身体结构，所以人类在自然界中有一种弱势感，因此人类的自我意识中存在一种天然的孤独感与缺憾感。

作为社会动物，人的个体是孤独的，这种孤独感使人寻找被理解的冲动，寻找自身之外的一种相似性，可以将其称为"依赖期待"。人的个体是不完美的，这种不完美使人产生了完善自我的冲动，对与自身相异的事物产生兴趣，可以将其称为"独立期待"。"依赖期待"是外向型的，"独立期待"是内向型的，这内外两个向度的精神力共同形成了人的心理结构，可以称之为内在心理精神空间（图4）。

"依赖期待"和"独立期待"是人的内在精神空间的本源，这种本源和我们的实际经历密不可分，我们每个人都经历过被保护和独立面对世界这两种相对状况的体验。后来在人生中所经历的其他体验都是这两种相对的原初体验在不同程度上的重新演绎。从现象学的角度来说，我们的肉体和精神在空间中生活，我们的生存是空间性的。反过来看，我们的"依赖期待"和"独立期待"也给予建筑空间以庇护或独立的本质。

而住宅空间同时具有依赖和独立两种精神性：一方面它带给我们庇护，满足了我们的依赖；另一方面它又是我们最能够掌控的空间，在其中可以随心所欲，我们是这个"王国"独立的主人。所以住宅其实是一个整合了庇护与独立的矛盾的原型。它既可以满足我们精神上的基本需要，从这里迈向更广阔的世界，也是一个我们从危机世界退守回来时驻足的港湾。因此住宅不仅是我们设计的众多建筑类型之一，还是我们精神空间的一种"原型"。由此可见"宅"的生活方式正是因为住宅的精神性才能得以实现。住宅既是最原始的精神空间，又可能是最终极的精神空间。

这也许是疫情语境下后人类时代的一种生存哲学：当身体的概念不仅仅是生物学层面上的意义时，其结构与边界在与环境的对话中被反复解构重组，仿佛如风中残叶飘荡无依，那么实体空间的精神性就成为我们值得坚持的某种标尺，它让我们的灵魂有所归宿。

这让我想到分析哲学家维特根斯坦为其姐姐设计住宅时，在其每一个空间中都遵循着对于逻辑哲学的某种坚持，每一扇门、窗，每一根柱子都遵循着完美的比例，好像是优雅的精密仪器（图5）。

虽然其设计因刻意追求"不可言说的神性、伦理和美学"，使这栋建筑并不适用于日常功能上的需求，被人们称为"神的居所"，但设计者的哲学观念非常值得体味。在维特根斯坦的建筑观里，人不是孤立存在的，"所有的事情决定了其他事情"，他认为"一切伟大的艺术都充满着人间最原始的冲动"。但其实"最原始的冲动"也许并不需要通过处处刻意地小心设计来体现，也可能是历经艰辛之后的一种回归。

"御宅族"的家，在表面上体现的是技术与资本消费的一种极端化，但是其深层基础其实是架

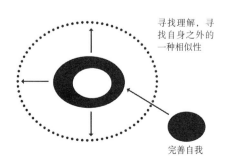

图4　内在心理精神空间概念模型

寻找理解，寻找自身之外的一种相似性

完善自我

图5　维特根斯坦为其姐姐设计的住宅室内

构于空间精神性之上的，是对"人间最原始的冲动"的一种回归。这种看上去退化的方式实际上隐藏着对于现在以及未来的启示，是否也是将"神的居所"反其道而行的另一种层面的极致演绎呢？

在复杂的现实环境与虚拟技术快速发展的时代，住宅的定义与空间形式在未来将变得更加多变和模糊，而不变的是隐藏在潜意识和空间逻辑下的精神性，它将引导文明不断前行。亦如维特根斯坦所说："早先的文化蜕变为一堆瓦砾，最终的结果又成了一片灰烬，但是它将把精神高悬其上。"

五、结语

曾被视为离经叛道的小众生活方式，其展现出的肉体与精神、实体空间与虚拟空间的关系也许会成为后人类时代生存方式的主流。通过对宅空间的思考，我们发现当未来的岔路口因为环境的不稳定而加速到来的时候，当网络、显示屏和摄像头成为与水、电、食物并列的必需品时，我们当下对于建筑的"传统""稳妥""正确"的意识都将逐步颠覆重组。技术不再是身体的延续，人类与技术的关系，也不再是驯服和利用。建筑不再是创造诸多外在于"人"这种"主体"的空间工具，而是去改造"人"这种"主体"本身的一种方式。它将不是在"工具"的意义上改变我们的世界，而是在"主体"的意义上改变我们自己——技术理论与生命理论是不可分割的，形式理论与生命理论也是紧密相连的。对于后人类时代"人与技术相离相生"的生命状态的思考，也一定会促进对于建筑新的空间维度的探索和发展。

注释：

① ［法］米歇尔·福柯. 规训与惩罚 [M]. 上海：生活·读书·新知三联书店，2003-1，第 224 页.

参考文献：

[1] 李海清. 技术史、技术观与技术史观：关于建筑技术史研究的理论检讨 [J]. 时代建筑，2020（3）：24-31.
[2] 张晶. 监狱文化的批判性省思 [J]. 刑事法评论，2010：523.
[3] ［法］米歇尔·福柯. 规训与惩罚 [M]. 上海：生活·读书·新知三联书店，2003-1.
[4] 方振宁. 维特根斯坦的房子：沉默的装置 [J]. 三联生活周刊，2013.
[5] FOUCAULT M. The History of Sexuality，Vol.2：The Use of Pleasure[M]. HURLEY R，trans. New York：Vintage Books，1990.

图片来源：

图 1：https：//www.sohu.com/a/165759008_796570
图 2：［日］川本史织.《堕落部屋》[E]. グラフィック社，2012-12
图 3：［法］米歇尔·福柯. 规训与惩罚 [M]. 上海：生活·读书·新知三联书店 2003-1
图 4：作者自绘
图 5：方振宁. 维特根斯坦的房子：沉默的装置 [J]. 三联生活周刊，2013

作者：宁涛，中央美术学院建筑学院博士研究生

建筑的"地方图式"：
对现代主义建筑的修正

邹雨薇　郑东军

"Local Schema"of Architecture: a Revision
of Modernist Architecture

■ 摘要：现代主义建筑百年发展进程中，对它的反思和修正就未曾停止。本文通过梳理现代主义建筑的发展，并对其在中国发展的复杂性以及中国本土建筑师对"现代性"和"地域性"的实践进行反思，结合魏春雨老师在理论与实践中对"地方"做出的回应——"地方图式"的方法，对河南省两处地域性建筑进行分析，以此对当代"地方图式"进行总结，以期对未来地域性建筑设计有所启示。

■ 关键词：现代主义建筑　地域性　地方图式　心理图式

Abstract：In the past hundred years of Modernist Architecture，there were many introspections and revisions which never end. This paper reviews the complex process of Modernist Architecture in China and the introspection of local architects on 'modernity' and 'regionalism'. Moreover, the paper focuses on the response of Teacher Wei Chunyu to 'regionalism' in theory and practice, which called 'Local Schema'. From the perspective of 'Local Schema', the paper reflects on two of the regional cultural buildings in Henan province, so as to make a summary of 'Local Schema' of the time and try to provide some enlightenment for regional architecture design in the future.

Keywords：Modernist Architecture，Regionalism，Local Schema，Psychological Schema

一、现代主义建筑：国际化与全球化

（一）走向新建筑

　　现代主义建筑源于技术、工程以及建筑材料的进步与革新，从 1851 年第一届世界博览会的水晶宫开始，现代主义建筑的雏形便逐渐走入人们的视野中。19 世纪末的西方社会经历着生活和思维方式上受世界文化和工业科技影响带来的巨大冲击，机器以及工业文明唤醒着柯布西耶等建筑师的现代审美和对建筑现状的反思。柯布西耶在《走向新建筑》中歌颂了远洋轮船、飞机和汽车的美，剖析美学标杆帕提农神庙是如何符合机器美学，我们可以清晰地看出柯布西耶对于20世纪20年代早期现代主义的纯粹的呼唤：简洁、理性、功能、抽象，充满着工程师的美学。他追求一种"纯粹主义"，赞扬将设计减省至最精简，将冗杂的装饰去除之后带来的视觉和使用享受。1920~1930年代，是现代主义成型的阶段和发展的高潮，有关现代主义的思潮爆发式增长，并开始向外传播。从1950年代开始，随着越来越多地域的建筑师受到了现代主义的影响，也就有更多人开始思考被过度放大的功能主义带来过多重复的没有艺术感的房子是否合理，这让现代主义开始有了一些多元的变化，形成了新的风格和倾向。随着进入1960年代，现代建筑的影响力已经在国际上蔓延开来，而大部分的建筑师只满足于追随继承现代主义的早期思想，并没有将现代主义的思想进一步向前推进，"千城一面"和"国际式"风格导致新一代建筑师转向了历史和地域主义，将之前被一刀切的花活、外加装饰等概念重新展开讨论，使后现代主义开始萌芽。

（二）走向国际化和全球化建筑

建筑国际化现象出现在1950~1960年代，是现代主义建筑发展的转折期，经典现代主义所推崇的"住宅是居住的机器""为普通民众建造大量的人人住得起的住宅""简单而合乎人道的住宅"等理念满足了那个时代人类共同的基本居住需求。在这样的历史语境的推动下，"国际式"风格的建筑刹那间成为全球多地的一致追求。

"狂热追求"后带来的问题引发人们的思考：越来越多的地方丧失了原本的地域性和独特性，有机的乡村小道、具有归属感的传统民居，被相似的街道、玻璃摩天楼不断替代和吞没，城市千篇一律，变得越来越相似。1961年在纽约的大都会博物馆的会议中曾经提出："现代建筑：绝灭或是转变？"许多采用"国际式"风格的建筑师都开始重新反思现代建筑。在这个时间段，涌现出了各种不同的把满足人们的物质需求与艺术欣赏和情感追求相结合的设计倾向。

1980年代，"全球化"从国际经济学等领域演变成了一个跨学科领域，打破国家、民族、地域限制，关乎人类一体化的一个新的时代词汇。建筑作为服务于人类经济与文化的产物，必然受到全球化浪潮的影响。但是任何事情都是有两面性的。全球化是以进入后工业时代经济发达的西方世界为核心展开的，而经济发展水平越高，它的整体辐射范围和影响力就越大，导致经济实力雄厚的西方国家，其建筑不论是形式、风格、建造手法还是理论思想都在全世界树立起标杆，成为全球尤其是经济发展落后的发展中国家竞相模仿的对象。而这种趋同作用却很难产生逆向流动，

这样必然导致发展中国家对于地域性和传统文化的保护更加成为一个难题。由此看来，全球化的浪潮促进了世界现代建筑的发展和交流，但同时也不可避免地提出了对于地方性和独特性保护的难题。

二、现代主义建筑全球化对中国建筑的影响

（一）20世纪中国建筑现代化之路

20世纪中国建筑在传统和现代两个体系之间走过了一段曲折的发展历程。中国的现代主义建筑萌芽于20世纪初的欧洲新艺术运动登陆哈尔滨和青岛。1930年代左右，第一代中国建筑师在国外接受了严格的学院派教育之后回国，刮起了第一股现代主义的风潮，他们发表文章讨论"现代性"和"中国特色"的定义，例如童寯先生在1941年发表的《中国建筑的特点》中，概述了中国传统的建筑特色，还对现代主义影响下中国建筑未来的出路进行了论述。可以看出这一时期，"现代性"和"中国特色"一直没有被割裂开来讨论，反而成为现代建筑世界性的一个独特存在。在中华人民共和国成立后，面对战后千疮百孔的经济状况，再加上苏联对于新中国的影响已经超越工业技术，渗透到了文化等多个领域，导致这一阶段整体建筑的风格向形式主义、纪念性和仿古模式上发展。

改革开放后，西方建筑思潮随全球化进程进入中国。后现代建筑理论是当时对现代主义的反思中向多元论方向发展的一个新趋向，但其本质依然是对于现代主义的反思和补充。由于中国没有经过真正的现代主义建筑阶段，也缺乏对于现代主义理性成分和空间本质的理解，导致在这样片面接受后现代主义的文化断层中，中国的现代建筑不可避免地出现了一些低俗的文化现象，建造大量的"夺风建筑"，这使得中国的建筑界处于一个极其混乱、无序、错综复杂，现代与传统并存，国际与地方兼容的尴尬局面。尤其是到了1990年代以后，中国快速的经济发展，使建筑界进入商品化和国际化的新时期，一时间以经济利益和国际化大城市建设为前提的建筑发展方向，使人们无法深入思考现代性与地域性结合的问题，更在房地产热潮中吞没了建筑师对于学术理论和建筑表达的探索。进入21世纪，随着经济快速发展，建筑界相继涌现出许多国际知名的建筑，例如北京央视大楼被评选为2007年世界十大建筑奇迹之一，以国际化审美视角建造的建筑开始成为中国跻身世界强国的印证。

（二）全球化影响下中国建筑的反思

现代性与地域性之间的矛盾一直以来都是后现代反思现代主义的主要立场。在现代的地域学派建筑师的理解中，现代性和地域性一定不是对立的，恰恰是相互融合不可割裂的。现代性有时

被片面地解读为普适性、文化断裂，而地域性又往往被复古、守旧等限制住，但其实这二者犹如手掌的正反两面，看上去矛盾的并存恰恰反映了现代主义的复杂以及其传播带来的反思与发展，并成为现代主义的发展状态。

自近代以来，"现代的"和"中国的"也一直是中国建筑师关注的核心问题。例如央视新大楼，在中国民间的评价与西方呈现不同的景象。许多北京市民对这个标新立异的建筑颇有微词，其原因是这栋以超乎常理的大尺度悬挑著称的建筑给人带来强烈的不安全感，不仅没有承载任何的中国元素，同时与中央电视台的沉稳、亲切的社会形象也相距甚远。国家大剧院、鸟巢等国外建筑师的作品像这样类似的情况也层出不穷，说明全球化给中国的现代建筑发展带来了一定的机遇，但面对建筑实践中的问题，更大的挑战在于中国的本土建筑师需要冷静思考是否有一种方式去平衡现代性与地域性差异的矛盾。

1999年的《北京宪章》作为指导21世纪中国建筑发展的纲领，指出中国建筑现状问题在于"建筑魂的失落"。因为文化源于历史的积淀，中国五千年的文化在富含特色的传统建筑中得到了淋漓尽致的呈现，而中国文化也在无形之中渗透进了中国人的生活,使之成为审美观和价值观的支撑。所以，吴良镛先生在《北京宪章》中向中国建筑的未来发问：到底中国建筑师将如何应对全球化背景下地域文化的存亡？[①]

三、"地方图式"：中国建筑地域化的探索

（一）"地方图式"的提出

改革开放40年，中国建筑在不断探索的道路上成长起来，培养了一批本土建筑师，并不断对中国丰富的地域性展开理论研究和实践探索，魏春雨老师提出的"地方图式"就是其中之一。魏老师带领的地方工作室首先对于地域的空间界面类型进行研究，在此基础上又拓展以地景肌理为基础的分形。而近期，他们一直在探索研究建筑内在的深层次逻辑，即人的行为心理的表达。他们从哲学家康德定义的"图式"的概念中得到启示，这个因素引导着人们关注形式所隐藏的人的心理感触和形成逻辑，这恰恰是原型的本质（图1）。他们首先针对湖南湘西的地域特色的建筑和空间形式进行了研究，运用类型学的观念总结归类，再融合现代主义建筑学的手法进行地域类型转换，并且衍生了新的关联形态，这样形成了地域类型的语言转换。而近期在"图式"方法的指引下，他们又对这些形式上的转换做了更深层次的探索，跳脱出形式的框囿，探索最核心的场所意义和心灵感知。

PROTOTYPE	ARCHETYPE	FIGURE	IMAGE	SCHEMA
原形	原型	图形	图像	图式
人们对世界进行范畴化的认知参照点，指实物的、形状的	物体作用于人脑的客观存在	对物体的摹写性记录	一种原始意向，是集体无意识的内容的构成要素，更倾向于观念、理念上的	思维认知结构

图1 从"原形"到"图式"的过程

本文的观点认为，魏老师所研究的"图式"可以作为探索地域性与现代性结合的一种方法，首先以地域特色建筑、空间、形式为原型，挖掘它们存在的内部结构，然后用类型学的方法提炼它们各自的类型原型，并分析本质的"心理图式"，再用现代建筑的方法诠释原本的"心理图式"，也就是设计现代语言能够抽象地表达原来的场所语义和空间气质。关键点就在于"图式"是心理的，是形而上的，需要建筑师跳出简单的形式表达的限制。而各地由于历史文化、传统习俗、气候条件等不同，当地的居民对于每一处场所的"心理图式"也不尽相同，因此"图式"具有强烈的地方性，成为"地方图式"。从魏老师近几年的作品中可以清晰地感知从简单的"原型—类型"升华到"图式"方法的转变过程。

（二）"地方图式"的发展探索

从最初湖南大学众多学院建筑的形式语言中，能看出魏老师对于湖南湘西的传统建筑做了研究，用类型学的方法归类，再用现代语言进行空间转译。例如从湘西吊脚楼凉台及晒楼中提取出"边庭"，即利用空间的内外贯通，改善局部小气候，同时引入通风、自然采光和植物等。从民居窨子屋的天井导入的"竹井"是在建筑界面开凿洞，置入建筑腔体空间，使建筑界面复合化。在湖大建筑学院的立面可以清楚地看出空

中"边庭"与"竹井"的结合做法（图2，图3）。又比如借鉴苗族民居吞口屋形成"吞口"的内凹空间做法，替代无趣的雨篷入口，利用架空、扭转等方法塑造过渡空间。在湖南大学工商管理学院的设计中，可以看到魏老师保留了一棵古树，使入口空间"吞凹"形成了半开敞的景观庭院，营造出人与自然亲切交流的场所感(图4)。正如建筑评论家周榕所说："单纯的形式操作不是一件特别让人兴奋的事情，就像湖大这些建筑，看过去都是魏老师建的，但是很难记住或者区分它们，因为都是按照一样的生产逻辑操作出来的。"前期"原型—类型"的探索正如指导它的类型学的逻辑一样，就是对感性的历史的物体用客观思维归类，并且用理性操作的方式进行形式组合。它从现代建筑语言的角度来讲是符合地域特征的，但"心理图式"的意味并没有彻底体现。原因就在于，形式背后的本质并不是理性的空间结构，而是人的环境心理，对这片地方的情感共鸣。这导致单纯的适应性表达和类型学的常规设计方法在转译和组合的过程中会被迫流失掉一些本质的心理意义，所以形式的框囿占了上风。

魏老师从西方哲学的概念"图式"出发，研究了现代主义和新理性主义在建筑学方面最大的差异，现代主义关注更多的是空间，而新理性主义则更看重场所意义。这其中隐含着"心理图式"的概念，也就是对地域性的关注从单纯的空间形式转移向更多地传达意象和心理感受。

在最近的田汉文化园设计中，魏春雨老师首先根据田汉对于自己的描述"田间的汉子"，即田汉带给人的"心理感受"入手。这就注定整个建筑的气质是一个谦逊的姿态，是作为连接天地的中介，是男子汉气质的原始和自然。所以魏老师参照远处的村落和田野，做了一个巨大的出挑（图5），为的就是加强深景透视，延长人们的视线，向远处的村庄、田野以及"天地意识"致敬。为了延伸这种景深，魏老师运用了反梁的结构体系，保证室内的天花是平滑的不受阻碍的（图6）。于是，魏老师用厚重的反弧形屋顶以及通长的折板表达苍劲之感，利用屋顶大出挑深化深景透视将视线延长至原野，用一个巨大的半圆形水管代替常见的排水方式，希望在大雨倾盆的时候产生瀑布的景象（图7），这些与早期地方工作室提炼的湖南湘西地域50多种"元语言"概念模型无关的建筑语言都是为了使人心中产生原始和自然的"天地意识"，为了"心理图式"而服务，从感情上更好地符合"田汉风骨"。

通过案例可以发现，"地方图式"要求建筑师在深入理解地域文化的同时，不能被限制于形式的框囿，单纯模仿或简单象征寓意，依然简单满足于形式上的空间转译，而要求设计者能够更加深入理解文化形式背后的原因和给当地人民带来的"心理图式"，才能够通过空间或者景观给观者带来更加隐含而深刻的心理意义，唤起真正的场所语义。而"图式"作为一种从地域"原型"到"心理图式"的设计方法，带入到各地的地域文化探索中进行实践和运用，是谓之"地方图式"。

图2　湖大建筑学院"竹井"

图3　"竹井"内部

图4　湖大工商管理学院

图5　田汉文化园巨大的出挑

图6　田汉文化园内部天花

图7　田汉文化园半圆筒排水天沟

四、河南"地方图式"设计解读

本节用"地方图式"方法分析河南省地域建筑。河南省是中华民族的重要发祥地之一，地域建筑文化丰厚，笔者结合"地方图式"的方法，分析河南省两处地域性建筑，并以此总结设计中反映的"地方图式"方法运用。

（一）安阳殷墟博物馆

安阳殷墟位于现在安阳城区的西北方向，历史上作为商代晚期的都城，已经有3300年的历史。笔者运用"地方图式"的方法对安阳地域性进行解读，把甲骨文、青铜器以及繁华的都城景象，归纳为崔愷老师设计的"原型"。

甲骨文：安阳殷墟博物馆位于殷墟宗庙遗址东侧区，东临洹河，崔老师借用"洹"字的甲骨文形态，排布博物馆的平面形态以及旋转下沉的观展流线来演绎甲骨文。建筑既寓意着洹河孕育了甲骨文明，又蕴含着往昔的繁荣已经逝去，但记忆将永远留在人们心中。从"图式"的角度看，这种做法巧妙地利用观展路线的下沉环绕对甲骨文"洹"的"原型"进行了抽象的隐喻。下沉旋转式坡道一方面呼应了遗址，将建筑隐藏在地下，另一方面下沉的方式会将观者带入到一个沉浸式的展馆体验情绪中，回归历史和土地的安全感与归属感，很自然地使观者进行了心理上的过渡。同时，崔老师在中央水院的水池中心做了一处石质甲骨雕塑，用形象的构筑手法隐喻洹河流域是甲骨文的源泉，手法简练而富有深意。

青铜文化：从入口开始，青铜的文化印记就开始围绕人们的视线展开了。深入旋转下沉后，路径向心边开始出现了巨大的青铜墙壁，是整个博物馆唯一高出地面的部分。巨大体量的青铜墙壁上装饰了丰富的青铜纹饰，大体量和小细节之间的对比让人在进入博物馆之前就对青铜文化的敬畏感油然而生。更加绝妙的是，在青铜墙面下，留有一条狭缝与下方墙体隔开，内院的天光从下部的狭缝渗透（图8），人们会不自觉地向内窥视观望，可以看到对面的青铜墙面干净、高耸的界面，

从而产生青铜飘浮在身边的错觉，感觉奇妙而震撼。这一点的处理从"原型"青铜器出发，使用了青铜独特的金属材质，做了一个大气的流动空间，通过空间的实与虚反衬出建筑空间的厚重感，用简洁的处理手法激发了观者对于青铜文化的敬畏震撼。

都城历史景象：相比前两者有实物的"原型"，都城景象是存在于历史记录和人们想象中的场景，很难做到单纯地模仿历史从而引发共鸣。崔老师在《再谈殷墟博物馆》中写道："殷为之墟的历史在提醒我们，什么形态也不足以表现时间的久远，也许唯有天空、明月和微风这些永不衰老的主题才会给我们所希望的时空错觉，并依赖这种错觉构建预设的空间氛围。"可见崔老师完全走出了历史繁华都城的"空间原型"，他站在一个中国人心理上"天地意识"的高度，对这个"原型"的文化气质做了精妙的审判，映衬了"此时无声胜有声"的诗词意境：没有什么是比中国文化更加敬重自然天地之博大永恒的。在中央水院中，他用水面静静地反射着天空永恒的倒影，微风拂过，水面泛起涟漪，人们看到水中央躺着的石质甲骨，不动声色地暗示观者，这里有一段曾经远古的故事等待着人们去探寻。

（二）河南博物院

河南博物院位于河南省省会郑州市，作为地标建筑，代表了中原的文化气质。齐康老师在构思中首先从登封的观星台提取出整体外形和内部氛围的"原型"，再从"九鼎定中原"中敏锐地提取了一个抽象的"原型"——象数思维，最后又从阴阳学说中提取了"天圆地方"等价值体现。笔者将这三处归纳为齐康老师设计的"原型"。

登封观星台：齐老师从内部与外部对观星台"原型"进行提取与再现。观星台外部呈棱台形，在高度方向上收缩，两侧倾斜对称，简朴大气，给人稳定和安全感（图9）。所以在博物馆造型的处理上，齐康老师设计了一个顶部如翻斗的棱台形的博物馆主体，在立面的处理上以出土文物颜色为主色调，搭配着青铜器上的乳钉纹样，远远

图8　青铜墙面与下方狭缝

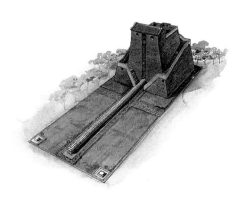

图9　登封观星台

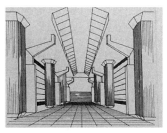

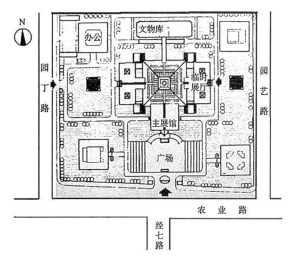

图 10　序言厅及中央大厅透视　　　　　　图 11　河南博物院总平面

看去呈现了观星台的意象。齐老师没有仅停留在模仿观星台的形态，博物院内部更是将这座古代科技建筑的神秘感和仪式感带入到了设计之中。为了表达观星台独特的仪式感，博物院的平面呈对称布局，从入口开始要通过长长的走廊进入到通高的中央大厅，笔直沿长的走廊不仅让观者过渡到观展的内心，也隐喻了观星台前长长的石圭（图 10）。

"九鼎定中原"："九鼎定中原"之典故起源于夏朝。在谈到这个构思的根源时，齐老师提到了中国的形象思维是以"象数"思维为代表的，而"九"作为古代中国阳数的极数，在中国古代建筑中处处与"九"息息相关。齐老师挖掘到这个原因后，在总平面的排布上使用了九宫格布局，平面由九个部分展开，而中央大厅恰好占据中心位置，凸显了它的重要地位，也巧妙地隐喻了郑州七朝古都的身份以及"九鼎定中原"的说法（图 11）。此时，"九"并不是"原型"的照搬照抄，因为"九"是"象数"的一个特殊情况，它既是"数"，本身也是一种"象"，就是通过九的数字方式呈现在人们的心理感观中，所以九宫格的平面布局恰好也符合人们的"心理图式"。

"天圆地方"：与"九鼎定中原"相似，齐老师挖掘到"天圆地方"的本质即深层次哲学层面的含义。"天圆地方"是阴阳学说的核心，"圆"与"方"并不特指圆形和方形两种特定的形状，天圆是指产生运动和变化，地方则指的是收敛与静止。因此，齐老师非但没有将建筑做成外圆内方或是上圆下方的形式，而是相当巧妙地引用"光洞"借喻"天圆"。而"光洞"是因时间推移、天气阴晴而发生变化的，而地面与变幻多端的光洞相比则是静止和收敛的。所以，不同的时间进入博物院能看到不一样的光线与平面，方圆的变化组合，对于每个人也有不一样的氛围和空间感受，这是一种多么奇妙而隐喻的空间与哲学体验！

五、结语

当代中国已全面融入世界发展的进程中，越来越多的本土建筑师已经开展了地域方面的研究，从而更好地对中国的现代主义建筑进行修正。不管是崔愷老师的"本土建筑"，还是魏春雨老师的"地方图式"，本质都是中国本土建筑师用自己不同的方法和理解探求现代主义与地域相结合的方法。

由上述案例分析可以看出："地方图式"是一个适用于各地的探索"地域性"与"现代性"相结合的设计方法。不同的地方由于地域性迥异会呈现不同的结果，但本质都是力求通过"心理图式"的挖掘让人们在空间中获得历史性的心理图景，从而将"地域性"与"现代性"相结合，即用现代手法体现地域图景。"地方图式"要求建筑师深入理解当地人民的"心理图式"，通过空间或者图景给观者带来更加隐含而深刻的心理意义，唤起真正的场所语义。魏老师在谈论"地方图式"时说，与现代建筑的英雄主义相比，它更强调"建筑的本分"，也就是对建筑本源的回归。

总之，"地方图式"作为一种对现代主义建筑的地域性修正方法，也许正可以为现代中国地域建筑的探索提供借鉴之道。正如在北京的地方工作室作品展的开幕沙龙中很多专家所提到的，"地方图式"是一个发现自我的过程，我们要在这个过程中不断反思和充实原来的"原型"，不断积累地方要素、个人经验以及更多的建筑实践。而更重要的是，通过我们的努力和探索，希望"地方图式"不仅仅代表这个地域的过去，还能让观者通过我们的建筑连接这片地域的未来，这也是"地方图式"对全球化语境下的中国现代主义建筑最好的修正和诠释。

注释:

① 吴良镛先生在《北京宪章》中说道:"由于建筑形式的精神意义植根于文化传统,建筑师应该如何应对这些存在于全球和地方各层次的变化?建筑创作受地方传统和外来文化的影响有多大?"

参考文献:

[1] 崔愷.安阳殷墟博物馆 [J].城市环境设计,2009 (12):28-31.

[2] 崔愷.本土设计 [M].北京:清华大学出版社,2008 (12).

[3] 崔愷,张男.再谈殷墟博物馆 [J].室内设计与装修,2008 (02):64-67.

[4] 邓庆坦.中国近、现代建筑史整合研究——对中国近、现代建筑历史的整体性审视 [J].建筑学报,2010 (06):6-10.

[5] (法) 勒·柯布西耶著,陈志华译.走向新建筑 [M].西安:陕西师范大学出版社,2004 (01).

[6] 梁爽,祁嘉华.后现代主义建筑在中国——以鸟巢、水立方和央视新大楼为例 [J].华中建筑,2010,28 (07):4-6.

[7] 李华.现代性与"中国建筑特点"的构筑——宾大中国第一代建筑学人的一个思想脉络 (1920-1950 年代) [J].建筑学报,2018 (08):85-90.

[8] 李丽婴.走向现代主义——勒·柯布西耶的创造之路 [J].艺术当代,2019,18 (02):30-35.

[9] 刘伯英.全球化思潮与建筑理论发展 [J].华中建筑,1999 (03):17-19.

[10] 陆禹杭.当代建筑形态特征的地域性表达研究 [D].大连理工大学,2015.

[11] 马俊.遗址博物馆使用后评价研究 [D].清华大学,2016.

[12] 彭礼孝,魏春雨.对话魏春雨 [J].城市环境设计,2018 (04):1-3.

[13] 齐康.创作记事——河南博物院创作 [J].建筑学报,1999 (01):19+22.

[14] 河南博物院,中国郑州 [J].世界建筑,1999 (09):34-36.

[15] 王大鹏.中国现代主义建筑发展的探索与实践 [J].建筑,2018 (10):47-49.

[16] 汪原,魏春雨.从类型到图式 地方的轨迹 [J].城市环境设计,2018 (04):21-27.

[17] 魏春雨.地域界面类型实践 [J].建筑学报,2010 (02):62-67.

[18] 魏春雨,刘海力.图式语言——从形而上绘画与新理性主义到地方建筑实践 [J].城市环境设计,2018 (04):14-20.

[19] 赵璞真.20 世纪现代建筑起源与流变过程中的基础性案例的梳理研究 [D].北京建筑大学,2018.

[20] 周榕.从形到意 [J].城市环境设计,2018 (04):174-177+ 166.

图片来源:

图 1:魏春雨,刘海力.图式语言——从形而上绘画与新理性主义到地方建筑实践 [J].城市环境设计,2018 (04):14-20.

图 2~ 图 4:任浩摄

图 5~ 图 7:谷德设计网 .https:https://www.gooood.cn/tian-han-cultural-park-china-by-wcy-regional-studio.htm

图 8:作者自摄

图 9:中国民族建筑网.

http://www.naic.org.cn/html/2017/gjzg_1001/25014.html

图 10:作者自绘

图 11:杨海荣,刘新民.论基地分析在博物馆设计中的作用 [J].四川建筑科学研究,2009,35 (06):262-264.

作者:邹雨薇,郑州大学建筑学院本科在读;郑东军 (指导老师),郑州大学建筑学院教授,副院长

万物通灵：赛博格植物城市的互联探讨

牛怡霖　徐跃家

All Things Communicating
——Discussion on the Interconnection of
Cyborg Plant City

■ 摘要：万物互联时代下移动通信、传感设备等技术的发展，为城市空间的塑造带来方便，植物与技术设备的相连，有可能创造出与自然融合的新型城市空间。本文从互联技术在植物层面的应用出发，将有潜力的互联媒介和植物进行整合，设想了一种"赛博格时代下的植物城市"，试图对植物与人、建筑和城市之间的新关系和可能产生的新空间进行探讨分析。
■ 关键词：万物互联　植物沟通　植物交互技术　植物建筑　城市建筑

Abstract：In the era of the Internet of Everything, the development of technologies such as mobile communications and sensing equipment has brought convenience to the shaping of urban space. The connection of plants and technical equipment may create a new urban space that is integrated with nature. Starting from the application of interconnection technology at the plant level, this article integrates potential interconnected media and plants, and envisages a kind of "plant city in the cyber age", trying to create a new relationship between plants and people, buildings and cities. Discuss and analyze the relationship and possible new space.

Keywords：Internet of Everything, Plant Communication, Plant Interaction Technology, Plant Architecture, Urban Architecture

一、引子——"地球上的植物互联网"

詹姆斯·卡梅隆导演的电影《阿凡达》（*Avatar*）中，由于树根之间的电化学交流，所有植物可以共同管理资源，形成了地下的"植物互联网"（图1）。

纵观百年，人类越来越远离大自然，逐渐迁移到绿色植物非常稀少的水泥丛林中。然而，城市居民却始终希望与自然建立联系，人们建造自然保护区、种植花园，渴望塑造自然环境以适应人们日常的生活方式。如今，世界正形成万物互联的图景，互联观念已逐步深入人心。

图1 电影《阿凡达》场景

20世纪60年代，美国航空航天局的科学家曼菲德·E.克林斯（Manfred E.Clynes）和内森·S.克莱恩（Nathan S.Kline）从控制有机体（cybernetic organism）中提取三个字母构成了赛博格（cyborg）[①]，意为通过技术手段，增强空间旅行人员的身体性能，后指机械控制论和有机生命体的复合[1]。那么，可否利用互联手段帮助创造一个"赛博格植物城市"，利用物联技术建立人、城市、植物间的信息连通，以更好地帮助人们接近自然呢？

本文以万物互联背景下的植物研究为出发点，归纳梳理了互联技术在植物中的应用，探讨了植物与人、建筑和城市的新关系和在这些关系下可能产生的新空间，以期对未来建立"赛博格植物城市"的发展路径提供借鉴。

二、植物与人：赛博格植物的滋长

日本"里山论"[②]表明，人类应当将环境意识从"单纯地保护自然环境"转变为"在二次自然环境中，实现人与自然和谐共存"，即保证资源的循环利用和可持续发展状态，将人类带回一种原生态环境。从这个方向思考，植物与人类将经历从生长到情感的不同层级的互联过程[2]。

（一）联结：生长的植株

近年来，互联网络与人类种植植物的过程相结合，提升了现代植物的生长速度和产量。种植者通过物联网芯片和5G传输等相关技术实现养护，帮助植物生长[3]。智能灌溉技术结合天气、蒸腾量等因素，可根据不同的地势情况进行分区联动灌溉；植物监测技术通过5G网络传感器自动监测植物的缺水、缺养分等情况，并可实时上传；影像识别技术通过自动识别植物类型、生病植株、不良地块及间隔空挡，充分利用土地资源进行生产种植；5G无人机技术还可拍摄农田的多光谱图像，自动识别作物病虫害等情况[4]。

（二）连通：革新的方式

赛博格时代，人类与植物的连通方式将在互联驱动下发生巨大改变，主要从两个方面体现：一是在物质层面，人与植物将产生更多的互动，呈现方式是互联提供的快速识别、实时监测、声音互动和传感功能；二是在虚实关系中，将建立人在虚拟世界的操作与现实世界植物的连通，从之前线下购买和种植到现在通过电脑或手机屏幕的操作实现植物养护，万物互联帮助人们突破空间距离，得到前所未有的体验提升[5]。

1.植物与人类的互动

互联技术让人们无需翻阅或问询即可了解植物类型。"微软识花"利用计算机视觉（computer vision，CV）领域的细粒度图像分析技术[③]（fine-grained image analysis），将数据（即纷繁多样的不同种类花的图片）和算法（即深度学习算法）结合运用，帮助人们建立对植物的认知；MIT实验室将植物作为信息传递的"屏幕"提供传感和可视化功能，去除了传统电子屏幕带来的感官负担[6]（图2）；基于WIFI的土壤温湿度、光照传感器将智能花盆每天的生长状态和数据分析实时传送，并可使植物发出声音实现互动[7]。

2.虚拟与现实的连通

虚拟互联网力量改变了植物与人的从属关系，

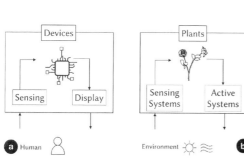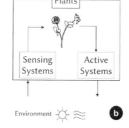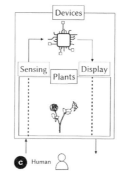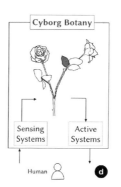

图2 实验及原理图

通过移动端屏幕对虚拟世界进行操作即可实现千里之外的实体种植活动。"蚂蚁森林"通过互联网科技的力量搭建起一个人人都可以参与的平台，唤醒用户的环保意识；德国搜索引擎 Ecosia 通过开启"每搜索 45 次种一棵树"的项目，使来自 180 多个国家的参与者每 0.8 秒种植一棵树[8]。人类接触植物的方式从现实转为虚拟与现实的混合，其信息类型通过互联的加持也逐步多样。

（三）流动：双向的情感

除在物质方面和虚实关系上的互联，植物与人在情感层面也产生了新的联系。万物一体，人类、植物、地球的连接，比想象中更要紧密，通过流动的情感，植物与人类形成了意识流的互联网络关系。一方面，植物具有基本的思维和情绪，甚至可以通过互联技术反馈给人类情感；另一方面，人类将爱的意念传给植物，对于它们的成长有明显促进。情感的连接印证了"万物有灵"，互联技术的应用将情感的流动变为可能。

1. 从植物到人的流动

植物除在生理和心理上对人的生活大有裨益外，通过互联技术还可增强植物对人的反馈，甚至感知它们的情感。苏联研究人员在准备将一颗枯萎的天竺葵去根烧掉的同时，另一个人给天竺葵浇水、愈合伤口，整个过程给植物连通电极，实验发现当毁坏植物的研究人员靠近植物时电极曲线出现了疯狂抖动，而治疗人员靠近时曲线变得柔软光滑[9]。

图3　电极实验（左）教区居民为植物祈祷（右）

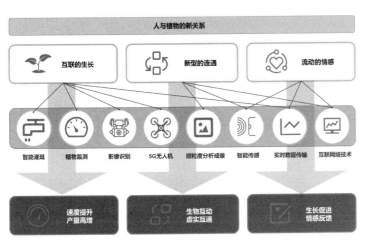

图4　赛博格时代人与植物的新关系

2. 从人到植物的流动

与之相对，当人可以传达出植物能够感受到的积极信念时，对植物也会有明显的生长促进。洛杉矶牧师富兰克林·洛尔将大量相同的种子、植物和插条委托给自然条件相似的两组教区居民群体，结果显示，植物因爱的祈祷而生机勃勃，而另一组植物因反对的意念而枯萎（图3）；美国人 Vivan Wiley 捡起两棵生长条件相同的虎耳草，一个月后发现每天接收爱意的那棵叶子仍然充满绿意，而另外一棵的叶子濒临毁灭。这种流动或将在未来重新塑造植物与人的关系[10]（图4）。

三、植物与建筑：赛博格植物的交融

在建筑原有设备系统的基础上，通过各类传感器和 5G 网络可以实现植物的科学管控，系统将对植物实施自动照明、灌溉和施肥，从而解放人力。建筑与植物的互联衔接主要有两种类型：一是在建筑屋顶布置植物，传感器可将植物情况反映到服务端；二是将植物种植在建筑的垂直墙面上，利用垂直与管控的双重优势助力植物生长。

（一）助推：建筑系统下的蔓生植物

在赛博格时代，新的城市很可能面临严峻的环境问题，因此，需要一种新的建筑来作为自然与人的中介，在互联技术的帮助下使植物与建筑建立充分的连接，而植物对建筑的互联植入主要在屋顶与墙面。

1. 传感屋顶

相关研究表明，一个城市的屋顶绿化率达到 70% 以上，城市上空的二氧化碳量将下降 50%，同时还可以吸收大量悬浮颗粒，减少热岛效应。[11] 普通屋顶绿化具有上述作用，但现实中维护不便、人力成本高，运用传感自动检测技术和物联网通信技术屋顶在一定程度上可以解决这些问题，更容易达到理想的作用与目标。MVRDVA 利用建筑系统提供的传感器控制了三维植物立面和屋顶的灌溉系统，储存的雨水可保证建筑一年四季常绿，此外将植物布局在已经分隔好的建筑空间模块上，利于管控（图5）。[12] 将传感绿化带至城市屋顶，使建筑成为景观的一部分，或成为赛博格时代植物建筑的一个发展走向。

2. 传感墙面

除屋顶绿化外，人们也逐步开始关注立面绿化给植物和建筑带来的好处，但相较于屋顶绿化，垂直墙面的维护难度更高。多路智能控制器、LED 全太阳光谱灯等互联技术使过去的管控问题得以解决，之前难以种植的植物将有栽种于墙面上的可能；建筑则提供给城市和对植物有利的垂直空间，进一步促进了整个城市的绿化水平，而非仅仅依赖于城市绿地。Baubotanik 公司设计的 Plane Tree Cube 通过绑扎、固定梧桐树苗形成单元组件，

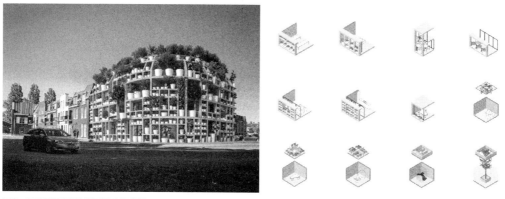

图5 MVRDV 三维植物网格空间模块

加入调节器等装置进行管控，通过重复排列这些单元，使植物种植结构突破了传统尺度的局限[13]（图6）；德国 Green City Solutions 公司开发的世界上第一台智能生物空气过滤器，通过墙面的太阳能系统为植物提供了电力，并提供了过滤雨水、收集天气数据等功能，墙面 WIFI 传感器还可实时测量植物的温度和水质。这些传感墙面都提供了赛博格时代对建筑立面和室内墙面重新塑造的雏形。

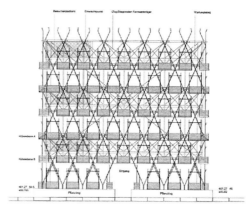

图6 Baubotanik 公司设计的 Plane Tree Cube

（二）调节：植物作用下的建筑可能

对于建筑而言，将立体绿化发展理念和互联技术融入至城市建筑外立面设计中具有明显的生态景观效应优势，赛博格植物在建筑层面的功能将由两方面展开，一是微气候调节，二是新型照明的可能。

1. 生命的呼吸

从人类活动的角度来看，赛博格植物和互联技术的引入，增强了建筑表皮吸收噪音的效果，在城市噪声污染日益严重的今天，为人类的生活空间增加了一重天然屏障。在经济层面上，物联网技术通过给每株植物进行定时定量灌溉，减少了大量的建筑维修费用和城市耗能。在调温方面，夏季时，结构中植物的遮蔽和蒸发冷却使室内保持低温，植物系统可将制冷能源需求降低 40%，且在建筑外部不反射热辐射时可减少室外热量传递；冬季时，植物结构仅剩枝干，可使大部分阳光投入房间中，增加室内温度[14]。伦敦建筑事务所 EcoLogic Studio 利用藻类窗帘的光合作用消除了建筑的空气污染，微藻以日光和空气为食，捕获二氧化碳分子并存储在窗帘内，同时产生氧气并释放回周围的空气中（图7）。赛博格时代，生物智能等前沿技术在建筑调节上的部署或可成为自然城市设计的关键要素。

2. 生命的照明

2020 年 5 月，俄罗斯科学院利用基因移植法，首次培育出可以发光的植物（图8），这类植物发出的光提供了一种内在的代谢指标，可以反映植物的生理状态和对环境的感知度[15]。此项研究提供了三个可以拓展的思路：其一，可能为城市居民提供新的视觉体验，新的建筑立面将提供传统立面没有的美观性、灵活性和可调性；其二，可能为城市寻求新的照明途径，部分空间将无需照明设备，可发光植物将隶属于城市夜景的一部分；其三，节能作用，建筑能耗将被降低，一部分空间可由植物负责照明。

四、自然之城：赛博格植物的异日

面对复杂的未来环境，植物和技术应综合为一个连续、可调、延续互动的建筑，人、赛博格化的建筑与自然环境共同构成了未来的自然之城（图9）。在万物互联与植物发展的带动下，城市将分别在物质、形

图7　EcoLogic Studio 开发的藻类活动帘

图8　发光植物

式及关系组合层面发生变化，起到参与城市物质组成、重塑城市景观和改变城市社区关系的作用。

（一）参与：赛博格化的新型植物

1.城市能源供给点

全球能源危机和气候变化的威胁要求能源部门实施创新，而可持续能源是未来的唯一选择。瑞典科学家将植物的木质部、叶子、静脉作为电路元件，将导线系统集成到植物中，从而形成了完整的电路，该电路与电流一样有两个方向，可以帮助人类传递能源，从部分植物中提取能量[16]。

由此可以构想出一种新型的城市能源采集与传递方式，无需连接杂乱的电线，城市居民通过路边的"植物圈"即可对未来的移动设备充电，工厂通过种植植物即可实现部分能源的运输，普通建筑通过景观能源的利用可以减掉一部分能源损耗。植物作为城市景观的同时也可发挥其电路

图9　赛博格时代建筑与植物的新关系

的作用，城市建筑与景观的功能分配与具体形态将因此翻新变样。

2.城市绿色监测器

植物的另一种互联功能是作为低成本、可持续的传感器，用以监测土壤质量和空气污染等环境要素。蓝天研究小组负责人 Andrea Vitaletti 发起的 PLEASED 项目将植物与能够记录和传输信息的 Arduino 电路板连接[17]，通过数据采集、分析和解释，使这些植物可以监测到农作物中的寄生虫和污染物，并在精准农业中发挥作用，告诉农民所需水量及养分量，也可以监测酸雨对环境及城市公园健康的影响⑧（图10）。

未来的自然景观的布局会有所变化，城市中将存在两类自然景观，即普通的自然景观和带传感器的自然景观。这些自然景观将与工厂或基础设施交融、划分，形成不同的"城市斑块"，城市将被分为传感器植物区、无传感器植物区、生活区、工厂区等功能区域，依据功能需求进行互相交叠与交错设计，发展更多城市形态的可能。

（二）重塑：赛博格化的可移景观

1.集成式植物单元

集建筑、技术和植物为一体的模块空间，可以改变我们的生活和与自然互动的方式。这种形式便利快捷，操作简单，利用人工智能技术对材料和基质水肥的科学配比，可最大化地进行栽植，营造出丰富且持续的城市景观。由 HB Collaborative 制造的"希望与生存的结构"——Plant in city 结

合模块化体系结构，利用移动计算、嵌入式技术、数位传感器和智能手机应用程序集成为信息系统，这些"盒子"在容纳植物的同时还可以充当植物与人类交流的接口，除作为独立的玻璃容器外，它们也可与模块化组件一起运行，以创建"属于自己的私人公园"。设计者只需将 Plant in city 视为信息时代的植物模块，就可以将其放置在美术馆、公共场所、文化机构或公寓中使用，让绿色遍布全城（图11）。

但是，Plant in city 仅限于室内空间，当我们放大与信息系统相连的模块空间，并将内部的小型植株更替为城市室外空间某块区域内的植物时，例如一片草地或几棵树，即可对这些植物模块进行统一的信息化管理。将其遍布于城市空间，整个城市的植物布局将有所改善，绿化率将大大提升。城市居民可以通过互联方式领取其中一个或多个模块，对其进行管理与照料，通过智能手机即可根据环境数据进行远程植物灌溉。城市居民与种养植物的距离将不再受限于互联网"虚拟种树"，亲身参与管理和未来虚拟平台的辅助，将拉近人与植物的距离，实现人与植物的城市共生。

2. 移动式植物景观

在不远的将来，无人驾驶汽车、自动驾驶飞行器及其他形式的智能机器人会共同居住在我们的建筑环境中，城市交通的可能性将超越单纯地运输人类和货物，腾出的街道将可用于运输微生

态系统。植物在提供城市绿色、过滤脏空气的同时还能根据阳光或空气污染程度自行移动。伦敦大学学院的交互式建筑实验室设计建造的 Hortum Machina B（图12、图13）拥有12个智能花园模块，其外伸线性马达上的英国本土植物可以自主感知环境条件是否适合停留，电动面板可控制结构的重心将其移动到新的位置，给予了植物模块新的可能[18]。

当城市中的植物模块可移动时，城市与自然互动的方式将发生改变。过去，建筑被大多数人认为永远是静态的；未来，植物将以更有趣的移动角色"自力更生"，被整合到城市建筑物或公共场所中，使人们将它们视为城市生活系统的一部分，具有自主与我们在城市中互动和同行的能力。

（三）复合：赛博格化的植物社区

1. 便捷的智能机组

生活与工作环境对于城市居民而言至关重要，而植物是良好环境的重要组成部分，能够带给人愉悦的心情。目前市场上已有的智能共享绿植柜内置温湿度、光照和 CO_2 等传感器和控制器，通过构建常见绿植种类数据库，后台可模拟不同绿植需要的环境参数，并可以使社区居民远程操控定点的绿植柜单元，实现了社区型植物景观的共享性、绿植环境调节机制的交互性、智能机柜空间位置的可变性和城市居民使用的便捷性[⑤]。

"都市农业"是城市及其历史发展中始终共存

图10　正在培育的植物互联网（左）和植物传感器原理（右）

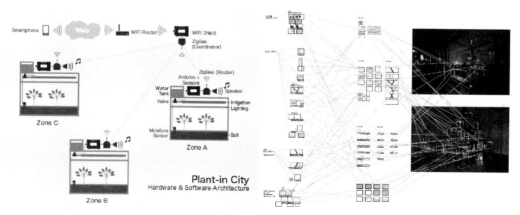

图11　Plant in city

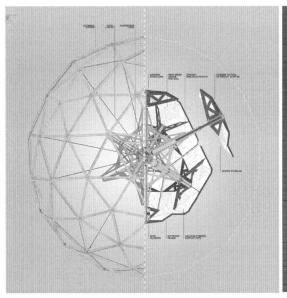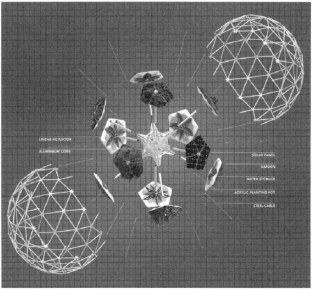

图 12　Hortum Machina B 的测地线及其内部组件的解剖图

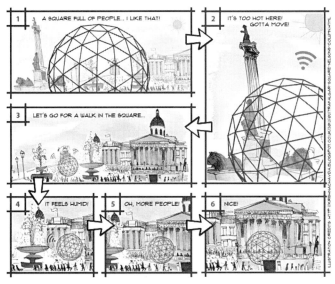

图 13　Hortum Machina B 通过移动其重心进行移动

的一种做法，近年来被重新定义为城市社区参与当地粮食生产的一种形式。Conceptual Devices 公司设计的收割站，旨在激活城市的间隙空间，保护植物免受动物和空气污染的危害，通过在 4m^2 内种植 200 株植物，用温室顶部的水系统给植物自动施肥浇灌，提供给城市社区新的景观形式和居民参与方式的可能；其 Globe/ Hedron 屋顶农场（图 14）是一个竹制温室，利用城市房屋的屋顶种植有机蔬菜。无水养殖，让养鱼的水滋养植物，植物为鱼清洁水，使每个"屋顶农场"可全年给四个四口之家提供食物。

城市居住区涉及范围较广、涵盖的内容较多，以社区级面积为单位，对环境进行种植处理，不仅能够使社区有良好的景观效果，还能拉近人、城市与自然之间的距离。智能机组给城市居民种

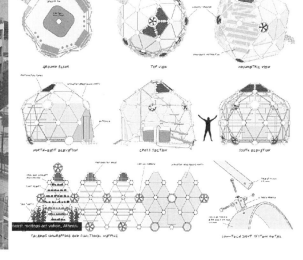

图 14　Conceptual Devices 开发的屋顶农场

植绿植提供了一种新的方式，一方面，居民养护绿植不再限于家中的实体养护，而是可以运用智能设备操作植物系统，避免了因不在家带来的植物死亡；另一方面，居民也可走出家门，利用智能机组的平台，实现和其他养护绿植的居民的交流沟通，为构筑和睦社区生活创造更多的机会。由此看来，城市间隙空间的利用和智能机组在社区级的普及也至关重要。

2. 多元的社区关系

以上述内容为背景和依据，社区形式将发生质的转变，原有的人们生活的城市实体社区将转变为互联植物形成的实体社区与城市实体社区的结合，在互联媒介的加持下，整个城市的社区关系将演化为线上与线下的交织、聚集与分散的混合。

（1）线上与线下的交织

人们与植物的互联关系由线上与线下结合的形式展开，通过建立人与城市植物的网络社区、利用虚拟的线上网络控制实体的线下植物模块的种植，植物与人的联系将更加紧密。城市社区级的实体种植也由此开始普及，城市的屋顶、缝隙等闲置空间或其他公共开放空间都可被绿植充分利用起来。智能机组不再只是小的单元柜体，还可以是对废弃集装箱或其他废旧物品的空间改造，做出具有景观效果的便于安放的社区单元，使城市居民拥有更好的与植物互动的体验。

（2）聚集与分散的混合

在布局形式上，城市社区将使"聚集型"与"分散型"混合布置，一种是聚集的人类城市实体社区，另一种是分散的植株种植区域。城市与植物的关系主要有两种变化：一是"一对多"，由于植物社区呈分散型布置，同一个居民通过互联媒介的引导可以对分散在不同地区的植株进行云端养护和种植，通过对一定半径范围内的植物搜索和领养，达到一人多植的效果，使城市居民突破空间界限，感受不同植物物种的生长过程；二是城市空间内植株的整体布局变化，有互联作用的植物与普通植物的区域分配针对地理位置条件会有不同的设计，设计者将根据植物本身的生长特性选择普通草地、垂直墙壁、屋顶等具体城市空间进行互联种植，并考虑植物与植物之间的关系，整体区域设计将变得多元与复合（图15）。

五、总结

从植物与植物间的电化学交流，到植物与人的情感联动、与建筑的共生连接、与城市的信息互联，赛博格植物成为城市居民与自然的连接口。在万物互联的背景下，植物与人、建筑、城市共同构成"赛博格植物城市"并具备了新型关系。人类不需要再花时间和精力亲自种植养护，通过互联设备即可与植物进行互动，甚至是深层次情感交流；互联下的建筑将能更好地帮助植物生长，反过来，植物也可成为调节、保护、拓展建筑表层的要素；对于城市而言，植株将可发挥供能和监测的作用，具有物联功能的植物模块将重构城市形态，通过建立实体植物社区，跨越了虚拟与现实的鸿沟。这些新关系与新空间组合起来，构成"赛博格植物城市"的雏形（图16）。

科技的进步不仅会给人类社会带来繁荣与进步，同时也可能对自然生态带来难以修复的创伤，城市与自然关系的整合变得尤为重要。赛博格植物虽是一种技术应用的畅想，但距离我们并不遥远。数字孪生过程中，将赛博格植物引入城市，可利于未来新型城市的构建；绿色环境的大范围塑造，将疗愈城市居民的身心；城市资源的充分整合，能带动绿色经济的发展；技术与植物的连通互嵌，或成为调节城市气候环境的关键。在万物互联的驱动下，赛博格植物与人、建筑和城市的关系将继续朝着"实现人与自然和谐共存"的目标向前发展。

图15 赛博格时代城市与植物的新关系

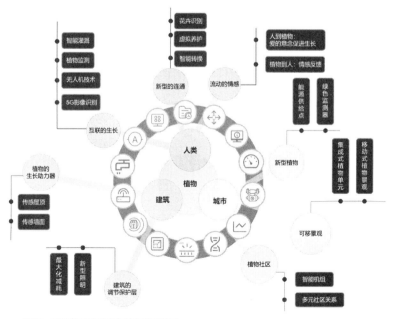

图16 赛博格时代城市与植物的新关系

注释：

① "赛博格"起源于控制论，唐娜·哈拉维（Donna Haraway）在《赛博格宣言》提出："赛博格是一种控制论有机体，一种机器和有机体的杂合，一种社会建构和一种幻想相结合之物。"其理论打破了人与动物、人与机器、物理与非物理之间的界限，并由此打破了国家与种族、性别与阶级、自然与人工、心灵与身体、有机与无机等人类自身建造的神话。

② "里山论"最早由日本提出，是指对村落周边的山林进行人工干预，定期适当砍伐树木，使光线容易到达地面，再通过饮水建造水田等培育多样性的动植物，实现水田农业与林业的共生。它处于原始自然与城市之间，成为两者的缓冲带。

③ 细粒度图像分析技术相对通用图像的区别在于其图像所属类别的粒度更为精细，属于计算机视觉（computer vision，CV）领域较为热门的方向。

④ 精准农业是以信息技术为支撑，根据空间变异，定位、定时、定量地实施一整套现代化农事操作与管理的系统。

⑤ 智能绿植机组通过构建常见绿植种类数据库，使得后台可模拟不同绿植在不同时间所需温湿度等参数，并可远程（移动网络）操控定点的绿植单元传感装置，使植物得到适宜生长环境。

参考文献：

[1] Adachi M., Rohde C. L. E., Kendle A. D. Effects of floral and foliage displays on human emotions[J]. *HortTechnology*, 2000, 10（1）：59-63.

[2] Clark A., Erickson M. Natural-born cyborgs：Minds, technologies, and the future of human intelligence[J]. *Canadian Journal of Sociology*, 2004, 29（3）：471.

[3] Chung T. Y., Fang C. S., Hsieh Y. T., etal. Study of plant emotion using music and motion detection in Internet of Things[C]//2017 Ninth International Conference on Ubiquitous and Future Networks（ICUFN）．IEEE, 2017：999-1004.

[4] 同上.

[5] 姜丽丽.基于立体绿化的建筑外立面设计应用 [J].建筑与预算, 2020（05）：44-48.

[6] 杰克·埃亨.人类世城市生态系统：其概念、定义和支持城市可持续性和弹性的策略 [J].景观设计学, 2016, 4（01）：10-21.

[7] 李欣蕊, 李运远.以植物体现建筑生态性的建筑模式——植物建筑 [J].建筑与文化, 2015（11）：94-95.

[8] 李晓宇, 董宁倩, 陆敏.智能共享绿植柜的景观特性研究 [J].智能建筑与智慧城市, 2019（07）：92-93+99.

[9] 孟建民, 刘杨洋, 易豫.未来穴居——人类世时代的庇护所与赛博格化的建筑 [J].当代建筑, 2020（01）：12-14.

[10] Manzella V., Gaz C., Vitaletti A., etal. Plants as sensing devices：the PLEASED experience[C]//Proceedings of the 11th ACM conference on embedded networked sensor systems. 2013：1-2.

[11] Oezkaya B., Gloor P. A. Recognizing Individuals and Their Emotions Using Plants as Bio-Sensors through Electro-static Discharge[J]. arXiv preprint arXiv：2005.04591, 2020.

[12] 帕克里特·舒马赫, 段雪昕.赛博格超级社会的建筑 [J].建筑学报, 2019（04）：9-15.

[13] Palos-Sanchez P., Saura J. R. The effect of internet searches on afforestation：The case of a green search engine[J]. Forests, 2018, 9（2）：51.

[14] Sheikh H.. Intervention in Urban Theory-Reading Mark Hansen's Media Theory in Feed-Forward as a Design Brief for the Mediatized Urban Environment[D]. , 2018.

[15] Sareen H., Maes P.. Cyborg Botany：Exploring In-Planta Cybernetic Systems for Interaction[C]//Extended Abstracts of the 2019 CHI Conference on Human Factors in Computing Systems. 2019：1-6.

[16] 许展慧, 刘诗尧, 赵莹, 等.国内 8 款常用植物识别软件的识别能力评价 [J].生物多样性, 2020, 28（4）：524-533.

[17] 朱华, 陈娟, 张军杰.非常绿建——德国 Baubotanik 的创新实践 [J].华中建筑, 2018, 36（09）：17-20.

[18] 张军杰.国外活态植物建筑的发展与实践研究进展 [J].中国园林, 2018, 34（12）：117-121.

图片来源：

图 1：http：//petecologiaufrpe.blogspot.com/2016/05/curiosidade-internet-secreta-das-plantas.html（左）https：//121clicks.com/articlesreviews/25-movies-every-photographer-cinematographer-must-watch-part-2（右）

图 2：Sareen H, Maes P. Cyborg botany：Exploring in-planta cybernetic systems for interaction[C]//Extended Abstracts of the 2019 CHI Conference on Human Factors in Computing Systems. 2019：1-6.

图 3：https：//www.nytimes.com/news/the-lives-they-lived/2013/12/21/cleve-backster/（左）https：//twitter.com/unionseminary/status/1174000941667880960（右）

图 5：https：//www.archdaily.cn/cn/923107/mvrdv-xin-zuo-lu-se-zhi-shu-ge-fu-man-zhi-wu-de-jie-jiao-zhu-zhai

图 6：https：//www.hhlloo.com/a/na-ge-er-de-shu-li-fang-ti.html

图 7：https：//designwanted.com/architecture/ecologic-studio-interview/

图 8：http：//blog.sciencenet.cn/home.php?mod=space&uid=3319332&do=blog&id=1230598

图 10：https：//weburbanist.com/2015/11/22/power-plants-scientists-grow-conductive-wires-in-living-roses/

图 11：http：//huy-bui.com/

图 12、图 13：http：//www.interactivearchitecture.org/the-making-of-hortum-machina-b.html

图 14：https：//bbs.zhulong.com/101020_group_201878/detail10058739/

图 4、图 9、图 15、图 16：作者自绘

作者：牛怡霖，北京建筑大学建筑与城市规划学院本科生；徐跃家，北京建筑大学建筑与城市规划学院讲师，博士

基于中美比较的我国无家可归者救助路径与方式的探究与思考

孟扬　戴俭

Research and Thinking on the Path and Method of Relief for the Homeless in China Based on the Comparison between China and the U.S.

■摘要：流浪乞讨现象被视为严重的"社会病"，历来是世界各国在发展中不可忽视的问题，也是各国公共服务领域的重要内容之一。本文将聚焦于中国与美国大城市中流浪者群体的现状以及两国救助体系的情况，通过对比的方式，探究我国目前救助体系存在的问题。

■关键词：无家可归者；流浪乞讨；中国；美国；社会救助

Abstract：Wandering and begging is regarded as a serious "social disease". It has always been a problem that cannot be ignored in the process of development of all countries in the world, and it is also one of the important items in the field of public service in many countries. This thesis focuses on the status quo of homeless groups in major cities in China and the United States, trying to explore the existing problems of the relief system in China through a comparison of the relief systems between China and the U.S.

Keywords：the Homeless；Wandering and Begging；China；the United States；Social Relief

一、引言

中国正处于快速城市化发展的进程之中，流动人口随之增长。一些流浪者会出现在城市中，如 24 小时营业的快餐店（便利店）里、地铁通道里，或是车站广场上，他们在那里找到暂时栖息的一隅之地。但这也会变成社会极不稳定的因素，只有社会中每个人都拥有着基本的生活保障，才能构成一个安稳、和谐的社会。因此，对于社会救助的政策解读、现状分析和相关研究是必不可少的。欧美等发达国家对流浪人群在社会救助上的经验对于发展中的中国是具有一定指导意义的。本文将从流浪人群特点和救助体制两方面深入对比中美在无家可归者问题上的异同，找出我国救助体制现存的问题并提出建议。

北京工业大学"国家级大学生创新创业训练计划"资助。项目编号GJDC-2020-01-66

二、中美流浪人群特点的对比

中国无家可归者的数量，根据民政部的统计数据，自2012年十八大以来至2019年，累计救助流浪乞讨人员1767万人次，其中未成年人80.8万人次，精神障碍患者、智力和肢体残疾人员共227.7万人次[1]。在2019年这一年中，全国共救助流浪乞讨人员130.9万人次[2]。在我国，大城市中的救助管理体系相对更为成熟完善，流浪者更多见于县、镇等地区。但随着城市化发展，人口加速流向城市群都市圈，同时大城市中人们消费水平的不断攀升，很有可能会产生更多的流浪者。

流浪人群的特点：以中国的首都北京为例，2019年，北京市共救助流浪乞讨人员1.1万余人[3]，《北京市2019年国民经济和社会发展统计公报》显示2019年末北京市常住人口2153.6万人，被救助的流浪人口约占北京市常住人口的0.05%。据北京和风社工事务所2019年统计数据显示，北京市三环内每年大约有3000位流浪者，流浪人群多为男性（80.3%），位处30~60岁年龄段的流浪者居多（71.5%），60岁以上的老年流浪者占20.1%。流浪原因常见的有务工不着（41.6%）、福利不畅（11.6%）、固定拾荒（10.4%）、精神障碍（10.4%）等。

对比美国的无家可归者：2003年，美国国家卫生与公众服务部（The Department of Health and Human Services，简称HHS）估计，美国每年有近百分之一的人口，即大约200至300万人口曾经经历过无家可归的困境，并向有关政府机构和民间组织求援[4]。1998年，卡格等人根据近五年的数据对美国一些城市中无家可归群体的人口特征进行了归纳，其中43%为单身女性，11%为单身男性，有孩子的家庭占38%。除此以外，黑人占56%，吸毒者占43%[5]。一项在美国东南部主要城市的研究调查了无家可归者流浪的原因，42%的人是由于家庭原因引起的、40.8%是因失业、29.2%是因酗酒、17.2%是因吸毒、14.0%是因身体残疾、11.5%是因精神疾病（被访者可同时多选以上各项原因）[6]。

从无家可归者占总人口的比例来看，美国的流浪者数量相对更多。从两国对流浪人群的统计数据中，可以发现我国与美国流浪的人群大相径庭：我国多为男性，美国则多为单身女性和有孩子的家庭。美国的流浪人群中移民和毒品问题较为突出，而我国则存在部分因人口流动而产生的问题。但两国的流浪者也具有一定共性，即流浪者大多是丧失或抛弃了原有社会关系的人，且失业是造成流浪者出现的主导原因之一。

三、中美救助体制的对比

（一）中国的救助体制

1. 背景与概况

我国流浪乞讨救助政策经历了生产教养（1949—1982年）、收容遣送（1982—2003年）、救助管理（2003年至今）三个阶段[1]。2003年作为中国在社会救助机制上的重要转折点，中华人民共和国国务院发布的《城市生活无着的流浪乞讨人员救助管理办法》自2003年8月1日起施行，明确规定了救助管理对象必须为"城市生活无着的流浪乞讨人员"，即指因自身无力解决食宿，无亲友投靠，又不享受城市最低生活保障或者农村五保供养，正在城市流浪乞讨度日的人员。

负责统筹救助工作的部门是国务院的民政部，其余如卫生计生、教育、住房与城乡建设、人力资源与社会保障等部门，按照各自职责负责相应的社会救助管理工作。各省、自治区、直辖市民政厅（局）负责民政部救助政策的解读和各地区具体的工作实施。

2. 救助流程及内容

根据2015年国务院民政部、公安部发布的《民政部、公安部关于加强生活无着流浪乞讨人员身份查询和照料安置工作的意见》，救助站内的工作流程和内容为：（1）提供符合食品卫生要求的食物；（2）提供符合基本条件的住处；（3）对在站内突发急病的，及时送医院救治；（4）帮助与其亲属或者所在单位联系；（5）对没有交通费返回其住所地或者所在单位的，提供乘车凭证。求助者来到救助站后，工作人员采集相关信息，并录入全国统一的救助系统里。并且帮助求助者联系家属，也会联系当地救助站协同行动。

救助站的救助具有临时性，对于无法查明身份信息、在站救助时间超过10天的滞留人员，可选取以下一种或多种方式予以妥善照料安置：（1）开展站内照料服务；（2）开展站外托养服务；（3）纳入特困人员供养；（4）做好滞留未成年人救助保护工作。其中，站外托养服务即指各地可通过政府购买服务方式，委托符合条件的公办、民办福利机构或其他社会组织，为滞留人员提供生活照料等具体服务。公办福利机构指当地政府设立的福利院、养老院、敬老院、精神病院等。当地无公办福利机构或公办福利机构床位资源不足的，可以委托其他民办福利机构供养。通过公开招标等方式，与托养机构签订托养协议。

3. 存在的问题

目前，我国对无家可归者问题的重视程度仍然不足，这点可从负责统筹救助工作的民政部的部门职责、规模和财政支出状况中窥见一二：无家可归者的救助管理只是民政部的众多职责之一。财政支出和部门规模以北京市民政局为例，2021年市委社会工委市民政局行政、事业编制1186人，在职1021人，聘用人员4人。财政支出以2019年为例，根据北京市民政局的财务公开文件，2019年度中一般公共预算财政拨款支出97454.72万元，社会保障和就业支出89626.67万元，占本年财政拨款支出91.97%。"社会保障和就业支出"（类）年度决算占比具体如图1。

其中，对于无家可归者主要实施的"临时救助"（款）仅为9817.68万元，约占一般公共预算财政拨款支出的10%。

近期我国救助体制发展，2020年5月起实施的"全国范围内开展生活无着的流浪乞讨人员救助管理服务质量大提升专项行动"中，民政部和相关部门将在照料服务、救助寻亲、街面巡查、综合治理、落户安置、源头治理和干部队伍建设等环节上加以优化，推动建立更加定型的新时代救助管理服务体系[7]。

（二）美国的救助体制

1. 背景与概况

美国国家住房与发展事务部（U.S. Department of Housing and Urban Development，简称为 HUD）与美国国家卫生与公众服务部（U.S. Department of Health and Human Services，简称为 HHS）为处理美国无家可归问题的主要职能部门。但 20 世纪 70 年代以来强化了地方和州政府及私人团体的作用，强调联邦政府和州、地方政府的责任和义务[8]。

1987 年，美国总统里根签署了米基尼关于无家可归者的救济法案，拨出了 10 亿美元的联邦款项用于无家可归问题的研究和社会服务体系的建立。2001 年布什总统上任后承诺要在十年内消灭"长期无家可归"现象，于 2003 年底宣布拨款 12.7 亿美元用于救助无家可归者[9]。HHS 根据无家可归者的需要，推出了四项实施计划：健康关怀计划（HCH）、无家可归者过渡救助计划（PATH）、离家出走青年与无家可归青年的救助计划和有关酗酒、吸毒和精神错乱的无家可归者的服务与干预研究计划。

纽约州的纽约市作为美国第一大城市，根据 HUD 在 2016 年的估计，纽约州无家可归者数量占全国的 16%，仅次于加利福尼亚州（22%）。为解决纽约市贫穷、福利制度以及流落街头的流浪汉问题，1993 年成立了"无家可归者救助局"（Department of Homeless Service，简称 DHS），这是一个独立的、专门服务于无家可归者的政府机构（直接上级为市长）。根据 DHS 官网（http：//www.nyc.gov/html/dhs/html/home/home.shtml）的数据，DHS 拥有 2000 多名职员，每年的经营预算超过 20 亿美元，是纽约市预防和解决无家可归者问题最大的机构之一。

2. 救助流程及内容

在 DHS 的机制中，不同类型的无家可归者首先应向相应的评估中心申请应急住所（shelter）。在通过评估之后，DHS 将为流浪者们提供相对应的服务。对于有劳动能力的无家可归者，DHS 将提供针对就业的服务项目和就业支持来帮助他们从临时的应急住所搬入永久住房（permanent housing）。应急住所的住户将在社会工作者的帮助之下制定独立生活计划（Independent Living Plan，简称 ILP），计划中将包含以离开应急住所、回到自给自足生活状态为目的的一系列明确目标。应急住所体系由三个部分组成：（1）评估中心；（2）应急住所；（3）商业性旅馆。大部分的无家可归家庭住在应急住所中，在工作人员的帮助下寻找就业和住房。对于无家可归的家庭，应急住

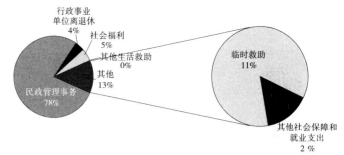

图 1　北京市民政局 2019 年度部门决算分配情况
数据来源：北京市民政局（beijing.gov.cn）

所提供的住处只有符合标准的家庭能够获得补贴，不能获得补贴的家庭将需要支付租金。且居住天数也有限制，据 DHS 官网的数据，无家可归的家庭在应急住所度过的平均天数不超过 400 天。

3. 存在的问题

在朱利安尼的任期内，无家可归救助服务的民营化得到了飞速的发展，成功地将 82 个应急住所中的 75 个实施了民营化。因此到了 1999 年，该救助局在全市所设置的 160 个工作站，大部分均由民营机构运营（与非盈利部门和企业签订 132 份社会服务合约，每年总预算为 3.89 亿美元，合同出租占据其中的大部分）[10]。但在纽约市无家可归者救助体系的民营化过程中，也一直伴随着批评与质疑，其中最主要的矛盾是如何在提高效率的同时确保政府责任的落实。

（三）分析总结

尽管我国的救助事业起步较早，但美国 1980 年以来对社会上无家可归问题的相关政策和进展对我国仍具有很大的参考意义。美国纽约的无家可归者救助局（DHS）直属于市长，而我国主要由地方民政局来负责，上级有市政府和国务院民政部。美国纽约市的"应急住所"和我国的"救助站"都是临时性的救助机构，可以为无家可归者提供食物和床位，但在救助内容上有以下不同：

（1）救助对象不同。我国的"救助站"救助的对象主要是不具有劳动能力的流浪者，为他们提供供养床位，或者是为流浪者寻亲，为他们提供车票，如若是未成年人，将接受特殊的关怀服务。但那些因失业暂时无处可住的流浪者，并不是救助站的服务对象，只能通过其他相关部门的帮助来获得就业和租房的机会。且救助站均按区域分布，如北京地区分东城区救助管理站、西城区救助管理站等，方便按区域巡逻管理和护送到站。美国的"应急住所"则是主要对于那些有意愿改变自身生活状态的流浪者（多为单身成年人和家庭），他们具有一定的劳动能力，DHS 会为他们提供相关的服务，帮助他们获得工作和住房。美国纽约救助体系中的评估中心和"应急住所"按人群类型分布，如单身成年女性、男性，有孩子的家庭分别设置，

（2）救助流程不同。我国的流程是救助站—供养机构，救助站是作为流浪者前往供养机构的中转站。而美国纽约的流程是评估中心—应急住所—商业性旅馆。美国的应急住所则是作为流浪者独立租房的中转站。还允许以最快速度在任何公有土地上建造补充性的"桥梁之家"（A Bridge Home），作为过渡性应急住所的补充方案。

（3）临时性救助的时长不同。尽管我国的"救助站"和美国纽约市的"应急住所"（shelter）都是临时性住所，但我国救助站的受助人员停留时间基本不超过10天，根据规定，10天后便成为滞留人员，经常产生多次救助的情况。相对而言，据美国纽约市的应急住所在2004年的数据，个人平均逗留天数为91天，家庭平均逗留天数为340天，也会存在多次救助的情况，但单次停留时间比我国长数月。

（4）公众的参与程度不同。我国社会救助的主要职责由政府承担，民政部官网上有详细的救助信息，民政部在救助站与社会联动方面所做出的努力主要是关于寻亲的。民众可以从相关政府网站或民政部官网查询相关信息。全国救助寻亲网于2016年1月1日上线运行，今日头条于2018年11月17日上线了"识脸寻人"的功能，这些网络平台大大方便了寻亲者准确查找寻亲信息，但救助机构单向告知式的平台设计，使得普通民众参与的不多，对街道流浪者进行引导帮助仍由公安部负责。而美国纽约无家可归者救助局(DHS)在与社会联动方面所做出的努力则主要是关于提升公众关注度、鼓励公众上报街道上流浪者的信息到救助机构或护送到站。路人可以通过拨打311或下载专门的311app提供信息。DHS官网上第二人称式的语言指引使得不了解相关机制的人们也能够根据自己的需求获得确切的信息，相对来讲，美国救助机构在与公众的交流上更具有双向性。

四、建议

深入对比我国与美国的救助工作特性，结合我国现有流浪人群状况以及现实情况，可从以下途径着手，切实解决无家可归者的生活困难，做到住者有其屋，老有所养。

（一）增强救助对象的针对性

中国目前的救助主要是为无劳动能力的流浪者提供临时性救助站和供养场所，帮助流浪者找到亲人回家等，尽管对未成年人有专门的救助服务，但对于有劳动能力的流浪者，却无法提供就业指导和临时性住处。可借鉴美国的办法将受助人员进行细分，纽约市DHS对妇女、儿童、单身男性、家庭等不同的流浪者类型设立专门的评估中心，针对各类流浪者提供更精确、有效的帮助与服务，同时也有利于与各类NGO组织形成合作，

获得民间资金支持，吸引更多学者、企业家、爱心人士，加入到救助机构体系中来，形成有规模有组织的完整救助体系。

（二）延长救助的时限

我国街面流浪者在救助站可停留时间多为10天左右，但住房的申请轮候、就业的职能培训，还有如心理辅导等都需要更长的时间才能解决他们的实际问题。建议在延长救助站停留时间、扩大救助范围的基础上，提高供应床位及配套服务的品质。可以参考美国在过渡时期建设临时荫庇所（A Bridge Home），对不符合救助条件的家庭可收取部分租金的方式。快速建造临时性供应的"桥梁之家"，同时通过地区准入限制（即进入荫庇所的流浪者必须原先便在附近流浪），防止吸引更多的无家可归者前来聚集。每个流浪者都将在现场评估他们的住房需求，他们的案例经理将帮助他们将其转化为获得永久住房的解决方案[12]。至2020年11月为止，洛杉矶有30个"A Bridge Home"荫庇所已开放或是在开发中。

这样建设低成本、易拆除的临时性庇护所，将流浪者暂时安置于生活的街道附近，并配以安保、卫生和救助管理业务人员的方式，不失为一种实用性的解决措施。

（三）设立统筹性救助机构

当前，北京市救助管理总站提供基本生活救助、寻亲、护送返乡等服务，与北京市未成年人救助保护中心、第二未成年人救助保护中心同步运营。从服务内容来看，北京市的救助管理总站肩负着统筹各区救助站的职责，却仍局限于现有的救助服务：街头的临时救助、寻亲、护送返乡，以及站内提供的基础性恢复治疗和临时性伙食、床位等。设立全国统筹性机构将有助于建立统一的救助体制、规范救助标准、提升救助服务品质、开发救助网络平台、监管各地救助情况、组织多方合作以及增强与公众的双向交流等，进一步推动我国救助工作的改革与发展。

（四）建立现代化的救助体系

"流浪者"问题是一个社会问题，单靠某一个部门很难彻底解决。建立现代化的救助体系，形成以中央政府部门为中心，辐射全国各地救助机构的一体化、多元化的救助体系。加强部门协同，形成民政、公安、卫生、医疗、住房、人力资源等多方配合的工作格局；加强政社合作，引入专业的社会服务机构开展服务；加强政企合作，放宽企业参与救助渠道，鼓励民营救助机构对各类流浪的救助服务。

注重救助理念的宣传，倡导维护流浪人员尊严的意识并引导公众参与救助工作，拓宽民众了解渠道。鼓励有爱心有能力的企业参与进来，适度民营化，同步推进立法建制、完善腐败防范机

制，防止民营机构只承担高盈利项目，应在方案中明确限制民营机构的合作内容，可通过项目补贴、评估审查等方式保证民营机构的实际成效。

加大救助资金投入力度，增加对于流浪者的救助资金预算，并适当向落后地区、偏远山区倾斜。安排专项资金，支持管理体制、服务内容的创新，鼓励社会力量参与救助工作。改造升级条件不符合期望的救助机构环境，努力实现均衡发展。

（五）提升救助服务品质

提升救助服务品质，改善公众对流浪者的印象，增强双向交流，多项举措：

（1）制定服务标准，丰富救助内容。规范救助对象的范围、类型、以及提供的服务内容，如寻亲、生活、心理、医疗、社会工作、就业、住房等。在对流浪者的评估、救助、安置上实行分层管理，对不同救助需求的流浪者实施不同的救助方案：没有劳动能力的老人、儿童分别安置在养老院、儿童福利院，有劳动能力的流浪者安排一些社会中较为基础、简单的工作，并提供相关的专业技能培训，安置在此类诸如对城市环境的维护工作、垃圾分类、活动讲解、农园种植、道路引导、协助救助站工作人员等的日常工作中。采取以工代赈的模式。每名受助者应由专门的社会工作者负责，督促受助者在救助流程中的发展，鼓励、帮助其制定个人化目标。引进如心理、教育等专业化人才，并定期组织专家讲座等活动，关注救助者的心理健康建设。

（2）搭建网络平台。我国的救助体系目前在和群众交流上还是主要为寻亲方面（2016年民政部开发的全国救助寻亲网站以及政府官方网站或官方微博）。笔者认为，可以开发群众热线和救助APP来提高公众参与度，同时也将减轻社会工作者及公安部门日常巡查工作的压力。建立相关的群众举报机制，改善群众对流浪群体的印象。除此以外，展露项目建设情况，具有解惑意义的网站同样会受到欢迎。在当下社会的智能化进程当中，社会救助的工作可以利用好互联网的优势，通过网络平台的搭建提高工作效率，形成更加完善的立体化救助体系。

（3）重塑城市景观。在城市公共空间中进行景观设计，并在设计中引入适当的设计策略来让场地具备包容和关怀流浪者的能力逐渐被认为是对直接的物质救济手段的一种有效的补足方式。城市公共景观所具备的社会属性让其可以触摸到人类深层的精神世界，让城市景观在特定社会矛盾面前扮演调节者的角色，这也是其可以实现关怀和包容流浪者的先决条件[11]。

悉尼市政府对瓦拉穆拉公园（Walla Mulla Park）的重建就是一项效果较好的实践项目。自2011年3月开园以来，其社会环境出现了一些明显的变化——尽管流浪者们在很大程度上可能还在占用着公园并将它当作夜晚的临时住宿，但公园的重建确实加强了社区的融合，使用者们也给予了积极的评价[12]。

对城市公共空间的优化将是提升公众对流浪者接受度的契机，提高社会对流浪人群的宽容和接纳，让流浪者体现其社会属性。

五、结语

随着互联网与科技的迅速发展，各种创新技术的出现，主要依托于公安部巡查与救助站临时救助的救助体系拥有较大的发展空间。新技术如3D打印建造、无人驾驶、人工智能等，将为我国的救助系统的升级改造带来新的契机。发挥我国体制化的优势，借鉴美国救助服务多样性的特点，避免美国救助体系发展中暴露的问题。在我国适时建立并逐步完善社会保障体系的过程中，逐步探究适应我国国情的特色化救助方式，授人以渔，让居者有其屋。

参考文献

[1] 王松. 从关爱到权益保护：新时代流浪乞讨治理转向 [J]. 湖南行政学院学报，2020，（2）：17-23.

[2] 民政部社会事务司. 狠抓联动协同切实保障流浪乞讨人员的合法权益 [J]. 中国民政，2020，（10）：13.

[3] 北京市卫生健康委. 坚持首善标准完善救治体系切实做好首都流浪乞讨人员医疗救治工作 [J]. 中国民政，2020，（10）：09.

[4] HHS, March. Ending Chronic Homelessness: Strategies for Action[EB/ OL] p1. http:// aspe. hhs. gov/ hsp/ homelessness/ strategies03/

[5] Howard Jabob Karger, and David Stoesz. American Social Welfare Policy: A Pluralist Approach[M]. Addision Wesley Longman, Inc.1998.

[6] Pamela N. Clarke, Carol A. Willams, Melanie A. Health and Life Problems of Homeless Men and Women in the Southeast[J]. Journal of Community Health Nursing, 1995（2）.

[7] 开展生活无着的流浪乞讨人员救助管理服务质量大提升专项行动 [J]. 中国民政，2020，（8）：42-42.

[8] 黄安年. 论当代美国社会保障制度的特点 [J]. 中共云南省委党校学报，2002，3（6）：89-91.

[9] 梁茂春. 美国的"无家可归"问题与政府的救助政策浅析 [J]. 暨南学报（人文科学与社会科学版），2004（06）：26-31+121-135.

[10] 董建新，梁茂春. 民营化过程中政府的角色与责任——以美国纽约市无家可归者救助体系的民营化为例 [A]. 中国行政管理学会2004年年会暨"政府社会管理与公共服务论文集"[C]. 中国行政管理学会，2004：9.

[11] 黄路. 关怀流浪者的城市公共景观设计策略思考 [J]. 安徽建筑，2017，24（06）：8-10+82.

[12] 王田媛. 流浪汉公园 [J]. 风景园林，2011（05）：86-91.

作者：孟扬，北京工业大学城建学部建筑系本科生；戴俭，北京工业大学城建学部建筑系教授